数据结构

(C++语言版)

郭荣伟 李 彬 曲文蕊 李金红 编著

科学出版社

北 京

内 容 简 介

本书是 C++语言版的数据结构教材，在选材和编排上突出可读性、实用性和应用性，尽可能贴近当前普通高等院校数据结构课程的现状和发展趋势，符合最新研究生考试大纲。全书共 9 章，内容包括绪论、线性表、栈和队列、字符串和多维数组、树与二叉树、图、查找、内部排序、外部排序。书末附有二维码，读者可以通过扫描二维码进行学习参考。

本书可作为普通高等院校人工智能、智能科学与技术、计算机科学与技术、信息与计算科学等相关专业数据结构课程的教材，也可供从事计算机工程和应用工程的科技工作者参考。

图书在版编目（CIP）数据

数据结构：C++语言版 / 郭荣伟等编著. -- 北京：科学出版社，2025.3. -- ISBN 978-7-03-081690-0

Ⅰ.TP311.12；TP312.8

中国国家版本馆 CIP 数据核字第 20255EX189 号

责任编辑：王 静 范培培 / 责任校对：杨聪敏
责任印制：师艳茹 / 封面设计：陈 敬

科学出版社 出版
北京东黄城根北街 16 号
邮政编码：100717
http://www.sciencep.com

保定市中画美凯印刷有限公司印刷
科学出版社发行 各地新华书店经销

*

2025 年 3 月第 一 版　开本：787×1092　1/16
2025 年 3 月第一次印刷　印张：17 1/2
字数：415 000
定价：69.00 元
（如有印装质量问题，我社负责调换）

前　　言

"数据结构"是计算机程序设计的重要理论技术基础,它不仅是计算机学科的核心课程,而且已成为其他理工专业的热门选修课。该课程的教学要求包括两方面。一方面,学会分析研究计算机加工的数据结构的特性,以便为应用涉及的数据选择适当的逻辑结构、存储结构及相应的算法,并初步掌握算法的时间分析和空间分析的技术。另一方面,课程的学习过程也是复杂程序设计的训练过程,要求学生编写的程序结构清楚和正确易读,符合软件工程的规范。

本书是为数据结构课程编写的教材,其内容选取符合教学大纲要求,并兼顾学科的广度和深度,适用面广。本教材中的程序代码尽可能充分地利用 C 语言和 C++ 语言各自的优势:虽然 C 语言有其优势,但编程软件大部分比较老旧,而 C++ 的编程软件能实时更新,功能强大,我们根据教学要求发挥各自优势。另外,本教材增加了一些与目前人工智能相关的新案例来增强学生对数据结构课程重要性的认识。

如果说高级语言程序设计课程对学生进行了结构化程序设计 (程序抽象) 的初步训练的话,那么数据结构课程就要培养他们的数据抽象能力。本书将用规范的数学语言描述数据结构的定义,以突出其理论特性,同时,通过若干数据结构应用实例,引导学生学习数据类型的使用,为今后学习面向对象的程序设计作一些铺垫。本书主要采用 C++ 语言作为数据结构和算法的描述语言。有时考虑到 C 语言在某些地方的特色,也会用 C 语言对数据的存储结构和算法进行描述,如利用数组的动态分配实现顺序存储结构等。

本书的第 1 章综述数据、数据结构和抽象数据类型等基本概念;第 2 章至第 6 章从抽象数据类型的角度,分别讨论线性表、栈、队列、字符串、数组、广义表、树和二叉树以及图等基本类型的数据结构及其应用;第 7 章至第 9 章讨论查找和排序;除了介绍各种实现方法之外,还着重从时间上进行定性或定量的分析和比较;书末通过二维码链接了习题参考答案,供读者学习参考。

本书可作为计算机类专业的本科教材,也可以作为信息类相关专业的选修教材,讲授学时数可为 48 至 64。教师可根据学时、专业和学生的实际情况,选讲某些章节。本书文字通俗,简明易懂,便于自学,也可供从事计算机应用等工作的科技人员参考。只需掌握程序设计基本技术便可学习本书。若具有离散数学和概率论的知识,则对书中某些内容更易理解。

本书主要是在齐鲁工业大学数学与统计学院领导的支持下完成的。另外,本书的编写还受到山东省本科教学改革研究项目 (重点项目 Z2023017)、中国青年创业就业基金会"青年科研诚信建设项目"(数字化环境下的大学数学的教学改革和教研创新)、齐鲁工业大学校重点教研项目 (2022zd12) 和校教改招标类 (重大) 项目 (z202302-1) 等的大力支持, 在此表示衷心的感谢。

由于作者的水平有限, 书中难免有不足之处, 希望读者不吝指正。

作 者

2024 年 9 月 14 日于齐鲁工业大学

目 录

前言

第 1 章 绪论 ··· 1
1.1 数据结构在程序设计中的作用 ··· 1
1.2 本书讨论的主要内容 ··· 1
1.3 数据结构的相关概念 ··· 2
1.3.1 数据结构 ··· 2
1.3.2 抽象数据类型相关概念 ··· 3
1.4 算法及算法分析 ·· 4
1.4.1 算法及其描述方法 ··· 4
1.4.2 算法分析 ··· 7
习题 1 ·· 9

第 2 章 线性表 ··· 13
2.1 线性表的逻辑结构 ··· 13
2.1.1 线性表的定义 ··· 13
2.1.2 线性表的抽象数据类型定义 ··· 13
2.2 线性表的顺序存储结构及实现 ·· 15
2.2.1 线性表的顺序存储结构——顺序表 ·· 15
2.2.2 顺序表的实现 ··· 16
2.3 线性表的链式存储结构及实现 ·· 20
2.3.1 单链表 ··· 20
2.3.2 循环链表 ··· 28
2.3.3 双链表 ··· 29
2.4 顺序表和链表的比较 ··· 30
2.4.1 时间性能比较 ··· 31
2.4.2 空间性能比较 ··· 31
2.5 线性表的其他存储方法 ·· 31
2.5.1 静态链表 ··· 31
2.5.2 间接寻址 ··· 33
2.6 应用举例 ·· 34
2.6.1 顺序表的应用举例——大整数求和 ·· 34
2.6.2 单链表的应用举例——一元多项式求和 ···································· 35
习题 2 ·· 37

第3章 栈和队列 ………………………………………………………… 42
3.1 栈 …………………………………………………………………… 42
3.1.1 栈的逻辑结构 ……………………………………………… 42
3.1.2 栈的顺序存储结构及实现 ………………………………… 44
3.1.3 栈的链式存储结构及实现 ………………………………… 48
3.1.4 顺序栈与链栈的比较 ……………………………………… 50
3.1.5 栈的应用举例 ……………………………………………… 51
3.2 队列 ………………………………………………………………… 52
3.2.1 队列的逻辑结构 …………………………………………… 52
3.2.2 队列的顺序存储结构及实现 ……………………………… 53
3.2.3 队列的链式存储结构及实现 ……………………………… 57
3.2.4 循环队列与链队列的比较 ………………………………… 58
3.3 应用举例 …………………………………………………………… 59
习题 3 ……………………………………………………………………… 62

第4章 字符串和多维数组 ……………………………………………… 65
4.1 字符串 ……………………………………………………………… 65
4.1.1 字符串的定义 ……………………………………………… 65
4.1.2 字符串的存储结构 ………………………………………… 66
4.1.3 字符串的模式匹配 ………………………………………… 68
4.2 数组 ………………………………………………………………… 71
4.2.1 数组的定义 ………………………………………………… 72
4.2.2 数组的存储结构与寻址 …………………………………… 72
4.3 矩阵的压缩存储 …………………………………………………… 73
4.3.1 特殊矩阵的压缩存储 ……………………………………… 73
4.3.2 稀疏矩阵的压缩存储 ……………………………………… 75
4.4 广义表 ……………………………………………………………… 77
4.5 应用举例 …………………………………………………………… 80
4.5.1 字符串的应用举例——凯撒密码 ………………………… 80
4.5.2 数组的应用举例——N 阶幻方 ………………………… 80
习题 4 ……………………………………………………………………… 81

第5章 树与二叉树 ……………………………………………………… 85
5.1 树的定义和基本术语 ……………………………………………… 85
5.2 二叉树 ……………………………………………………………… 89
5.2.1 二叉树的定义 ……………………………………………… 89
5.2.2 二叉树的性质 ……………………………………………… 91
5.2.3 二叉树的存储结构 ………………………………………… 94
5.3 遍历二叉树和线索二叉树 ………………………………………… 96
5.3.1 遍历二叉树 ………………………………………………… 96

5.3.2 线索二叉树 ·· 98
5.4 树和森林 ·· 101
5.4.1 树的存储结构 ·· 101
5.4.2 森林与二叉树的转换 ··· 104
5.4.3 树与森林的遍历 ·· 106
5.5 哈夫曼树及编码 ·· 108
5.5.1 最优二叉树 (哈夫曼树) ······································· 108
5.5.2 哈夫曼编码 ·· 111
5.6 树的计数 ·· 115
习题 5 ··· 119
第 6 章 图 ··· 123
6.1 图的定义和术语 ·· 123
6.2 图的存储结构 ·· 128
6.2.1 数组表示法 ·· 129
6.2.2 邻接表 ··· 132
6.2.3 十字链表 ·· 133
6.2.4 邻接多重表 ··· 135
6.3 图的遍历 ·· 136
6.3.1 深度优先搜索 ·· 136
6.3.2 广度优先搜索 ·· 138
6.4 图的连通性问题 ··· 139
6.4.1 无向图的连通分量和生成树 ································· 139
6.4.2 有向图的强连通分量 ·· 141
6.4.3 最小生成树 ··· 141
6.4.4 关节点和重连通分量 ·· 145
6.5 有向无环图 ··· 148
6.5.1 拓扑排序 ·· 149
6.5.2 关键路径 ·· 152
6.6 最短路径 ·· 156
6.6.1 从某个源点到其余各顶点的最短路径 ····················· 157
6.6.2 每一对顶点之间的最短路径 ································· 159
习题 6 ··· 161
第 7 章 查找 ··· 164
7.1 静态查找表 ··· 166
7.1.1 顺序表的查找 ·· 166
7.1.2 有序表的查找 ·· 169
7.1.3 静态树表的查找 ··· 172
7.1.4 索引顺序表的查找 ·· 176

7.2 动态查找表 177
7.2.1 二叉排序树和平衡二叉树 178
7.2.2 B- 树和 B+ 树 190
7.2.3 键树 196
7.3 哈希表 200
7.3.1 什么是哈希表 200
7.3.2 哈希函数的构造方法 202
7.3.3 处理冲突的方法 206
7.3.4 哈希表的查找及其分析 208
习题 7 212

第 8 章 内部排序 217
8.1 内部排序概述 217
8.2 插入排序 219
8.2.1 直接插入排序 219
8.2.2 其他插入排序 220
8.2.3 希尔排序 225
8.3 快速排序 228
8.4 选择排序 232
8.4.1 简单选择排序 232
8.4.2 树形选择排序 234
8.4.3 堆排序 235
8.5 归并排序 238
8.6 基数排序 240
8.6.1 多关键字排序 240
8.6.2 链式基数排序 241
8.7 各种内部排序方法的比较讨论 243
习题 8 247

第 9 章 外部排序 252
9.1 外存信息的存取 252
9.2 外部排序的方法 255
9.3 多路平衡归并的实现 256
9.4 置换-选择排序 259
9.5 最佳归并树 264
习题 9 266

参考文献 269

第 1 章 绪 论

1.1 数据结构在程序设计中的作用

用计算机求解问题离不开程序设计。计算机不能分析问题并生成问题的解决方案,一般由人 (即程序设计者) 分析问题,确定问题的解决方案,采用计算机能够理解的指令描述这个问题的求解步骤 (即编写程序),然后让计算机执行程序最终获得问题的解。程序设计的一般过程如图 1.1 所示。

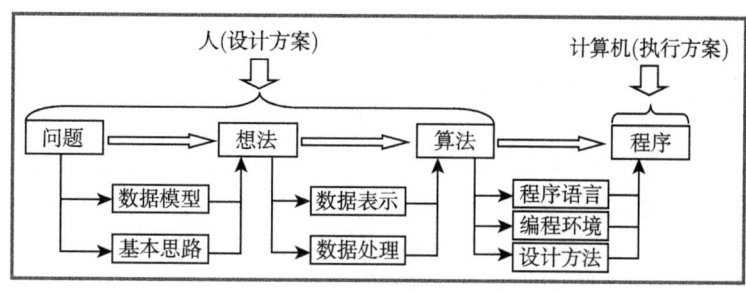

图 1.1

由问题到想法需要分析问题,抽象出具体的数据模型 (待处理的数据以及数据之间的关系,即数据结构),形成问题求解的基本思路;由想法到算法需要完成数据表示 (将数据以及数据之间的关系存储到计算机的内存中) 和数据处理 (具体的操作步骤: 将问题求解的基本思路形成算法);由算法到程序需要将算法的操作步骤转换为某种程序设计语言对应的语句,换言之,就是用某种程序设计语言描述数据处理的过程。

图灵奖获得者沃斯给出了一个著名的公式: 数据结构 + 算法 = 程序。从这个公式可以看到,数据结构和算法是构成程序的两个重要的组成部分,一个 "好" 程序首先是将问题抽象出一个适当的数据结构,然后基于该数据结构设计一个 "好" 算法。对于许多实际的问题,写出一个可以正常运行的程序还不够,如果这个程序在规模较大的数据集上运行,那么运行效率就成为一个重要的问题。

1.2 本书讨论的主要内容

计算机能够求解的问题一般可以分为数值问题和非数值问题。数值问题抽象出的数据模型通常是数学方程;非数值问题抽象出的数据模型通常是线性表、树、图等数据结构。

本书讨论非数值问题的数据组织和处理,主要内容有如下四点。

(1) 数据的逻辑结构: 线性表、树、图等数据结构,其核心是如何组织待处理的数据以及数据之间的关系。

(2) 数据的存储结构: 如何将线性表、树、图等数据结构存储到计算机的存储器中,其核心是如何有效地存储数据以及数据之间的逻辑关系。

(3) 算法: 如何基于数据的某种存储结构实现插入、删除、查找等基本操作,其核心是如何有效地处理数据。

(4) 常用数据处理技术: 查找技术、排序技术、索引技术等。

1968 年, 克努特 (D. E. Knuth) 教授开创了数据结构的最初体系,他所著的《计算机程序设计技巧第一卷: 基本算法》较系统地阐述了数据的逻辑结构和存储结构及其操作。20 世纪 70 年代初,数据结构作为一门独立的课程开始进入大学课堂。

1.3 数据结构的相关概念

1.3.1 数据结构

数据是信息的载体,在计算科学中是指所有能输入到计算机中并能被计算机程序识别和处理的符号集合。可以将数据分为两大类: 一类是整数、实数等数值型数据; 另一类是文字、声音、图形和图像等非数值型数据。

数据是计算机程序处理的"原料",例如,编译程序处理的数据是源程序; 学籍管理程序处理的数据是学籍登记表。

数据元素是数据的基本单位,在计算机程序中通常作为一个整体进行考虑和处理。构成数据元素的不可分割的最小单位称为数据项。

数据元素具有广泛的含义,一般来说,能独立、完整地描述问题世界的一切实体都是数据元素。

数据结构是指相互之间存在一定关系的数据元素的集合。需要强调的是,数据元素是讨论数据结构时涉及的最小数据单位,其中的数据项一般不予考虑。按照视点的不同,数据结构分为逻辑结构和存储结构。

数据的逻辑结构是指数据元素之间逻辑关系的总体。数据的逻辑结构在形式上可定义为一个二元组:
$$Data\_Structure=(D, R)$$
其中 D 是数据元素的有限集合, R 是 D 上关系的集合。

根据数据元素之间逻辑关系的不同,数据结构分为以下四类 (图 1.2)。

(1) 集合结构: 数据元素之间就"属于同一个集合",除此之外,没有任何关系。

(2) 线性结构: 数据元素之间存在着一对一的线性关系。

(3) 树形结构: 数据元素之间存在着一对多的层次关系。

(4) 图状结构: 数据元素之间存在着多对多的任意关系。

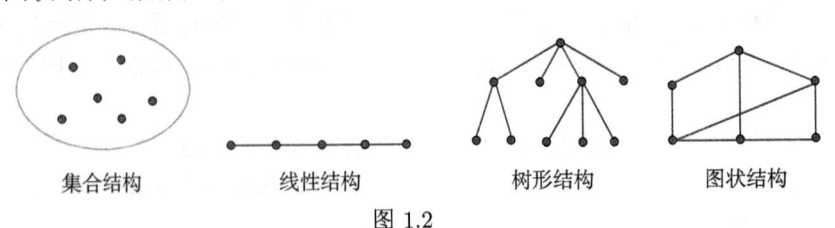

图 1.2

树形结构和图状结构也称为非线性结构。

数据的逻辑结构常用逻辑关系图来描绘，其描述方法是：将每一个数据元素看作一个节点，用圆圈表示，元素之间的逻辑关系用节点之间的连线表示，如果强调关系的方向性，则用带箭头的连线表示关系。

数据的存储结构又称为物理结构，是数据及其逻辑结构在计算机中的表示。换言之，存储结构除了存储数据元素之外，必须隐式或显式地存储数据元素之间的逻辑关系。通常有两种存储结构：顺序存储结构和链式存储结构。

顺序存储结构的基本思想是：用一组连续的存储单元依次存储数据元素，数据元素之间的逻辑关系由元素的存储位置来表示。

链式存储结构的基本思想是：用一组任意的存储单元存储数据元素，数据元素之间的逻辑关系用指针来表示。

数据的逻辑结构是从具体问题抽象出来的数据模型，是面向问题的，反映了数据元素之间的关联方式或邻接关系。数据的存储结构是面向计算机的，其基本目标是将数据及其逻辑关系存储到计算机的内存中。为了区别于数据的存储结构，常常将数据的逻辑结构称为数据结构。

数据的逻辑结构和存储结构是密切相关的两个方面。一般来说，一种数据的逻辑结构可以用多种存储结构来存储，而采用不同的存储结构，其数据处理的效率往往是不同的。

1.3.2 抽象数据类型相关概念

1. 数据类型

数据类型是一组值的集合以及定义于这个值的集合上的一组操作的总称。数据类型规定了该类型数据的取值范围和对这些数据所能采取的操作。例如，C++ 语言中的整型变量可以取的值是机器所能表示的最小负整数和最大正整数之间的任何一个整数，允许的操作有算术运算 (+、-、*、/、%)、关系运算 (<、<=、>、>=、==、!=) 和逻辑运算 (&&、||、!) 等。

2. 抽象

所谓抽象，就是抽出问题本质的特征而忽略非本质的细节，是对具体事物的一个概括。比如，地图是对它所描述地域的一种抽象，中国人是对所有具有中国国籍的公民的一种抽象。

无论在数学领域还是在程序设计领域，抽象的能力都源于这样一个事实：一旦一个抽象的问题得到解决，很多同类的具体问题就可迎刃而解。抽象还可以实现封装和信息隐藏，例如，C++ 语言能够将完成某种功能并可重复执行的一段程序抽象为函数，在需要执行这种功能时调用这个函数，从而将"做什么"和"怎么做"分离开来，实现了算法细节和数据内部结构的隐藏。

3. 抽象数据类型

抽象数据类型 (Abstract Data Type, ADT) 是一个数据结构以及定义在该结构上的一组操作的总称。ADT 可理解为对数据类型的进一步抽象，数据类型和 ADT 的区别仅在于：数据类型指的是高级程序设计语言支持的基本数据类型，而 ADT 指的是自定义的数据类型。

在设计 ADT 时，把 ADT 的定义和实现分开来。定义部分只包含数据的逻辑结构和所允许的操作集合，一方面，ADT 的使用者依据这些定义来使用 ADT，即通过操作集合对该 ADT 进行操作；另一方面，ADT 的实现者依据这些定义来完成该 ADT 各种操作的具体实现。

ADT 提供了定义和实现的不同视图，实现了封装和信息隐藏。例如，整数的数学概念和施加到整数的运算构成一个 ADT，C++ 语言的整型是对这个 ADT 的物理实现，各种程序设计语言都提供了整数类型，尽管它们在不同编译器上实现的方法不同，但由于其 ADT 相同，在用户看来都是相同的。

一个 ADT 的定义不涉及它的实现细节，在形式上可繁可简，本书对 ADT 的定义包括抽象数据类型名、数据元素之间逻辑关系的定义、每种基本操作的接口 (操作的名称和该操作的前置条件、输入、功能、输出、后置条件的定义)，形式如下。

ADT 抽象数据类型名
Data
数据元素之间逻辑关系的定义
Operation
操作 1
前置条件：执行此操作前数据所必需的状态
输入：执行此操作所需要的输入
功能：该操作将完成的功能
输出：执行该操作后产生的输出
后置条件：执行该操作后数据的状态
操作 2
……
……
操作 n
……
end ADT

C++ 语言的类体现了抽象数据类型的思想，可以用 C++ 语言的类来实现抽象数据类型，具体地，ADT 的每个操作由类的成员函数来实现，数据结构由类的成员变量来实现。

1.4 算法及算法分析

1.4.1 算法及其描述方法

1. 什么是算法

算法被公认为是计算机科学的基石。通俗地讲，算法是解决问题的方法，现实生活中关于算法的实例不胜枚举，如一份菜谱、一个安装转椅的操作指南等。严格地说，算法是对特定问题求解步骤的一种描述，是指令的有限序列。通常一个问题可以有多种算法，一种算法可以解决某个特定的问题。

算法必须满足下列五个重要特性。

(1) 输入：一个算法可以有零个或多个输入 (即算法可以没有输入)，这些输入通常取自于某个特定的对象集合。

(2) 输出：一个算法应有一个或多个输出 (即算法必须要有输出)，通常输出与输入之间有着某种特定的关系。

(3) 有穷性：一个算法必须总是 (对任何合法的输入) 在执行有限步之后结束，且每一步都在有限时间内完成。

(4) 确定性：算法中的每一条指令必须有确切的含义，不存在二义性。并且，在任何条件下，对于相同的输入只能得到相同的输出。

(5) 可行性：算法描述的操作可以通过已经实现的基本操作执行有限次来实现。

算法和程序不同。程序是对一个算法使用某种程序设计语言的具体实现，原则上，算法可以用任何一种程序设计语言实现。算法的有限性意味着不是所有的计算机程序都是算法。例如操作系统是一个在无限循环中执行的程序而不是一个算法，然而我们可以把操作系统的各个任务看成是一个单独的问题，每一个问题由操作系统中的一个子程序通过特定的算法来实现，得到输出结果后便终止。

2. 什么是好算法

一个"好"算法首先要满足算法的以上五大特性，此外还要具备下列特性。

(1) 正确性。算法能满足具体问题的需求，即对于任何合法的输入，算法都会得出正确的结果。

(2) 鲁棒性。鲁棒性也称健壮性。算法对非法输入具有抵抗能力，即对于错误的输入，算法应能识别并做出处理，而不是产生错误动作或陷入瘫痪。

(3) 简单性。算法容易理解和实现。简单就像"美丽"一样，很大程度上取决于审视者的眼光。

(4) 抽象分级。算法一旦创建，必须由人来阅读、理解、使用和修改。如果算法涉及的想法太多，人就会糊涂，因此，必须用抽象分级来组织算法表达的思想。换言之，算法中的每一个逻辑步骤可以是一条简单的指令，也可以是一个模块，通过模块调用完成相应功能。每个模块表示一种抽象，模块的内部描述了怎样实现抽象，而模块的名称描述了模块的功能。

(5) 高效性。算法的效率包括时间效率和空间效率，时间效率显示了算法运行得有多快；而空间效率则显示了算法需要多少额外的存储空间。不言而喻，一个"好"算法应该具有较短的执行时间并占用较少的辅助空间。

3. 算法的描述方法

算法设计者在构思和设计了一个算法之后，必须清楚准确地将所设计的求解步骤记录下来，即描述算法。常用的描述算法的方法有自然语言、流程图、程序设计语言和伪代码等。下面以欧几里得算法为例进行介绍。

例 1.4.1 欧几里得算法——辗转相除法求两个自然数 m 和 n 的最大公约数。

(1) 自然语言 (图 1.3)。

步骤 1: 将 m 除以 n 得到余数 r。

步骤 2: 若 r 等于 0, 则 n 为最大公约数, 算法结束; 否则执行步骤 3。

步骤 3: 将 n 的值放在 m 中, 将 r 的值放在 n 中, 重新执行步骤 1。

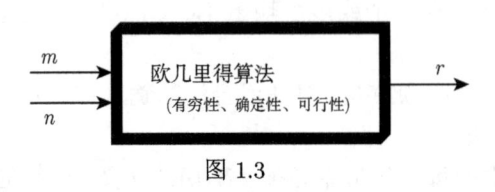

图 1.3

注 1.4.1 用自然语言描述算法, 最大的优点是容易理解, 缺点是容易出现二义性, 并且算法通常都很冗长。

(2) 流程图 (图 1.4)。

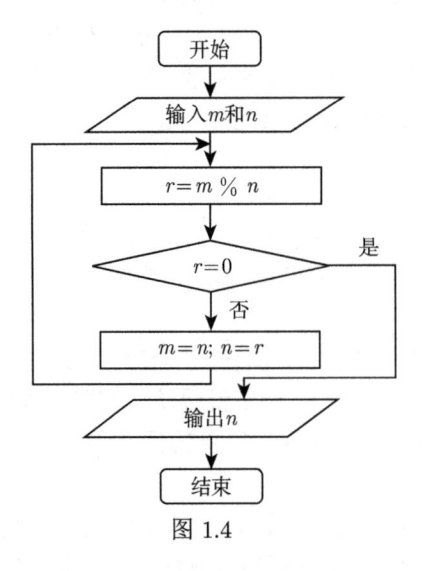

图 1.4

注 1.4.2 用流程图描述算法, 优点是直观易懂, 缺点是严密性不如程序设计语言, 灵活性不如自然语言。在计算机应用早期, 使用流程图描述算法占有统治地位, 但实践证明, 除了描述程序设计语言的语法规则和一些非常简单的算法, 这种描述方法使用起来非常不方便。

(3) 程序设计语言。

```
#include<iostream.h>
int CommonFactor(int m,int n)
{int r=m%n;
    while(r!=0)
    { m=n;
      n=r;
```

```
            r=m%n;
        }
        return n;
}
void main()
{cout<<CommonFactor(63,54)<<endl;
}
```

注 1.4.3 用程序设计语言描述的算法能够被计算机直接执行，但它们的缺点是抽象性差，使算法设计者拘泥于描述算法的具体细节，忽略了"好"算法和正确逻辑的重要性。此外，还要求算法设计者掌握程序设计语言及其编程技巧。

(4) 伪代码。

1. $r = m\%n$;
2. 循环直到r等于0
    2.1 $m = n$;
    2.2 $n = r$;
    2.3 $r = m\%n$;
3. 输出n;

注 1.4.4 伪代码是介于自然语言和程序设计语言之间的方法，它采用某一程序设计语言的基本语法，操作指令可以结合自然语言来设计。至于算法中自然语言的成分有多少，取决于算法的抽象级别。抽象级别高的伪代码自然语言多一些，抽象级别低的伪代码程序设计语言的语句多一些。

伪代码虽然不是一种实际的编程语言，但在表达能力上类似于编程语言，同时极小化了描述算法的不必要的技术细节，是比较合适的描述算法的方法，被称为"算法语言"或"第一语言"。

1.4.2 算法分析

可能有人认为，随着计算机功能的日益壮大，程序的运行效率变得越来越不那么重要了。然而，计算机功能越强大，人们就越想去尝试更复杂的问题，而更复杂的问题需要更大的计算量。实际上，我们不仅需要算法，而且需要"好"算法。以破解密码的算法为例，理论上，通过穷举法列出所有可能的输入字符的组合情况可以破解任何密码。但是，如果密码较长或组合情况太多，那么破解算法就需要很长时间，可能几年、十几年甚至更多，这样的算法显然没有实际意义。所以，在选择和设计算法时要有效率的概念，这一点比提高计算机本身的速度更为重要。

1. 度量算法效率的方法

如何度量一个算法的效率呢？一种方法是事后统计的方法，先将算法实现，然后输入适当的数据运行，测算其时间和空间开销。事后统计的方法至少有以下缺点：① 编写程序实现算法将花费较多的时间和精力；② 所得实验结果依赖于计算机的软硬件等环境因素，有时容易掩盖算法本身的优劣。通常采用事前分析估算的方法——渐近复杂度，它是对算法所消耗资源的一种估算方法。

2. 算法的时间复杂度

撇开与计算机软硬件有关的因素，影响算法时间代价的最主要因素是问题规模。问题规模是指输入量的多少，一般来说，它可以从问题描述中得到。例如，对一个具有 n 个整数的数组进行排序，问题规模是 n。一个显而易见的事实是：几乎所有的算法，对于规模更大的输入需要运行更长的时间。待排序的数据量 n 越大就需要越多的时间。所以运行算法所需要的时间 T 是问题规模 n 的函数，记作 $T(n)$。

要精确地表示算法的运行时间函数常常是困难的，即使能够给出，也可能是一个相当复杂的函数，函数的求解本身也是相当复杂的。为了客观地反映一个算法的执行时间，可以用算法中基本语句的执行次数来度量算法的工作量。基本语句是执行次数与整个算法的执行次数成正比的语句，基本语句对算法运行时间的贡献最大，是算法中最重要的操作。这种衡量效率的方法得出的不是时间量，而是一种增长趋势的度量。换言之，只考察当问题规模充分大时，算法中基本语句的执行次数在渐近意义下的阶，称作算法的渐近时间复杂度，简称时间复杂度。通常用大 O（读作"大欧"）记号表示。

定义 1.4.1　若存在两个正的常数 c 和 n_0，对于任意 $n \geqslant n_0$，都有 $T(n) \leqslant c \times f(n)$，则称 $T(n) = O(f(n))$（或称算法在 $O(f(n))$ 中）。

该定义说明了函数 $T(n)$ 和 $f(n)$ 具有相同的增长趋势，并且 $T(n)$ 的增长至多趋同于函数 $f(n)$ 的增长。大 O 记号用来描述增长率的上限。

算法的时间复杂度分析实际上是一种估算技术，若两个算法中一个总是比另一个"稍快一点"时，它并不能判断那个"稍快一点"的算法的相对优越性。但是在实际应用中，它被证明是很有效的，尤其是确定算法是否值得实现的时候。

3. 最好、最坏和平均情况

对于某些算法，即使问题规模相同，如果输入数据不同，其时间开销也不同。

例如，在一维整型数组 $A[n]$ 中顺序查找与给定值 k 相等的元素，顺序查找算法如下。

顺序查找从第一个元素开始，依次比较每一个元素，直至找到 k 为止，而一旦找到了 k，算法也就结束了。这样，顺序查找的时间开销可能在一个很大的范围内浮动。如果数组的第一个元素恰好就是 k，算法只要比较一个元素就行了，这是最好情况；如果数组的最后一个元素是 k，算法就要比较 $n-1$ 个元素，这是最坏情况；如果在数组中查找不同的元素 k，假设数据是等概率分布的，则平均要比较 $n/2$ 个元素，这是平均情况。

那么，当分析一个算法时，应该研究最好、最坏还是平均情况？一般来说，最好情况不能作为算法性能的代表，因为它发生的概率太小，对于条件的考虑太乐观了。但是，当最好情况的概率较大的时候，应该分析最好情况。分析最差情况有一个好处：它能让你知道算法的运行时间最坏能坏到什么程度，这一点在实时系统中尤其重要。

通常需要分析平均情况的时间代价，特别是算法要处理不同的输入时，但它要求已知输入数据是如何分布的。通常假设是等概率分布，如果数据不是等概率分布，那么算法的平均情况就不一定是查找一半的元素了。

4. 算法的空间复杂度

算法的空间复杂度是指在算法的执行过程中需要的辅助空间数量。辅助空间是除算法本身和输入输出数据所占据的空间外，算法临时开辟的存储空间。通常记作

$$S(n) = O(f(n))$$

其中，n 为问题规模，分析方法与算法的时间复杂度类似。

5. 算法分析举例

算法的复杂度包括时间复杂度和空间复杂度，相比而言，我们更注重算法的时间性能。本书在进行算法分析时，不特别指明，均是指对算法的时间性能进行分析。分析算法的时间复杂度的基本方法是：找出所有语句中执行次数最大的那条语句作为基本语句，计算基本语句的执行次数，取其数量级放入大 O 中即可。

定理 1.4.1 若 $A(n) = a_m n^m + a_{m-1} n^{m-1} + \cdots + a_1 n + a_0$ 是一个 m 次多项式，则 $A(n) = O(n^m)$。

定理 1.4.1 说明，在计算任何算法的时间复杂度时，可以忽略所有低次幂和最高次幂的系数，这样能够简化算法分析，并且使注意力集中在最重要的一点——增长率上。

算法的时间复杂度是衡量一个算法优劣的重要标准。一般来说，具有多项式时间复杂度的算法是可接受的、可使用的算法，而具有指数时间复杂度的算法，只有当问题规模足够小的时候才是可使用的算法。

习 题 1

一、填空题

1. 数据的物理结构包括_____ 的表示和_____ 的表示。
2. 对于给定的 n 个元素，可以构造出的逻辑结构有_____、_____、_____、_____ 四种。
3. 数据的逻辑结构是指_____。
4. 一个数据结构在计算机中_____ 称为存储结构。
5. 抽象数据类型的定义仅取决于它的一组_____，而与_____ 无关，即不论其内部结构如何变化，只要它的_____ 不变，都不影响其外部使用。
6. 数据结构中评价算法的两个重要指标是_____。
7. 数据结构是研讨数据的_____ 和_____，以及它们之间的相互关系，并对于这种结构定义相应的_____，设计出相应的_____。
8. 一个算法具有 5 个特性：_____、_____、_____、有零个或多个输入、有一个或多个输出。
9. 已知如下程序段：

```
for i:=n downto 1 do        {语句1}
begin
  x:=x+1;                   {语句2}
  for j:=n downto i do      {语句3}
```

　　　　y:=y+1;　　　　　　　　　　{语句4}
　　end;

语句 1 执行的频度为_____；语句 2 执行的频度为_____；语句 3 执行的频度为_____；语句 4 执行的频度为_____。

10. 计算机执行下面的语句时，语句 s 的执行次数为_____。

```
for(i=1;i<n-1;i++)
 for(j=n;j>=i;j--)
  s;
```

二、选择题

1. (　　) 是数据的最小单位。
  A. 数据项；　　　　B. 表元素；　　　　C. 信息项；　　　　D. 数据元素。
2. 以下说法不正确的是 (　　)。
  A. 数据可由若干个数据元素构成；　　B. 数据项可由若干个数据元素构成；
  C. 数据元素是数据的基本单位；　　　D. 数据项是不可分割的最小标识单位。
3. 数据结构是指 (　　) 的集合以及它们之间的关系。
  A. 数据；　　　　　B. 结构；　　　　　C. 数据元素；　　　D. 计算方法。
4. 计算机所处理的数据一般具备某种内在联系，这是指 (　　)。
  A. 数据和数据之间存在某种关系；　　B. 元素和元素之间存在某种关系；
  C. 元素内部具有某种结构；　　　　　D. 数据项和数据项之间存在某种关系。
5. 在数据结构中，与所使用的计算机无关的是数据的 (　　) 结构。
  A. 逻辑；　　　　　B. 存储；　　　　　C. 逻辑和存储；　　D. 物理。
6. 数据的逻辑结构可以分为 (　　) 两类。
  A. 紧凑结构和非紧凑结构；　　　　　B. 动态结构和静态结构；
  C. 线性结构和非线性结构；　　　　　D. 内部结构和外部结构。
7. 数据的逻辑结构是指 (　　) 关系的整体。
  A. 数据项之间逻辑；　　　　　　　　B. 数据元素之间逻辑；
  C. 数据类型之间；　　　　　　　　　D. 存储结构之间。
8. 以下 (　　) 在数据结构中属于非线性结构。
  A. 串；　　　　　　B. 栈；　　　　　　C. 队列；　　　　　D. 平衡二叉树。
9. 以下属于逻辑结构的是 (　　)。
  A. 双链表；　　　　B. 单链表；　　　　C. 顺序表；　　　　D. 有序表。
10. 以下不属于存储结构的是 (　　)。
  A. 顺序表；　　　　B. 线性表；　　　　C. 邻接表；　　　　D. 单链表。
11. 在计算机中存储数据时，通常不仅要存储各数据元素的值，而且还要存储 (　　)。
  A. 数据元素之间的关系；B. 数据元素的类型；　C. 数据的处理方法；　D. 数据的存储方法。
12. 数据结构在计算机内存中的表示是指 (　　)。
  A. 数据的逻辑结构；　B. 数据结构；　　　　C. 数据元素之间的关系；D. 数据的存储结构。
13. 在数据的存储中，一个节点通常存储一个 (　　)。
  A. 数据结构；　　　B. 数据元素；　　　　C. 数据项；　　　　D. 数据类型。
14. 在决定选取任何类型的存储结构时，一般不多考虑 (　　)。
  A. 各节点的值如何；　　　　　　　　B. 节点个数的多少；
  C. 对数据有哪些运算；　　　　　　　D. 所用编程语言实现这种结构是否方便。

15. 数据在计算机的存储器中表示时,逻辑上相邻的两个元素对应的物理地址也是相邻的,这种存储结构称为(　　)。
　　A. 路基结构;　　　　B. 顺序存储结构;　　　C. 链式存储结构;　　　D. 以上都对。
16. 数据采用链式存储结构时,要求(　　)。
　　A. 节点的最后一个数据域是指针类型;　　　　B. 所有节点占用一片连续的存储区域;
　　C. 每个节点有多少个后继就多少个指针域;　　D. 每个节点占用一片连续的存储区域。
17. 数据的运算(　　)。
　　A. 与采用何种存储结构有关;　　　　　　　　B. 是根据存储结构来定义的效率;
　　C. 有算术运算和关系运算两大类;　　　　　　D. 必须用程序设计语言来描述。
18. (　　) 不是算法的基本特性。
　　A. 可行性;　　　　B. 在规定的时间内完成;　C. 指令序列长度有限;　　D. 确定性。
19. 计算机中算法指的是解决某一问题的有限运算序列,它必须具备输入、输出、(　　)。
　　A. 可行性、有穷性和确定性;　　　　　　　　B. 确定性、有穷性和稳定性;
　　C. 易读性、稳定性和确定性;　　　　　　　　D. 可行性、可移植性和可扩充性。
20. 一个算法具有(　　)等设计目标。
　　A. 健壮性;　　　　B. 至少有一个输入;　　　C. 可行性;　　　　　　　D. 确定性。
21. 以下关于算法的说法正确的是(　　)。
　　A. 其他几个都是错误的;　　　　　　　　　　B. 算法最终必须由计算机程序实现;
　　C. 算法等同于程序;　　　　　　　　　　　　D. 算法的可行性是指指令不能有二义性。
22. 算法的时间复杂度与(　　)有关。
　　A. 编译程序质量;　　B. 问题规模;　　　　　C. 程序设计语言;　　　　D. 计算机硬件性能。
23. 算法分析的主要任务之一是分析(　　)。
　　A. 算法中是否存在语法错误;　　　　　　　　B. 算法是否具有较好的可读性;
　　C. 算法的执行时间和问题规模之间的关系;　　D. 算法的功能是否符合设计要求。
24. 算法的时间复杂度为 $O(n^2)$,表明该算法的(　　)。
　　A. 执行时间与 n^2 成正比;　　　　　　　　B. 问题规模是 n^2;
　　C. 执行时间等于 n^2;　　　　　　　　　　 D. 问题规模与 n^2 成正比。
25. 算法分析的目的是(　　)。
　　A. 找出数据结构的合理性;　　　　　　　　　B. 分析算法的易读性和文档性;
　　C. 分析算法的效率以求改进;　　　　　　　　D. 研究算法中输入和输出的关系。

三、判断题

1. 数据元素是数据的最小单位。(　　)
2. 数据对象就是一组任意数据元素的集合。(　　)
3. 任何数据结构都具备 3 个基本运算:插入、删除、查找。(　　)
4. 数据的逻辑结构与数据元素在计算机中如何存储有关。(　　)
5. 如果数据元素值发生改变,那么数据的逻辑结构也随之改变。(　　)
6. 逻辑结构相同的数据,可以采用多种不同的存储方法。(　　)
7. 逻辑结构不相同的数据,必须采用多种不同的存储方法。(　　)
8. 逻辑结构相同的数据,在设计存储结构时,它们的节点类型也一定相同。(　　)
9. 数据的逻辑结构是指数据的各数据项之间的逻辑关系。(　　)
10. 算法的优劣与算法描述语言无关,但与所用的计算机有关。(　　)
11. 算法可以用不同的语言描述,如果用 C 或 PASCAL 等高级语言来描述,则算法实际上就是程序了。(　　)
12. 程序一定是算法。(　　)
13. 算法最终必须由计算机程序实现。(　　)

14. 算法的可行性是指指令不能有二义性。(   )
15. 健壮的算法不会因非法输入数据而出现莫名其妙的状态。(   )

四、简答题

1. 什么是算法？算法的 5 个特性是什么？试根据这些特性解释算法与程序的区别。
2. 数据的逻辑结构分为线性结构和非线性结构两大类。线性结构包括线性表、栈、队列、数组等；非线性结构包括树、图等；这两类结构各自的特点是什么？
3. 简述下列概念：数据、数据元素、数据类型、数据结构、逻辑结构、存储结构、线性结构、非线性结构。

第 2 章 线 性 表

线性表是线性结构的典型代表。

线性表是一种最基本、最简单的数据结构,数据元素之间仅具有单一的前驱和后继关系。线性表不仅有着广泛的应用,而且也是其他数据结构的基础,同时,单链表也是贯穿数据结构课程的基本技术。本章虽然讨论的是线性表,但涉及的许多问题都具有一定的普遍性,因此,本章是本课程的重点与核心,也是后续章节的重要基础。

2.1 线性表的逻辑结构

2.1.1 线性表的定义

线性表 (Linear List) 简称表,是 $n\,(n \geqslant 0)$ 个具有相同类型的数据元素的有限序列 (图 2.1),线性表中数据元素的个数称为线性表的长度。

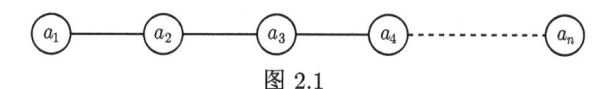

$$a_1 - a_2 - a_3 - a_4 \cdots\cdots a_n$$

图 2.1

长度等于零时称为空表,一个非空表通常记为

$$L = (a_1, a_2, \cdots, a_n)$$

其中,$a_i\,(1 \leqslant i \leqslant n)$ 称为数据元素,下脚标 i 表示该元素在线性表中的位置或序号,称元素 a_i 位于表的第 i 个位置,或称 a_i 是表中的第 i 个元素。a_1 称为第一个元素,a_n 称为最后一个元素,任意一对相邻的数据元素 a_{i-1} 和 a_i 之间存在序偶关系 $\langle a_{i-1}, a_i \rangle$,且 a_{i-1} 称为 a_i 的前驱,a_i 称为 a_{i-1} 的后继。在这个序列中,元素 a_1 无前驱,元素 a_n 无后继,其他每个元素有且仅有一个前驱和一个后继。

线性表的数据元素具有抽象的数据类型,在设计具体的应用程序时,数据元素的抽象类型将被具体的数据类型所取代。

2.1.2 线性表的抽象数据类型定义

线性表是一个相当灵活的数据结构,对此,线性表的数据元素不仅可以进行存取访问,还可以进行插入和删除等操作。其抽象数据类型定义为

ADT List
  Data
    线性表中的数据元素具有相同类型,相邻元素具有前驱和后继关系
  Operation

InitList
　　前置条件: 线性表不存在
　　输入: 无
　　功能: 线性表的初始化
　　输出: 无
　　后置条件: 一个空的线性表
DestroyList
　　前置条件: 线性表已存在
　　输入: 无
　　功能: 销毁线性表
　　输出: 无
　　后置条件: 释放线性表所占用的存储空间
Length
　　前置条件: 线性表已存在
　　输入: 无
　　功能: 求线性表的长度
　　输出: 线性表中数据元素的个数
　　后置条件: 线性表不变
Get
　　前置条件: 线性表已存在
　　输入: 元素的序号 i
　　功能: 按位查找, 在线性表中查找序号为 i 的数据元素
　　输出: 如果序号合法, 返回序号为 i 的元素值, 否则引发异常
　　后置条件: 线性表不变
Locate
　　前置条件: 线性表已存在
　　输入: 数据元素 x
　　功能: 按值查找, 在线性表中查找值等于 x 的元素
　　输出: 如果查找成功, 返回元素 x 在表中的序号, 否则返回 0
　　后置条件: 线性表不变
Insert
　　前置条件: 线性表已存在
　　输入: 插入位置 i; 待插元素 x
　　功能: 插入操作, 在线性表的第 i 个位置处插入一个新元素 x
　　输出: 若插入不成功, 引发异常
　　后置条件: 若插入成功, 表中增加了一个新元素
Delete
　　前置条件: 线性表已存在

输入: 删除位置 i
功能: 删除操作, 删除线性表中的第 i 个元素
输出: 若删除成功, 返回被删元素, 否则引发异常
后置条件: 若删除成功, 表中减少了一个元素

Empty
前置条件: 线性表已存在
输入: 无
功能: 判空操作, 判断线性表是否为空表
输出: 若是空表, 返回 1, 否则返回 0
后置条件: 线性表不变

PrintList
前置条件: 线性表已存在
输入: 无
功能: 遍历操作, 按序号依次输出线性表中的元素
输出: 线性表的各个数据元素
后置条件: 线性表不变
end ADT

应该说明的是: ① 对于不同的应用, 线性表的基本操作不同; ② 上述操作是基本操作, 对于实际问题中更复杂的操作, 可以用这些基本操作的组合 (即调用基本操作) 来实现; ③ 对于不同的应用, 上述操作的接口可能不同, 例如删除操作, 若要求删除表中值为 x 的元素, 则 Delete 操作的输入参数就不能是位置而应该是元素值。

2.2 线性表的顺序存储结构及实现

2.2.1 线性表的顺序存储结构——顺序表

线性表的顺序存储结构称为顺序表 (Sequential List)。

顺序表是用一段地址连续的存储单元依次存储线性表的数据元素。由于线性表中每个数据元素的类型相同, 通常用一维数组来实现顺序表, 也就是把线性表中相邻的元素存储在数组中相邻的位置, 从而导致了数据元素的序号和存放它的数组下标之间的一一对应关系。需要强调的是, C++ 中数组的下标是从 0 开始的, 而线性表中元素的序号是从 1 开始的, 也就是说, 线性表中第 i 个元素存储在数组中下标为 $i-1$ 的位置。

例 2.2.1 (34, 23, 67, 43)。

注 2.2.1 图 2.2 最后一个 "4" 表示数组中元素的个数。

| 34 | 23 | 67 | 43 | ... | 4 |

图 2.2

用数组存储顺序表, 就意味着要分配固定长度的数组空间, 因此, 必须确定数组的长度, 即存放线性表的数组空间的长度。因为在线性表中可以进行插入操作, 则数组的长

度就要大于当前线性表的长度。用 MaxSize 表示数组的长度,用 length 表示线性表的长度。

容易看出,顺序表中数据元素的存储地址是其序号的线性函数,只要确定了存储顺序表的起始地址(即基地址),计算任意一个元素的存储地址的时间是相等的,具有这一特点的存储结构称为随机存取结构。

2.2.2 顺序表的实现

将线性表的抽象数据类型定义在顺序表存储结构下用 C++ 的类实现。由于线性表的数据元素类型不确定,所以采用 C++ 的模板机制。

```
const int MaxSize=100;//100只是示例性的数据,可以根据实际问题具体定义
template<class DataType>        //定义模板类SeqList
class SeqList
{
public:
    SeqList(){length=0;}         //无参构造函数,建立一个空的顺序表
    SeqList(DataType a[],int n); //有参构造函数,建立一个长度为n的顺
                                 //序表
    ~SeqList(){}                 //析构函数为空
    int Length(){return length;} //求线性表的长度
    DataType Get(int i);         //按位查找,在线性表中查找第i个元素
    int Locate(DataType x);      //按值查找,在线性表中查找值为x的元素序号
    void Insert(int i,DataType x);//插入操作,在线性表中第i个位置插入
                                  //值为x的元素
    DataType Delete(int i);      //删除操作,删除线性表的第i个元素
    void PrintList();            //遍历操作,按序号依次输出各元素
private:
    DataType data[MaxSize];      //存放数据元素的数组
    int length;                  //线性表的长度
};
```

在顺序表中,由于元素的序号与数组中存储该元素的下标之间具有一一对应的关系,所以容易实现上述基本操作。下面讨论基本操作的算法。

1. 构造函数

无参构造函数 SeqList() 创建一个空的顺序表,只需简单地将顺序表的长度 length 初始化为 0。

有参构造函数 SeqList(DataType a[ ], int n) 创建一个长度为 n 的顺序表,需要将给定的数组元素作为线性表的数据元素传入顺序表中,并将传入的元素个数作为顺序表的长度。

顺序表有参构造函数 SeqList

```
template<class DataType>
SeqList<DataType>::SeqList(DataType a[],int n)
```

2.2 线性表的顺序存储结构及实现

```
{
    if(n>MaxSize) throw "参数非法";
    for(i=0,i<n;i++)
      data[i]=a[i];
    length=n;
}
```

2. 求线性表的长度

求线性表的长度只需返回成员变量 length 的值。

3. 查找操作

(1) 按位查找。

顺序表中第 i 个元素存储在数组中下标为 $i-1$ 的位置，所以容易实现按位查找。显然，按位查找算法的时间复杂度为 $O(1)$。

顺序表按位查找算法 Get

```
template<class DataType>
DataType SeqList<DataType>::Get(int i)
{
    if(i<1&&i>length)throw"查找位置非法";
    else return data[i-1];
}
```

(2) 按值查找。

在顺序表中实现按值查找操作，需要对顺序表中的元素依次进行比较。如果查找成功，返回元素的序号(注意不是下标)；如果查找不成功，返回查找失败的标志"0"。

顺序表按值查找算法 Locate

```
template<class DataType>
int SeqList<DataType>::Locate(DataType x)
{
    for(i=0;i<length;i++)
      if(data[i]==x)return i+1;//若下标为i的元素等于x,则返回其序号i+1
    return 0;                  //退出循环,说明查找失败
}
```

查找算法的问题规模是表长 n，基本语句是 for 循环中元素比较的语句。顺序查找从第一个元素开始，依次比较每一个元素，直至找到 x 为止。如果顺序表的第一个元素恰好就是 x，算法只要比较一次就行了，这是最好情况；如果顺序表的最后一个元素是 x，算法就要比较 n 个元素，这是最坏情况；在平均情况下，假设数据是等概率分布的，则平均比较表长的一半。所以，按值查找算法的平均时间复杂度是 $O(n)$。

4. 插入操作

插入操作是在表的第 i $(1 \leqslant i \leqslant n+1)$ 个位置插入一个新元素 x，使长度为 n 的线性表 $(a_1, \cdots, a_{i-1}, a_i, \cdots, a_n)$ 变成长度为 $n+1$ 的线性表 $(a_1, \cdots, a_{i-1}, x, a_i, \cdots, a_n)$，

插入后，元素 a_{i-1} 和 a_i 之间的逻辑关系发生了变化并且存储位置要反映这个变化。

注意算法中元素移动的方向，必须从最后一个元素开始移动，直至将第 i 个元素后移为止，然后将新元素插入位置 i 处。如果表满了，则引发上溢异常；如果元素的插入位置不合理，则引发位置异常。

伪代码

(1) 如果表满了，则引发上溢异常；
(2) 如果元素的插入位置不合理，则引发位置异常；
(3) 将最后一个元素直至第 i 个元素分别向后移动一个位置；
(4) 将元素 x 填入位置 i 处；
(5) 表长加 1。

顺序表插入算法 Insert

```
template<class DataType>
void SeqList<DataType>::Insert(int i,DataType x)
{
  if(length>=MaxSize)throw"上溢";
  if(i<1||i>length+1)throw"位置";
  for(j=length;j>=i;j--)
    data[j]=data[j-1];   //注意第j个元素存在于数组下标为j-1处
    data[i-1]=x;
    length++;
}
```

该算法的问题规模是表的长度 n，基本语句是 for 循环中元素后移的语句。当 $i = n+1$ 时（即在表尾插入），元素后移语句将不执行，这是最好情况，时间复杂度为 $O(1)$；当 $i = 1$ 时（即在表头插入），元素后移语句将执行 n 次，需移动表中的所有元素，这是最坏情况，时间复杂度为 $O(n)$；由于插入可能在表中任意位置上进行，因此需分析算法的平均时间复杂度。令 $E_{in}(n)$ 表示元素移动次数的平均值，由于在第 i 个 $(1 \leqslant i \leqslant n+1)$ 位置上插入一个元素后移语句的执行次数为 $n-i+1$，故

$$E_{in}(n) = \sum_{i=1}^{n+1} p_i (n-i+1)$$

其中，p_i 表示在表中第 i 个位置上插入元素的概率。不失一般性，假设在表中任何位置上插入元素的机会是均等的，则 $p_1 = p_2 = \cdots = p_{n+1} = 1/(n+1)$，因此

$$E_{in}(n) = \sum_{i=1}^{n+1} p_i (n-i+1) = \frac{1}{n+1} \sum_{i=1}^{n+1} (n-i+1) = \frac{n}{2} = O(n)$$

也就是说，在顺序表上实现插入操作，等概率情况下，平均要移动表中一半的元素，算法的平均时间复杂度为 $O(n)$。

5. 删除操作

删除操作是将表的第 $i(1 \leqslant i \leqslant n)$ 个元素删除,使长度为 n 的线性表 $(a_1,\cdots,a_{i-1},a_i,a_{i+1},\cdots,a_n)$ 变成长度为 $n-1$ 的线性表 $(a_1,\cdots,a_{i-1},a_{i+1},\cdots,a_n)$,删除后元素 a_{i-1} 和 a_{i+1} 之间的逻辑关系发生了变化并且存储位置也要反映这个变化。

注意算法中元素移动的方向,必须从第 $i+1$ 个元素 (下标为 i) 开始移动,直至将最后一个元素前移为止,并且在移动元素之前要取出被删元素。如果表空,则引发下溢异常;如果元素的删除位置不合理,则引发删除位置异常。

伪代码

(1) 如果表空,则引发下溢异常;
(2) 如果删除位置不合理,则引发删除位置异常;
(3) 取出被删元素;
(4) 将下标为 $i, i+1, \cdots, n-1$ 处的元素分别移到下标 $i-1, i, \cdots, n-2$ 处;
(5) 表长减 1,返回被删元素值。

顺序表删除算法 Delete

```
template<class DataType>
DataType SeqList<DataType>::Delete(int i)
{
  if(length=0)throw"下溢";
  if(i<1||i>length)throw"位置";
  x=data[i-1];    //取出位置i的元素
  for(j=i;j<length;j++)
    data[j-1]=data[j];   //注意此处j已经是元素所在的数组下标
  length--;
  return x;
}
```

算法的问题规模是表长 n,基本语句是 for 循环中元素前移的语句。若删除表尾元素 (即 $i=n$),无须移动元素;若删除表头元素 (即 $i=1$),需移动除第一个元素以外的所有元素。这两种情况下算法的时间复杂度分别为 $O(1)$ 和 $O(n)$。平均情况下,令 $E_{de}(n)$ 表示元素移动次数的平均值,由于删除第 i 个 $(1 \leqslant i \leqslant n)$ 元素需要移动 $n-i$ 个元素,故

$$E_{de}(n) = \sum_{i=1}^{n} p_i(n-i)$$

其中,p_i 表示删除第 i 个元素的概率。等概率情况下,$p_1=p_2=\cdots=p_n=1/n$,因此,

$$E_{de}(n) = \sum_{i=1}^{n} p_i(n-i) = \frac{1}{n}\sum_{i=1}^{n}(n-i) = \frac{n-1}{2} = O(n)$$

也就是说,在顺序表上实现删除操作,等概率情况下,平均要移动表中一半的元素,算法的平均时间复杂度为 $O(n)$。

6. 遍历操作

在顺序表中，遍历操作即按下标依次输出各元素。

顺序表遍历算法 PrintList

```
template<class DataType>
void SeqList<DataType>::PrintList()
{
   for(i=0;i<length;i++)
   cout<<data[i];                    //依次输出线性表的元素值
}
```

2.3 线性表的链式存储结构及实现

顺序表利用数组元素在物理位置(即数组下标)上的邻接关系来表示线性表中数据元素之间的逻辑关系，这使得顺序表具有以下缺点。

(1) 插入和删除操作需移动大量元素。在顺序表上做插入和删除操作，等概率情况下，平均要移动表中一半的元素。

(2) 表的容量难以确定。由于数组的长度必须事先确定，因此当线性表的长度变化较大时，难以确定合适的存储规模。

(3) 造成存储空间的"碎片"。数组要求占用连续的存储空间，即使存储单元数超过所需的数目，如果不连续也不能使用，造成存储空间的"碎片"现象。

造成顺序表上述缺点的根本原因是静态存储分配，为了克服顺序表的缺点，可以采用动态存储分配来存储线性表，也就是采用链式存储结构。

2.3.1 单链表

1. 单链表的存储方法

单链表是用一组任意的存储单元存放线性表的元素，这组存储单元可以连续也可以不连续，甚至可以零散分布在内存中的任意位置。为了能正确表示元素之间的逻辑关系，每个存储单元在存储数据元素的同时，还必须存储其后继元素所在的地址信息，这个地址信息称为指针，这两部分组成了数据元素的存储映像，称为节点。

图 2.3 中 data 是数据域，用来存放数据元素；next 是指针域(也称链域)，用来存放该节点的后继节点的地址。

data	next

图 2.3

例 2.3.1 (a_1, a_2, a_3, a_4) 的存储示意图如图 2.4 所示。

单链表正是通过每个节点的指针域将线性表的数据元素按其逻辑次序链接在一起的，由于每个节点只有一个指针域，故称为单链表。

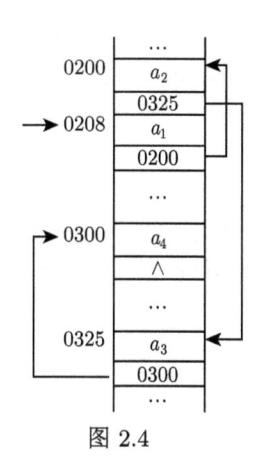

2.3 线性表的链式存储结构及实现

```
         ...
0200    a₂
        0325
0208    a₁
        0200
         ...
0300    a₄
         ∧
         ...
0325    a₃
        0300
```

图 2.4

可以用 C++ 语言的结构体类型来描述单链表的节点，由于节点的元素类型不确定，所以采用 C++ 的模板机制。

```
template<class DataType>
struct Node
{
  DataType data;
  Node<DataType>*next;
};
```

显然，单链表中每个节点的存储地址存放在其前驱节点的 next 域中，因为第一个元素无前驱，所以设头指针指向第一个元素所在节点 (称为开始节点)，整个单链表的存取必须从头指针开始进行，因而头指针具有标识一个单链表的作用；同时，由于最后一个元素无后继，故最后一个元素所在节点 (称为终端节点) 的指针域为空，即 NULL (图 2.4 中用 "∧" 表示)，也称尾标志。

在使用单链表时，我们关心的只是它所表示的线性表中的数据元素以及数据元素之间的逻辑关系，而不是每个数据元素在存储器中的实际位置。

从单链表的存储示意图可以看到，除了开始节点外，其他每个节点的存储地址都存放在其前驱节点的 next 域中，而开始节点是由头指针指示的。这个特例需要在单链表实现时特殊处理，增加了程序的复杂性和出现 bug (程序缺陷) 的机会。因此，通常在单链表的开始节点之前附设一个类型相同的节点，称为头节点。加上头节点之后，无论单链表是否为空，头指针始终指向头节点，因此空表和非空表的处理也统一了。

带有头节点的单链表如下。

空表，如图 2.5 所示。

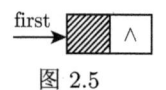

图 2.5

非空表，如图 2.6 所示。

图 2.6

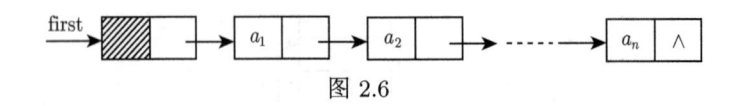

2. 单链表的实现

将线性表的抽象数据类型定义在单链表存储结构下,用 C++ 中的类实现。由于线性表的数据元素类型不确定,所以采用 C++ 的模板机制。

```
template<class DataType>
class LinkList
{
public:
    LinkList();                          //无参构造函数,建立只有头节点的空链表
    LinkList(DataType a[],int n);        //有参构造函数,建立有n个元素的单链表
    ~LinkList();                         //析构函数
    int Length();                        //求单链表的长度
    DataType Get(int i);  //按位查找。在单链表中查找第i个节点的元素值
    int Locate(DataType x);   //按值查找。在单链表中查找值为x的元素序号
    void Insert(int i,DataType x);//插入操作,在第i个位置插入元素值为x的
                                         //节点
    DataType Delete(int i);              //删除操作,在单链表中删除第i个节点
    void PrintList();                    //遍历操作,按序号依次输出各元素
private:
    Node<DataType>*first;                //单链表的头指针
};
```

单链表的基本思想就是用指针表示节点之间的逻辑关系,首先要正确区分指针变量、指针、指针所指节点和节点的值这四个密切相关的不同概念。

设 p 是一个指针变量,则 p 的值 (如果有的话) 是一个指针。有时为了叙述方便,将"指针变量"简称为"指针",将"头指针变量"简称为"头指针"。

设指针 p 指向某个 Node 类型的节点,则该节点用 *p 来表示,*p 为节点变量。有时为了叙述方便,将"指针 p 所指节点"简称为"节点 p"。

在单链表中,节点 p 由两个域组成:如图 2.7 所示,存放数据元素的部分和存放后继节点地址的指针部分,分别用 p->data 和 p->next 来标识,且它们各自有自己的值:p->data 的值是一个数据元素,p->next 的值是一个指针。

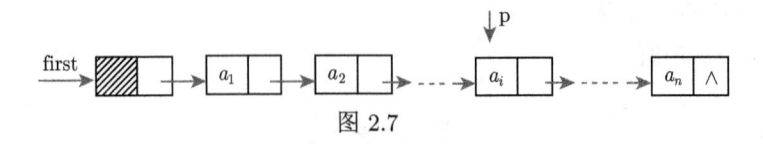

图 2.7

单链表由头指针唯一指定,整个单链表的操作必须从头指针开始进行。在通常情况下,设置一个工作指针 p,当指针 p 指向某节点时执行相应的处理,然后将指针 p 修改为指向其后继节点,直到 p 为 NULL 为止。下面讨论单链表基本操作的算法。

2.3 线性表的链式存储结构及实现

3. 遍历操作

所谓遍历单链表是指按序号依次访问单链表中的所有节点且仅访问一次。可以设置一个工作指针 p 依次指向各节点, 当指针 p 指向某节点时输出该节点的数据域。遍历单链表的算法用伪代码描述如下。

伪代码

1. 工作指针 p 初始化;
2. 重复执行下述操作, 直到 p 为空:
   2.1 输出节点 p 的数据域;
   2.2 工作指针 p 后移。

遍历单链表需要将单链表扫描一遍, 因此时间复杂度为 $O(n)$。

单链表遍历算法 PrintList

```
template<class DataType>
void LinkList<DataType>::PrintList()
{
  p=first->next;    //工作指针p初始化
  while(p!=NULL)
  {cout<<p->data;
    p=p->next;      //工作指针p后移,注意不能写作p++
  }
}
```

需要强调的是, 工作指针 p 后移不能写作 p++, 因为单链表的存储单元可能不连续, 所以 p++ 不能保证工作指针 p 指向下一个节点。

4. 求线性表的长度

由于单链表类中没有存储线性表的长度, 因此不能直接求得线性表的长度。考虑采用 "数数" 的方法来求其长度, 即从第一个节点开始数, 一直数到表尾。可以设置一个工作指针 p 依次指向各节点, 当指针 p 指向某节点时求出其序号, 然后将 p 修改为指向其后继节点并且将序号加 1, 则最后一个节点的序号即表中节点个数 (即线性表的长度)。

伪代码

1. 工作指针 p 初始化, 累加器 count 初始化;
2. 重复执行下述操作, 直到 p 为空:
    2.1 工作指针 p 后移;
    2.2 count++;
3. 返回累加器 count 的值。

在单链表中求线性表的长度需要将单链表扫描一遍, 因此时间复杂度为 $O(n)$。

求线性表长度算法 Length

```
template<class DataType>
int LinkList<DataType>::Length()
{
```

```
  p=first->next;count=0;      //工作指针p和累加器count初始化
  while(p!=NULL)
  {
    p=p->next;
    count++;
  }
  return count;               //注意count的初始化和返回值之间的关系
}
```

5. 查找操作

(1) 按位查找。

在单链表中, 即使知道被访问节点的位置 i (即序号), 也不能像顺序表那样直接按序号访问, 只能从头指针出发顺 next 域逐个节点往下搜索。当工作指针 p 指向某节点时判断是否为第 i 个节点, 若是, 则查找成功; 否则, 将工作指针 p 后移。对每个节点依次执行上述操作, 直到 p 为 NULL 时查找失败。

单链表按位查找算法 Get

```
template<class DataType>
DataType LinkList<DataType>::Get(int i)
{
  p=first->next; count=1;     //工作指针p和累加器count初始化
  while(p!=NULL&&count<i)
  {
    p=p->next;                //工作指针p后移
    count++;
  }
  if(p==NULL)throw"位置";
  else return p->data;
}
```

查找算法的基本语句是工作指针 p 后移, 该语句执行的次数与被查节点在表中的位置有关。在查找成功的情况下, 若查找位置为 $i(1 \leqslant i \leqslant n)$, 则需要执行 $i-1$ 次, 等概率情况下, 平均时间复杂度为 $O(n)$。因此, 单链表是顺序存取结构。

(2) 按值查找。

在单链表中实现按值查找操作, 需要对单链表中的元素依次进行比较, 如果查找成功, 返回元素的序号; 如果查找不成功, 返回 0 表示查找失败。

单链表按值查找算法 Locate

```
template<class DataType>
int LinkList<DataType>::Locate(DataType x)
{
  p=first->next; count=1;              //工作指针p和累加器count 初始化
  while(p!=NULL)
  {if(p->data==x)return count;         //查找成功,结束函数并返回序号
    p=p->next;
```

2.3 线性表的链式存储结构及实现

```
      count++;
   }
   return 0;                    //退出循环表明查找失败
}
```

按值查找的基本语句是将节点 p 的数据域与待查值进行比较, 具体的比较次数与待查值节点在单链表中的位置有关。在等概率情况下, 平均时间复杂度为 $O(n)$。

6. 插入操作

单链表的插入操作是将值为 x 的新节点插入到单链表的第 i 个位置, 即插入到 a_{i-1} 与 a_i 之间, 见图 2.8。因此, 必须先扫描单链表, 找到 a_{i-1} 的存储地址 p, 然后生成一个数据域为 x 的新节点 s, 将节点 s 的 next 域指向节点 a_i, 将节点 p 的 next 域指向新节点 s (注意指针的链接顺序), 从而实现三个节点 a_{i-1}, x 和 a_i 之间逻辑关系的变化, 注意分析在表头、表中间、表尾插入这三种情况, 由于单链表带头节点, 这三种情况的操作语句一致, 不用特殊处理。

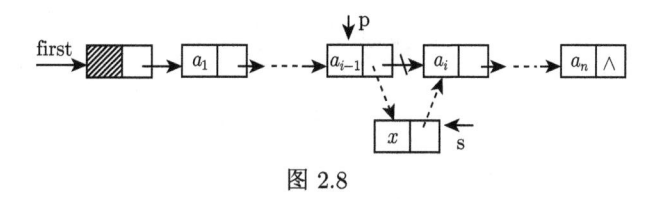

图 2.8

伪代码

1. 工作指针 p 初始化;
2. 查找第 $i-1$ 个节点并使工作指针 p 指向该节点;
3. 若查找不成功, 说明插入位置不合理, 引发插入位置异常;
    否则, 3.1 生成一个元素值为 x 的新节点 s;
         3.2 将新节点 s 插入到节点 p 之后。

插入算法的时间主要耗费在查找正确的插入位置上, 故时间复杂度为 $O(n)$。

单链表插入算法 Insert

```
template<class DataType>
void LinkList<DataType>::Insert(int i,DataType x)
{
  p=first; count=0;     //工作指针p应指向头节点
  while(p!=NULL&&count<i-1)  //查找第i-1个节点
  {p=p->next;             //工作指针p后移
    count++;
  }
  if(p==NULL)throw"位置";   //没有找到第i-1个节点
  else{s=new Node;s->data=x;  //申请一个节点s,其数据域为x
    s->next=p->next;p->next=s;//将节点s插入到节点p之后
  }
}
```

7. 构造函数

首先讨论无参构造函数 LinkList(),也就是生成只有头节点的空链表。

无参构造函数 LinkList

```
template<class DataType>
LinkList<DataType>::LinkList()
{
  first=new Node;        //生成头节点
  first->next=NULL;      //头节点的指针域置空
}
```

下面讨论有参构造函数 LinkList(DataType a[ ], int n),也就是生成一个有 n 个节点的单链表。有两种构造方法: 头插法和尾插法。

(1) 头插法。

如图 2.9,头插法是每次将新申请的节点插在头节点的后面。

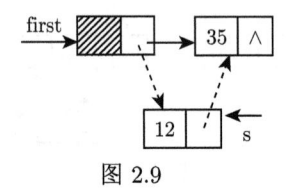

图 2.9

头插法建立单链表 LinkList

```
template<class DataType>
LinkList<DataType>::LinkList(DataType a[],int n)
{
  first=new Node;first->next=NULL;         //初始化一个空链表
  for(i=0;i<n;i++)
  {s=new Node;s->data=a[i];                //为每个数组元素建立一个节点
    s->next=first->next;first->next=s;     //将节点s插入到头节点之后
  }
}
```

(2) 尾插法。

如图 2.10,尾插法就是每次将新申请的节点插在终端节点的后面。

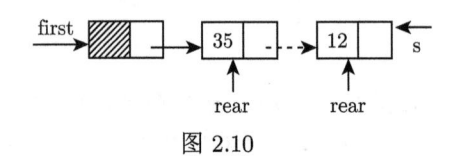

图 2.10

尾插法建立单链表 LinkList

```
template<class DataType>
LinkList<DataType>::LinkList(DataType a[],int n)
{
  first=new Node;              //生成头节点
  r=first;                     //尾指针初始化
  for(i=0;i<n;i++)
  {s=new Node;s->data=a[i];    //为每个数组元素建立一个节点
    r->next=s;r=s;             //将节点s插入到终端节点之后
  }
  r->next=NULL;                //单链表建立完毕,将终端节点的指针域置空
}
```

8. 删除操作

如图 2.11, 删除操作是将单链表的第 i 个节点删去。因为在单链表中节点 a_i 的存储地址在其前驱节点 a_{i-1} 的指针域中, 所以必须首先找到 a_{i-1} 的存储地址 p, 然后令 p 的 next 域指向 a_i 的后继节点, 即把节点 a_i 从链上摘下, 最后释放节点 a_i 的存储空间。需要注意表尾的特殊情况, 此时虽然被删节点不存在, 但其前驱节点却存在。因此仅当被删节点的前驱节点 p 存在且 p 不是终端节点时, 才能确定被删节点存在。

伪代码

1. 工作指针 p 初始化; 累加器 count 初始化;
2. 查找第 $i-1$ 个节点并使工作指针 p 指向该节点;
3. 若 p 不存在或 p 的后继节点不存在, 则引发位置异常;
    否则, 3.1 暂存被删节点和被删元素值;
         3.2 摘链, 将节点 p 的后继节点从链表上摘下;
         3.3 释放被删节点;
         3.4 返回被删元素值。

删除算法的时间主要耗费在查找正确的删除位置上, 故时间复杂度亦为 $O(n)$。

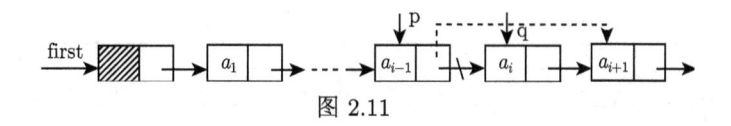

图 2.11

单链表删除算法 Delete

```
template<class DataType>
DataType LinkList<DataType>::Delete(int i)
{
  p=first;count=0;                    //注意工作指针p要指向头节点
  while(p!=NULL && count<i-1)         //查找第i-1个节点
  {p=p->next;
    count++;
```

```
        }
        if(p==NULL||p->next==NULL)   //节点p不存在或p的后继节点不存在
          throw"位置";
        else{q=p->next;x=q->data;    //暂存被删节点
          p->next=q->next;           //摘链
          delete q;
          return x;
        }
    }
```

9. 析构函数

单链表类中的节点是用运算符 new 申请的, 在释放单链表类的对象时无法自动释放这些节点的存储空间。所以, 析构函数应将单链表中节点 (包括头节点) 的存储空间释放。

单链表析构函数算法 ~LinkList

```
template<class DataType>
LinkList<DataType>::~LinkList()
{
    while(first!=NULL)   //释放单链表的每一个节点的存储空间
    {q=first;            //暂存被释放节点
      first=first->next;//first指向被释放节点的下一个节点
      delete q;
    }
}
```

2.3.2 循环链表

在单链表中, 如果将终端节点的指针域由空指针改为指向头节点, 就使整个单链表形成一个环, 这种头尾相接的单链表称为循环单链表, 如图 2.12, 简称循环链表。为了使空表和非空表的处理一致, 通常也附设一个头节点。

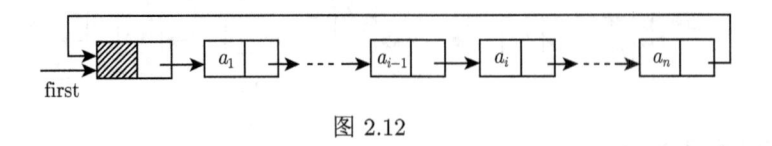

图 2.12

在用头指针指示的循环链表中, 找到开始节点的时间复杂度 $O(1)$, 然而要找到终端节点, 则需从头指针开始遍历整个循环链表, 其时间复杂度是 $O(n)$。在很多实际问题中, 操作是在表的首或尾位置上进行, 此时头指针指示的循环链表就显得不够方便。如果改用指向终端节点的尾指针来指示循环链表, 如图 2.13, 则查找开始节点和终端节点都很方便, 它们的存储地址分别是 (rear->next)->next 和 rear, 显然, 时间复杂度都是 $O(1)$。因此, 实际中多采用尾指针指示的循环链表。

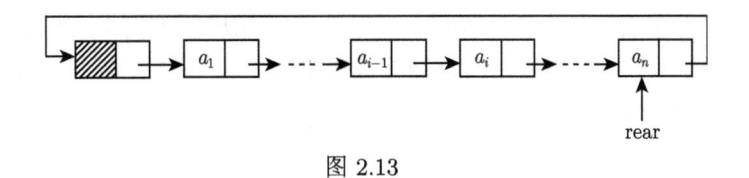

2.3 线性表的链式存储结构及实现

图 2.13

循环链表没有增加任何存储量,仅对单链表的链接方式稍作改变,因而其抽象数据类型同单链表相同。循环链表的基本操作的实现与单链表类似,不同之处仅在于循环条件不同。从循环链表中任一节点出发,可扫描到其他节点,从而增加了链表操作的灵活性。但这种方法的危险在于循环链表中没有明显的尾端,可能会使循环链表的处理操作进入死循环。所以,需要格外注意循环条件。通常判断用作循环变量的工作指针是否等于某一指定指针 (如头指针或尾指针),以判定工作指针是否扫描了整个循环链表。

2.3.3 双链表

在循环链表中,虽然从任一节点出发可以扫描到其他节点,但要找到其前驱节点,则需要遍历整个循环链表。如果希望快速确定表中任一节点的前驱节点,可以在单链表的每个节点中再设置一个指向其前驱节点的指针域,这样就形成了双链表。

节点结构如图 2.14。

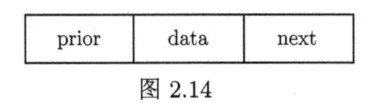

图 2.14

其中 data: 数据域,存储数据元素。prior: 指针域,存储该节点的前驱节点地址。next: 指针域,存储该节点的后继节点地址。

可以用 C++ 语言的结构体类型描述双链表的节点。由于节点的元素类型不确定,因此采用 C++ 的模板机制。

```
template<class DataType>
struct DulNode
{
  DataType data;
  DulNode<DataType>*prior,*next;
};
```

和单链表类似,双链表一般也是由头指针唯一确定的,增加头节点也能使双链表的某些操作变得方便,将头节点和尾节点链接起来也能构成循环双链表,这样,无论是插入还是删除操作,对链表中开始节点、终端节点和中间任意节点的操作过程相同。实际应用中常采用带头节点的循环双链表。

设指针 p 指向循环双链表中的某一节点,则循环双链表具有如下对称性:即节点 p 的存储地址既存放在其前驱节点的后继指针域中,也存放在它的后继节点的前驱指针域中。

在循环双链表中求表长、按位查找、按值查找、遍历等操作的实现与单链表基本相同，不同的只是插入和删除操作。由于循环双链表是一种对称结构，在节点 p 之前或之后执行插入和删除操作都很容易。

1. 插入

如图 2.15，在节点 p 的后面插入一个新节点 s，需要修改 4 个指针。

(1) `s->prior=p;`
(2) `s->next=p->next;`
(3) `p->next->prior=s;`
(4) `p->next=s;`

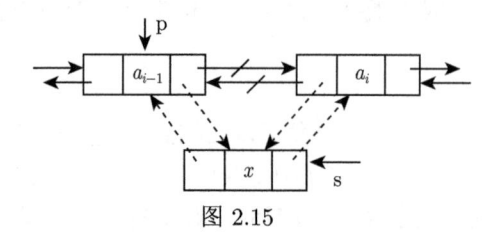

图 2.15

注意指针修改的相对顺序。在修改第 (2) 和 (3) 步的指针时，要用到 p->next 以找到 p 的后继节点，所以第 (4) 步指针的修改要在第 (2) 和 (3) 步的指针修改完成后才能进行。

2. 删除

如图 2.16，设指针 p 指向待删除节点，删除操作可通过下述两条语句完成。

(1) `(p->prior)->next=p->next;`
(2) `(p->next)->prior=p->prior;`

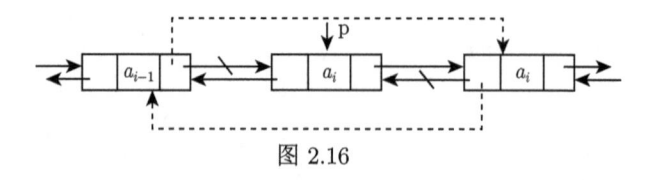

图 2.16

这两个语句的顺序可以颠倒。另外，虽然执行上述语句后，节点 p 的两个指针域仍指向其前驱节点和后继节点，但在双链表中已经找不到节点 p，而且，执行完删除操作以后，还要将节点 p 所占的存储空间释放。

2.4 顺序表和链表的比较

前面给出了线性表的两种截然不同的存储结构——顺序存储结构和链式存储结构。通常情况下，需要比较不同存储结构的时间性能和空间性能，这种比较为存储结构的选择提供了重要依据。

2.4.1 时间性能比较

所谓时间性能是指基于某种存储结构的基本操作 (即算法) 的时间复杂度。

像取出线性表中第 i 个元素这样的按位置随机访问的操作, 使用顺序表更快一些, 时间复杂度为 $O(1)$; 相比之下, 链表中按位置访问只能从表头开始依次向后扫描, 直到找到那个特定的位置, 所需要的平均时间复杂度为 $O(n)$。

在链表中进行插入和删除操作不需要移动元素, 在给出指向链表中某个合适位置的指针后, 插入和删除操作所需的时间复杂度仅为 $O(1)$; 在顺序表中进行插入和删除操作需移动表长一半的元素, 平均时间复杂度为 $O(n)$。当线性表中元素个数较多时, 特别是当每个元素占用的存储空间较多时, 移动元素的时间开销很大。对于许多应用, 插入和删除是最主要的操作, 因此它们的时间效率是举足轻重的, 仅就这个原因而言, 链表比顺序表更好。

作为一般规律, 若线性表需频繁查找却很少进行插入和删除操作, 或其操作和 "数据元素在线性表中的位置" 密切相关时, 宜采用顺序表作为存储结构; 若线性表需频繁进行插入和删除操作, 则宜采用链表作为存储结构。

2.4.2 空间性能比较

所谓空间性能是指某种存储结构所占用的存储空间的大小。首先定义节点的存储密度:

$$存储密度 = \frac{数据域占用的存储量}{整个节点占用的存储量}$$

顺序表中每个节点 (即数组元素) 只存放数据元素, 其存储密度为 1; 而链表的每个节点除了存放数据元素, 还要存储指示元素之间逻辑关系的指针。如果数据域占据的空间较小, 则指针的结构性开销就占去了整个节点的大部分, 因而从节点的存储密度上讲, 顺序表的存储空间利用率较高。

由于顺序表需要预分配一定长度的存储空间, 如果事先不知道线性表的大致长度, 则有可能对存储空间预分配得过大, 致使存储空间得不到充分利用, 造成浪费; 若估计得过小, 又将发生上溢而造成存储空间的再分配, 单链表不需要为其预分配空间, 只要有内存空间可以分配, 链表中的元素个数就没有限制。

作为一般规律, 当线性表中元素个数变化较大或者未知时, 最好使用链表实现; 如果事先知道线性表的大致长度, 使用顺序表的空间效率会更高。

总之, 线性表的顺序存储和链式存储各有其优缺点, 不能笼统地说哪种存储结构更好, 只能根据实际问题的需要, 并对各方面的优缺点加以综合平衡, 才能最终选定比较适宜的存储结构。

2.5 线性表的其他存储方法

2.5.1 静态链表

静态链表是用数组来表示单链表, 用数组元素的下标来模拟单链表的指针。静态链表的每个数组元素由两个域组成: data 域存放数据元素, next 域存放该元素的后继元素

所在的数组下标。由于它是利用数组定义的,属于静态存储分配,因此叫作静态链表。静态链表的存储结构定义如下:

```
const int MaxSize=100;   //100只是示例数据,可以根据实际问题具体定义
template<class DataType>
struct SNode
{
    DataType data;        //DataType表示不确定的数据类型
    int next;             //指针域(也称游标),注意不是指针类型
}SList[MaxSize];
```

在静态链表中进行插入操作时,首先从空闲链的最前端摘下一个节点,将该节点插入静态链表中。

例 2.5.1 在线性表 (张, 王, 李, 赵, 吴) 中 "王" 之后插入 "孙",见图 2.17。

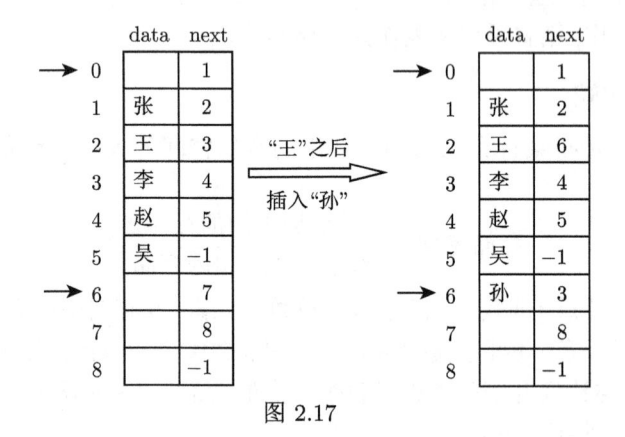

图 2.17

假设新节点插在节点 p 的后面,则修改指针的操作为

```
s=avail;                     //不用申请新节点,利用空闲链的第一个节点
avail=SList[avail].next;     //空闲链的头指针后移
SList[s].data=x;             //将x填入下标为s的节点
SList[s].next=SList[p].next; //将下标为s的节点插入到下标为p的节点后面
SList[p].next=s;
```

进行删除操作时,将被删除节点从静态链表中摘下,再插入空闲链的最前端。

例 2.5.2 在线性表 (张, 王, 李, 赵, 吴) 中删除 "赵",见图 2.18。

假设要删除节点 p 的后继节点,则修改指针的操作为

```
q=SList[p].next;             //暂存被删节点的下标
SList[p].next=SList[q].next; //摘链
SLIst[q].next=avail;         //将节点q插在空闲链avail的最前端
avail=q;                     //空闲链头指针avail指向节点q
```

2.5 线性表的其他存储方法

静态链表虽然是用数组来存储线性表的元素,但在插入和删除操作时,只需要修改游标,不需要移动表中的元素,从而改进了在顺序表中插入和删除操作需要移动大量元素的缺点,但它没有解决连续存储分配带来的表长难以确定的问题。

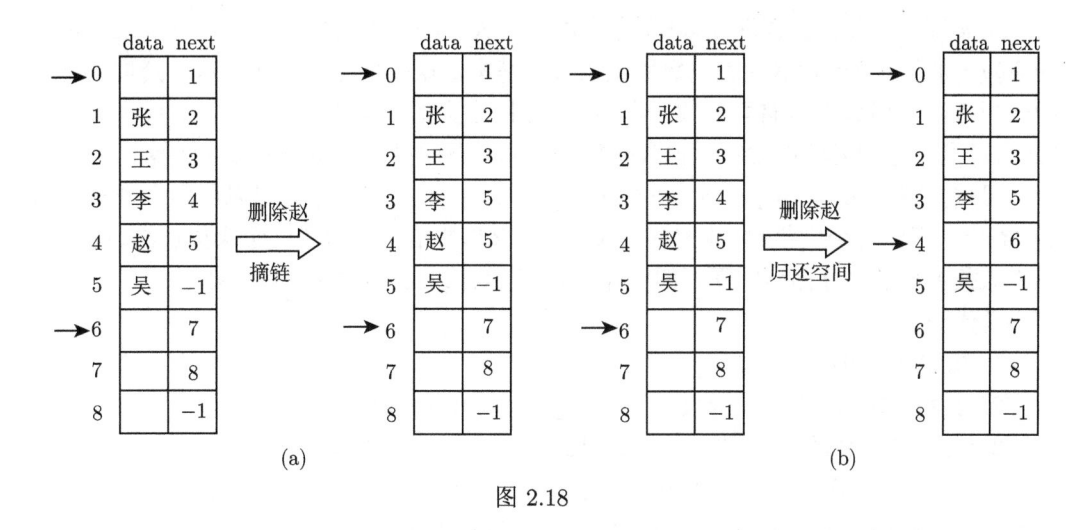

图 2.18

2.5.2 间接寻址

线性表的顺序存储利用了数组单元在物理位置上的邻接关系来表示线性表中数据元素的逻辑关系,这一特点使得顺序表可以实现随机存取;线性表的链式存储利用指针将表中元素依次串联在一起,这一特点使得在修改线性表中元素之间的逻辑关系时,只需修改相应指针而不需要移动元素。间接寻址是将数组和指针结合起来的一种方法,它将数组中存储数据元素的单元改为存储指向该元素的指针,见图 2.19。

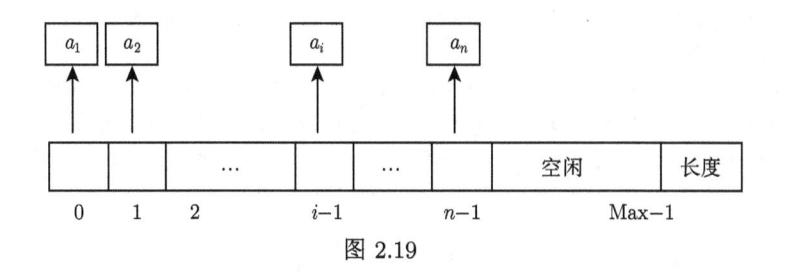

图 2.19

在间接寻址存储的线性表中,在位置 i 处执行插入操作,也需要将位于 $i, i+1, \cdots, n$ 处的元素指针移到位置 $i+1, i+2, \cdots, n+1$ 处,然后将指向新元素的指针填入位置 i 处。与顺序表不同的是,这里移动的不是元素而是指向元素的指针。虽然该算法的时间复杂度仍为 $O(n)$,但当每个元素占用的空间较大时,比顺序表的插入操作快得多。在间接寻址存储的线性表中执行删除操作同插入操作类似。

所以,线性表的间接寻址保持了顺序表随机存取的优点,同时改进了插入和删除操作的时间性能,但是它也没有解决连续存储分配带来的表长难以确定的问题。

2.6 应用举例

2.6.1 顺序表的应用举例——大整数求和

用某种程序设计语言进行编程时,可能需要处理非常大或者对运算精度要求非常高的整数(称为大整数),这种大整数用该语言的基本数据类型无法直接表示。处理大整数的一般方法是用数组存储大整数,即开辟一个比较大的整型数组,数组元素代表大整数的一位,通过数组元素的运算模拟大整数的运算。下面讨论大整数的加法运算。

已知大整数 $A=a_1a_2\cdots a_n$, $B=b_1b_2\cdots b_m$,求 $C=A+B$。可以用两个顺序表 A 和 B 分别存储两个大整数,用顺序表 C 存储求和的结果。为了便于执行加法运算,可以将大整数的低位存储到顺序表的底端,顺序表的长度表示大整数的位数。

伪代码

1. 初始化进位标志 flag=0;
2. 求大整数 A 和 B 的长度 n=A.length; m=B.length;
3. 从个位开始逐位进行第 i 位的加法,直到 A 或 B 计算完毕:
   3.1 计算第 i 位的值 `C.data[i]=(A.data[i]+B.data[i]+flag)%10`;
   3.2 计算该位的进位 `flag=(A.data[i]+B.data[i]+flag)/10`;
4. 计算大整数 A 或 B 余下的部分;
5. 计算结果的位数。

下面给出大整数求和算法的 C++ 描述,为了能够访问 SeqList 类的私有成员变量,可以将函数 Add 设为 SeqList 类的友元函数。

大整数求和算法 Add

```
SeqList<int>Add(SeqList<int>A,SeqList<int>B)
{
  flag=0;i=0;              //flag为进位标志,i为大整数的某一位
  n=A.length;m=B.length;   //求大整数A和B的位数
  while(i<n&&i<m)          //逐位执行加法运算直到某个大整数计算完毕
  {C.data[i]=(A.data[i]+B.data[i]+flag)%10;  //计算第i位的值
    flag=(A.data[i]+B.data[i]+flag)/10;      //计算第i位的进位
    i++;
  }
  for(;i<n;i++)            //计算大整数A余下的部分
  {C.data[i]=(A.data[i]+flag)%10;
    flag=(A.data[i]+flag)/10;
  }
  for(;i<m;i++)            //计算大整数B余下的部分
  {C.data[i]=(B.data[i]+flag)%10;
    flag=(B.data[i]+flag)/10;
  }
  C.length=max(m,n)+flag;  //如果最后有进位,则结果会多一位
  if(flag==1)C.data[C.length--]=1;
```

```
        return C;
}
```

2.6.2 单链表的应用举例——一元多项式求和

在数学上，一个一元多项式可按升幂表示为 $A(x) = a_0 + a_1x + a_2x^2 + \cdots + a_nx^n$，它由 $n+1$ 个系数唯一确定。因此，可以用一个线性表 $(a_0, a_1, a_2, \cdots, a_n)$ 来表示，每一项的指数 i 隐含在其系数 a_i 的序号里。

若有 $A(x) = a_0 + a_1x + a_2x^2 + \cdots + a_nx^n$ 和 $B(x) = b_0 + b_1x + b_2x^2 + \cdots + b_mx^m$，一元多项式求和也就是求 $C(x) = A(x) + B(x)$，这实质上是合并同类项的过程。

在实际应用中，多项式的指数可能很高且变化很大，在表示多项式的线性表中就会存在很多零元素。一个较好的存储方法是只存储非零项，但是需要在存储非零系数的同时存储相应的指数。这样，一个一元多项式的每一个非零项可由系数和指数唯一表示。

接下来要考虑的是多项式对应的线性表的存储结构问题。如果采用顺序表，对于指数相差很多的两个一元多项式，相加会改变多项式的系数和指数。若相加的某两项的指数不等，则两项应分别加在结果中，将引起顺序表的插入；若某两项的指数相等，则系数相加，若相加结果为零，将引起顺序表的删除。因此采用顺序表实现两个一元多项式相加的时间性能不好。

如果采用单链表存储，则每一个非零项对应单链表中的一个节点，且单链表应按指数递增有序排列。

在 2.3.1 节中定义的单链表节点的数据域的类型具体为非零项的系数和指数，即

```
struct elem
{
  int coef;
  int exp;
};
```

设单链表 A 和 B 分别存储两个多项式，多项式的求和结果存储在单链表 A 中，下面分析两个多项式求和的执行过程。

设两个工作指针 p 和 q 分别指向两个单链表的开始节点。两个多项式求和实质上是对节点 p 的指数域和节点 q 的指数域进行比较，这会出现下列三种情况。

(1) 若 p->exp 小于 q->exp，则节点 p 应为结果链表中的一个节点。

(2) 若 p->exp 大于 q->exp，则节点 q 应为结果链表中的一个节点。将 q 插入到第一个单链表中节点 p 之前，并将指针 q 指向单链表 B 中的下一个节点。为此，在单链表 A 中应该设置两个工作指针 pre 和 p，使得 pre 指向 p 的前驱节点。

(3) 若 p->exp 等于 q->exp，则 p 与 q 所指为同类项，将 q 的系数加到 p 的系数上。若相加结果不为 0，则将指针 p 后移，并删除节点 q，为此，在单链表 B 中应该设置两个工作指针 qre 和 q，使得 qre 指向 q 的前驱节点；若相加结果为 0，则表明结果中无此项，删除节点 p 和节点 q，并将指针 p 和指针 q 分别后移。

伪代码

1. 工作指针 pre, p, qre, q 初始化;
2. while(p 存在且 q 存在) 执行下列三种情形之一:
   2.1 如果 p->exp 小于 q->exp, 则指针 p 后移;
   2.2 如果 p->exp 大于 q->exp, 则
      2.2.1 将节点 q 插入到节点 p 之前;
      2.2.2 指针 q 指向原指节点的下一个节点;
   2.3 如果 p->exp 等于 q->exp, 则
      2.3.1 p->coef=p->coef+q->coef;
      2.3.2 如果 p->coef!=0, 则执行下列操作, 否则, 指针 p 后移;
         2.3.2.1 删除节点 p;
         2.3.2.2 使指针 p 指向它原指节点的下一个节点;
      2.3.3 删除节点 q;
      2.3.4 使指针 q 指向它原指节点的下一个节点;
3. 如果 q 不为空, 将节点 q 链接在第一个单链表的后面。

有了上面的伪代码,结合具体的数据结构,不难写出多项式相加的具体算法。为了能访问到 LinkList 类的私有成员 first, 下面的 Add 函数应指定为 LinkList 类的友元函数。

一元多项式求和算法 Add

```
void Add(LinkList<elem>&A, LinkList<elem>B)
{
  pre=A.first;p=pre->next;      //工作指针pre和p初始化
  qre=B.first;q=qre->next;      //工作指针qre和q初始化
  while(p!=NULL&&q!=NULL)
  {if(p->exp<q->exp){           //第一种情况
    pre=p;
    p=p->next;
  }
  else if(p->exp>q->exp){       //第二种情况
        v=q->next;
        pre->next=q;            //将节点q插入到节点p之前
        q->next=p;
        q=v;
  }
  else{ //第三种情况
        p->coef=p->coef+q->coef; //系数相加
        if(p->coef==0){          //系数为0,删除节点p和节点q
        pre->next=p->next;       //删除节点p
        delete p;
        p=pre->next;
    }
```

```
        else{                          //系数不为0,只删除节点q
          pre=p;
          p=p->next;
        }
        qre->next=q->next               //删除节点q
        delete q;
        q=qre->next;
      }
    }
    if(q!=NULL)pre->next=q;            //将节点q链接在第一个单链表的后面
    delete B.first;                    //释放第二个单链表的头节点所占的内存
  }
```

习 题 2

一、填空题

1. 线性表是由 n ($n \geqslant 0$) 个数据元素所构成的_____，其中 n 为数据元素的个数，称为线性表的_____，$n=0$ 的线性表称为_____。

2. 线性表中有且仅有一个开始节点和终端节点，除开始节点和终端节点之外，其他每一个数据元素有且仅有一个_____，有且仅有一个_____。

3. 线性表通常采用_____ 和_____ 两种存储结构。若线性表的长度确定或变化不大，则适合采用_____ 存储结构进行存储。

4. 在顺序表 $\{a_0, a_1, \cdots, a_{n-1}\}$ 中的第 i 个 ($0 \leqslant i \leqslant n-1$) 位置之前插入一个新的数据元素，会引起_____ 个数据元素的移动操作。

5. 在线性表的单链表存储结构中，每一个节点有两个域，一个是数据域，用于存储数据元素值本身，另一个是_____，用于存储后继节点的地址。

6. 在线性表的顺序存储结构中可实现快速的随机存取，而在链式存储结构中则只能进行_____存取。

7. 顺序表中逻辑上相邻的数据元素，其物理位置_____ 相邻，而在单链表中逻辑上相邻的数据元素，其物理位置_____ 相邻。

8. 在仅设置了尾指针的循环链表中，访问第一个节点的时间复杂度是_____。

9. 在含有 n 个节点的单链表中，若要删除一个指定的节点 p，则首先必须找到_____，其时间复杂度为_____。

10. 若将单链表中的最后一个节点的指针域值改为单链表中头节点的地址值，则这个链表就构成了_____。

二、选择题

1. 线性表是具有 n 个（　　）的有限序列。
A. 数据项；   B. 字符；   C. 数据元素；   D. 表元素。

2. 线性表是（　　）。
A. 一个无限序列，可以为空；   B. 一个有限序列，不可以为空；
C. 一个无限序列，不可以为空；   D. 一个有限序列，可以为空。

3. 关于线性表的正确说法是（　　）。
A. 每个元素都有一个前驱和一个后继元素；

B. 除第一个元素和最后一个元素外，其余元素有且仅有一个前驱和一个后继元素；
C. 表中元素的排列顺序必须是由小到大或由大到小的；
D. 线性表中至少有一个元素。

4. 线性表采用链表存储时，其存放各个元素的单元地址是（　　）。
   A. 连续与否均可以；　　　　　　　　B. 部分地址必须是连续的；
   C. 一定是不连续的；　　　　　　　　D. 必须是连续的。

5. 链表不具备的特点是（　　）。
   A. 插入删除不需要移动元素；　　　　B. 所需空间与其长度成正比；
   C. 不必事先估计存储空间；　　　　　D. 可随机访问任一节点。

6. 线性表的静态链表存储结构与顺序存储结构相比，优点是（　　）。
   A. 所有的操作算法实现简单；　　　　B. 便于利用零散的存储空间；
   C. 便于随机存取；　　　　　　　　　D. 便于插入和删除。

7. 线性表的顺序存储结构和链式存储结构相比，优点是（　　）。
   A. 便于随机存取；　　　　　　　　　B. 便于插入和删除；
   C. 所有的操作算法实现简单；　　　　D. 节省存储空间。

8. 设线性表有 n 个元素，以下操作中，（　　）在顺序表上实现比在链表上实现效率高。
   A. 交换第 1 个元素和第 2 个元素的值；
   B. 输出与给定值 x 相等的元素在线性表中的符号；
   C. 输入第 i 个 $(1 \leqslant i \leqslant n)$ 元素值；
   D. 顺序输出这 n 个元素的值。

9. 对于一个线性表，既要求能够较快地进行插入和删除操作，又要求存储结构能够反映数据元素之间的逻辑关系，则应采用（　　）存储结构。
   A. 顺序；　　　　B. 链式；　　　　C. 散列；　　　　D. 索引。

10. 设线性表中有 n 个元素，以下操作中，（　　）在单链表上实现要比在顺序表上实现效率高。
    A. 交换第 i 个元素和第 $n-i+1$ 个元素的值；　　B. 在第 n 个元素的后面插入一个新元素；
    C. 顺序输出前 k 个元素；　　　　　　　　　　　D. 删除指定位置元素的后一个元素。

11. 以下属于顺序表的优点是（　　）。
    A. 插入元素方便；　　B. 删除元素方便；　　C. 存储密度大；　　D. 以上都不对。

12. 要求线性表采用静态空间分配方式，且插入和删除操作时不需要移动元素，采用的存储结构是（　　）。
    A. 静态链表；　　B. 单链表；　　C. 双链表；　　D. 顺序表。

13. 如果最常用的操作是取第 i 个元素及前驱元素，则采用（　　）存储方式最节省时间。
    A. 单链表；　　B. 循环单链表；　　C. 顺序表；　　D. 双链表。

14. 与单链表相比，双链表的优点之一是（　　）。
    A. 插入、删除操作更简单；　　　　　　B. 可以省略表头指针或表尾指针；
    C. 可以进行随机访问；　　　　　　　　D. 访问前后相邻节点更方便。

15. 在长度为 n 的顺序表中插入一个元素的时间复杂度为（　　）。
    A. $O(n^2)$；　　B. $O(1)$；　　C. $O(n)$；　　D. $O(\log_2 n)$。

16. 在长度为 n 的顺序表中删除一个元素的时间复杂度为（　　）。
    A. $O(\log_2 n)$；　　B. $O(1)$；　　C. $O(n)$；　　D. $O(n^2)$。

17. 将两个各有 n 个元素的递增有序顺序表归并成一个有序顺序表，其最少的比较次数为（　　）。
    A. $2n$；　　B. $2n-1$；　　C. n；　　D. $n-1$。

18. 将两个长度为 n, m 的递增有序表归并成一个有序顺序表，其最少的比较次数是（　　）。（MIN 表示取最小值）
    A. n；　　B. m；　　C. 不确定；　　D. $\text{MIN}(m, n)$。

习题 2

19. 在带头节点的单链表 L 为空的判定条件是（　　）。
   A. L==NULL;　　　B. L->next==NULL;　　C. L!=NULL;　　　D. L->next==L。

20. 对于一个具有 n 个元素的线性表, 建立其单链表的时间复杂度为（　　）。
   A. $O(n)$;　　　　B. $O(n^2)$;　　　　C. $O(1)$;　　　　D. $O(\log_2 n)$。

21. 在单链表中查找指定值的节点的时间复杂度是（　　）。
   A. $O(n^2)$;　　　B. $O(n)$;　　　　C. $O(\log_2 n)$;　　D. $O(1)$。

22. 以下关于单链表的叙述中, 不正确的是（　　）。
   A. 逻辑上相邻的元素物理上不必相邻;
   B. 可以通过头节点直接计算第 i 个节点的存储地址;
   C. 插入、删除运算操作简单, 不必移动节点;
   D. 节点除自身信息外还包括指针域, 因此存储密度小于顺序存储结构。

23. 在单链表中, 增加一个头节点的目的是（　　）。
   A. 说明单链表是线性表的链式存储结构;　　　B. 使单链表至少有一个节点;
   C. 方便运算的实现;　　　　　　　　　　　　D. 标识链表中重要节点的位置。

24. 在一个具有 n 个节点的有序单链表中插入一个新节点并仍然保持有序的时间复杂度是（　　）。
   A. $O(n)$;　　　　B. $O(n^2)$;　　　　C. $O(n\log_2 n)$;　　D. $O(1)$。

25. 将长度为 m 的单链表链接在长度为 n 的单链表之后的算法时间复杂度为（　　）。
   A. $O(1)$;　　　　B. $O(m)$;　　　　C. $O(n)$;　　　　D. $O(m+n)$。

26. 已知一个长度为 n 的单链表中所有节点是递增有序的, 以下叙述中正确的是（　　）。
   A. 插入一个节点使之有序的算法的时间复杂度为 $O(1)$;
   B. 找最小值节点的算法的时间复杂度为 $O(1)$;
   C. 删除最大值节点使之有序的算法的时间复杂度为 $O(1)$;
   D. 以上都不对。

27. 在一个长度为 n $(n>1)$ 的带头节点的单链表上, 另设有尾指针 r (指向尾节点), 执行（　　）操作与链表的长度有关。
   A. 在单链表最后一个元素后插入一个新节点;
   B. 删除单链表中的第一个元素;
   C. 在单链表中第一个元素前插入一个新节点;
   D. 删除单链表的尾节点。

28. 在一个双链表中, 删除 *p 节点之后的一个节点, 其时间复杂度为（　　）。
   A. $O(n\log_2 n)$;　　B. $O(n^2)$;　　　C. $O(1)$;　　　　D. $O(n)$。

29. 非空的循环单链表 L 的尾节点 (由 p 所指向) 满足（　　）。
   A. p->next == NULL;　B. p == NULL;　C. p->next == L;　D. p==L。

30. 某线性表最常用的操作是在尾元素之后插入一个元素和删除尾元素, 则采用（　　）存储方式最节省运算时间。
   A. 单链表;　　　　B. 双链表;　　　　C. 循环双链表;　　D. 循环单链表。

31. 如果对含有 $n(n>1)$ 个元素的线性表的运算只有 4 种, 即删除第一个元素、删除尾元素、在第一个元素前面插入新元素、在尾元素的后面插入新元素, 则最好使用（　　）。
   A. 只有尾节点指针没有头节点的非循环双链表;
   B. 既有表头指针又有表尾指针的循环单链表;
   C. 只有尾节点指针没有头节点的循环单链表;
   D. 只有开始数据节点指针没有尾节点指针的循环双链表。

32. 下面关于线性表的叙述错误的是（   ）。
   A. 线性表采用顺序存储便于插入和删除操作的实现；
   B. 线性表采用顺序存储必须占用一片连续的存储空间；
   C. 线性表采用链式存储不必占用一片连续的存储空间；
   D. 线性表采用链式存储便于插入和删除操作的实现。
33. 对于双链表，在两个节点之间插入一个新节点时需要修改（   ）个指针域。
   A. 3；   B. 1；   C. 4；   D. 2。
34. 在长度为 n 的（   ）上，删除第一个元素，其算法的时间复杂度为 $O(n)$。
   A. 只有表尾指针的带表头节点的循环单链表；
   B. 只有表头指针的不带表头节点的循环单链表；
   C. 只有表头指针的带表头节点的循环单链表；
   D. 只有表尾指针的不带表头节点的循环单链表。
35. 两个表长都为 n、不带表头节点的单链表，节点类型都相同，头指针分别为 h1 与 h2，且前者是循环链表，后者是非循环链表，则（   ）。
   A. h1 和 h2 是不同类型的变量；
   B. 循环链表要比非循环链表占用更多的内存空间；
   C. 对于两个链表来说，删除尾节点的操作，其时间复杂度都是 $O(n)$；
   D. 对于两个链表来说，删除首节点的操作，其时间复杂度都是 $O(1)$。

三、判断题
1. 线性表的逻辑顺序与存储顺序总是一致的。（   ）
2. 顺序存储的线性表可以按序号随机存取。（   ）
3. 顺序表的插入和删除一个数据元素，每次操作平均只有近一半的元素需要移动。（   ）
4. 线性表中的元素可以是各种各样的，但同一线性表中的数据元素具有相同的特性，因此是属于同一数据对象。（   ）
5. 在线性表的顺序存储结构中，逻辑上相邻的两个元素在物理位置上并不一定紧邻。（   ）
6. 在线性表的链式存储结构中，逻辑上相邻的元素在物理位置上不一定相邻。（   ）
7. 线性表的链式存储结构优于顺序存储结构。（   ）
8. 在线性表的顺序存储结构中，插入和删除时，移动元素的个数与该元素的位置有关。（   ）
9. 线性表的链式存储结构是用一组任意的存储单元来存储线性表中数据元素的。（   ）
10. 在单链表中，要取得某个元素，只要知道该元素的指针即可，因此，单链表是随机存取的存储结构。（   ）

四、算法设计题
1. 编写一个顺序表类的成员函数，实现对顺序表就地逆置的操作。所谓逆置，就是把 $(a_1, a_2, \cdots, a_n)$ 变成 $(a_n, a_{n-1}, \cdots, a_1)$；所谓就地，就是指逆置后的数据元素仍存储在原来顺序表的存储空间中，即不为逆置后的顺序表另外分配存储空间。
2. 编写一个顺序表类的成员函数，实现对顺序表循环右移 k 位的操作，即原来顺序表为 $(a_1, a_2, \cdots, a_{n-k}, a_{n-k+1}, \cdots, a_n)$，循环向右移动 k 位后变成 $(a_{n-k+1}, \cdots, a_n, a_1, a_2, \cdots, a_{n-k})$，要求时间复杂度为 $O(n)$。
3. 编写一个单链表类的成员函数，实现在非递减的有序单链表中插入一个值为 x 的数据元素，并使单链表仍保持有序的操作。
4. 编写一个单链表类的成员函数，实现对带头节点的单链表就地逆置的操作。所谓逆置，就是把 $(a_1, a_2, \cdots, a_n)$ 变成 $(a_n, a_{n-1}, \cdots, a_1)$；所谓就地，就是指逆置后的节点仍存储在原来单链表的存储空间中，只不过通过修改链来改变单链表中每一个节点之间的逻辑位置关系。
5. 编写一个单链表类的成员函数，实现删除不带头节点的单链表中数据域值等于 x 的第一个节点的操作。若删除成功，则返回被删除节点的位置；否则，返回 1。

6. 编写一个单链表类的成员函数，实现删除带头节点的单链表中数据域值等于 x 的所有节点的操作。要求函数返回被删除节点的个数。

7. 编写一个多项式类的成员函数，实现将一个用循环链表表示的稀疏多项式分解成两个多项式的操作，并使两个多项式中各自仅含奇次项或偶次项。要求利用原来循环链表中的存储空间构成这两个链表。

第 3 章 栈和队列

栈和队列是两种特别常用的数据结构,在各种系统操作软件中应用广泛。栈作为一种数据结构,是一种只能在一端进行插入和删除操作的特殊线性表。它按照后进先出的原则存储数据,先进入的数据被压入栈底,最后的数据在栈顶,需要读数据的时候从栈顶开始弹出数据 (最后一个数据被第一个读出来)。栈具有记忆作用,对栈的插入与删除操作中,不需要改变栈底指针。队列是一种特殊的线性表,它只允许在表的前端 (Front) 进行删除操作,而在表的后端 (Rear) 进行插入操作。进行插入操作的端称为队尾,进行删除操作的端称为队头。队列中没有元素时,称为空队列。在队列这种数据结构中,最先插入的元素将是最先被删除的元素;反之最后插入的元素将是最后被删除的元素,因此队列又称为 "先进先出"(First In First Out, FIFO) 的线性表。栈和队列是两种重要的抽象数据类型。

3.1 栈

3.1.1 栈的逻辑结构

1. 栈的定义

栈是限制在表的一端进行插入和删除的线性表。允许插入、删除的这一端称为栈顶,另一个固定端称为栈底,见图 3.1。

不含有任何元素的栈称为空栈。

$$(a_1, a_2, \cdots, a_n)$$
栈底　栈顶

图 3.1

如图 3.2 所示,栈中含有 3 个元素,插入元素的顺序是 a_1, a_2, a_3,当需要删除元素时只能删除 a_3。

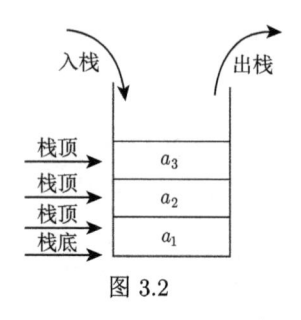

图 3.2

总之, 在任何时候出栈的元素都只能为栈顶元素, 即最后入栈者最先出栈。因此栈的元素除了具有线性关系, 还具有后进先出的特性。

在实际中, 对于栈的使用存在许多特例。例如: 有三个元素按照 a, b, c 的次序依次进栈, 且每一个元素只允许进一次栈, 则可能的出栈序列有多少种?

情况 1: 出栈序列 c; 出栈序列 c, b; 出栈序列 c, b, a。

情况 2: 出栈序列 b; 出栈序列 b, c; 出栈序列 b, c, a。

2. 栈的抽象数据类型定义

虽然对于插入以及删除操作的位置限制减少了栈操作的灵活性, 但是这也使得栈的操作更加有效且容易实现。栈的抽象数据类型定义如下:

ADT Stack

Data

  栈中元素具有相同类型及后进先出的特性, 相邻元素具有前驱和后继的关系

Operation

 InitStack

  前置条件: 栈不存在

  输入: 无

  功能: 栈的初始化

  输出: 无

  后置条件: 构造一个空栈

 DestroyStack

  前置条件: 栈已存在

  输入: 无

  功能: 销毁栈

  输出: 无

  后置条件: 释放栈所占用的存储空间

 Push

  前置条件: 栈已存在

  输入: 元素值 x

  功能: 入栈操作, 在栈顶处插入一个元素 x

  输出: 如果插入不成功, 则引发异常

  后置条件: 如果插入成功, 则栈顶增加一个元素

 Pop

  前置条件: 栈已存在

  输入: 无

  功能: 出栈操作, 删除栈顶元素

  输出: 如果删除成功, 返回被删元素值, 否则, 引发异常

  后置条件: 如果删除成功, 则栈顶减少一个元素

 GetTop

前置条件: 栈已存在
输入: 无
功能: 取栈顶元素, 读取当前栈顶元素
输出: 若栈为空, 返回当前栈顶元素值
后置条件: 栈不变

Empty
前置条件: 栈已存在
输入: 无
功能: 判断操作, 判断栈是否为空
输出: 如果栈为空, 返回 1, 否则返回 0
后置条件: 栈不变
end ADT

3.1.2 栈的顺序存储结构及实现

1. 栈的顺序存储结构——顺序栈

利用顺序存储方式实现的栈称为顺序栈。与线性表类似, 栈的动态分配顺序存储结构如下:

```
#define STACK_INIT_SIZE 100    //存储空间的初始分配量
#define STACKINCREMENT 10      //存储空间的分配增量
typedef struct{
SElemType *base;               //在栈构造之前和销毁之后,base 的值为 NULL
SElemType *top;                //栈顶指针
int stacksize;                 //当前已分配的存储空间
}SqStack;
```

需要注意, 在栈的动态分配顺序存储结构中, base 始终指向栈底元素, 非空栈中的 top 始终指向栈顶元素的下一个位置。

图 3.3 为栈操作的示意图。

图 3.3

确定用数组的哪一端表示栈底, 附设指针 top 指示栈顶元素在数组中的位置, 见图 3.4。

此时进栈: top 加 1; 出栈: top 减 1; 栈空: top=−1; 栈满: top=MAX_SIZE−1。

3.1 栈

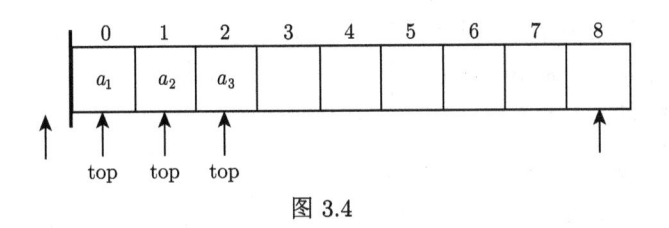

```
        0    1    2    3    4    5    6    7    8
      ┌────┬────┬────┬────┬────┬────┬────┬────┬────┐
      │ a₁ │ a₂ │ a₃ │    │    │    │    │    │    │
      └────┴────┴────┴────┴────┴────┴────┴────┴────┘
  ↑     ↑    ↑    ↑                              ↑
       top  top  top
```

图 3.4

2. 顺序栈的实现

将栈的抽象数据类型定义在顺序存储结构下用 C++ 中的类实现。由于栈元素的数据类型不确定,所以采用 C++ 模板机制。

顺序栈类的声明如下:

```cpp
const int MAX_SIZE=100;
template<class DataType>
class SeqStack
{
public:
        SeqStack();
        ~SeqStack();
        void Push(DataType x);
        DataType Pop();
        DataType GetTop();
        bool Empty();
private:
        DataType data[MAX_SIZE];
        int top;
}
```

下面是顺序栈上常用的基本操作的实现。
(1) 入栈: 若栈不满, 则将 x 插入栈顶。

```cpp
void Push(DataType x);
template<class DataType>
void SeqStack<DataType>::Push(DataType x)
{
    if(top==MAX_SIZE-1)throw"溢出";
    top++;
    data[top]=x;
}
```

(2) 出栈: 若栈不空, 则删除 S 的栈顶元素, 用 e 返回其值, 否则返回 "溢出"。

```cpp
template<class DataType>
DataType SeqStack<DataType>::Pop()
```

```
{
    if(top==-1)throw"溢出";
    e=data[top--];
    return e;
}
```

出栈和读栈顶元素操作,先判断栈是否为空,为空时不能操作,否则产生错误。通常栈空常作为一种控制转移的条件。

3. 两栈共享空间

两栈共享空间:使用一个数组来存储两个栈,让一个栈的栈底为该数组的始端,另一个栈的栈底为该数组的末端,两个栈从各自的端点向中间延伸,如图 3.5 所示。其中 top1 和 top2 分别为栈 1 与栈 2 的栈顶指针,当 top1=−1 时,栈 1 为空;当 top2=StackSize 时,栈 2 为空;当 top2=top1+1 时,栈满。图 3.5 中 s=StackSize。

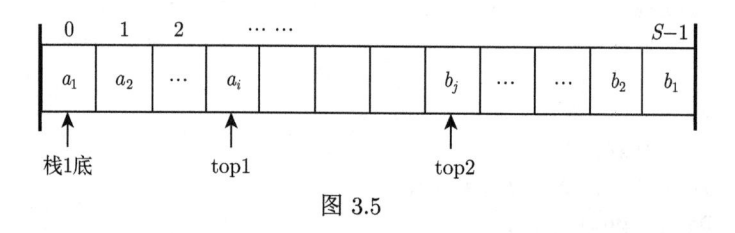

图 3.5

两栈共用一个数组可得抽象数据类型定义为

    ADT Stack
    Data
        共享的数组空间长度 StackSize
        存放栈元素的数组 data[StackSize]
        栈 1 的栈顶指针 top1
        栈 2 的栈顶指针 top2
    Operation
      BothStack
        前置条件:共享数组空间不存在
        输入:无
        功能:创建两栈共享的数组空间
        输出:无
        后置条件:两栈均为空,top1 等于 −1,top2 等于 StackSize
      ∼BothStack
        前置条件:共享数组空间已存在
        输入:无
        功能:销毁两栈共享的数组空间
        输出:无

3.1 栈

后置条件: 将两栈共享的数组空间释放

GetTop
前置条件: 共享数组空间已存在
输入: 栈号 i
功能: 读取栈 i 当前的栈顶元素
输出: 若栈 i 不空, 返回栈 i 当前的栈顶元素值
后置条件: 两栈均不变

Push
前置条件: 共享数组空间已存在
输入: 栈号 i, 元素值 x
功能: 入栈操作, 在栈 i 插入一个元素 x
输出: 若插入不成功, 则引发插入异常
后置条件: 若插入成功, 则栈 i 插入一个栈顶元素

Pop
前置条件: 共享数组空间已存在
输入: 栈号 i
功能: 出栈操作, 在栈 i 中删除栈顶元素
输出: 若删除不成功, 则引发删除异常
后置条件: 若删除成功, 则栈 i 中删除了栈顶元素

Empty
前置条件: 共享数组空间已存在
输入: 栈号 i
功能: 判空操作, 判断栈 i 是否为空栈
输出: 若栈 i 为空栈, 返回 1; 否则返回 0
后置条件: 两栈均不变

end ADT

那么相应的 C++ 声明如下:

```
const int StackSize=100;
template<class DataType>
class BothStack
{
public:
        BothStack(){top1=-1;top2=StackSize;}
        ~BothStack(){}
        void Push(int I,DataType x);
        DataType GetTop(int i);
        int empty(int i);
private:
        DataType data[StackSize];
```

```
        int top1,top2;
};
```

4. 两栈共享空间的实现——插入

操作接口: void Push(int i, DataType x);
如果栈满, 则引发上溢异常;
判断是否插在栈 1 还是栈 2;
2.1 若在栈 1 插入, 则
   2.1.1 top1 加 1;
   2.1.2 在 top1 处填入 x;
2.2 若在栈 2 插入, 则
   2.2.1 top2 减 1;
   2.2.2 在 top2 处填入 x。

5. 两栈共享空间的实现——删除

操作接口: Data Type Pop (int i);
1. 若在栈 1 删除, 则
   1.1 若栈 1 为空栈, 则引发下溢异常;
   1.2 删除并返回栈 1 的栈顶元素;
2. 若在栈 1 删除, 则
   2.1 若栈 2 为空栈, 则引发下溢异常;
   2.2 删除并返回栈 2 的栈顶元素。

3.1.3 栈的链式存储结构及实现

1. 栈的链式存储结构——链栈

  栈的链式存储结构称为链栈。通常链栈用单链表表示, 因此其节点结构与单链表的节点结构相同。因为只能在栈顶执行插入和删除操作, 显然以单链表的头部做栈顶是最为方便的, 而且没有必要像单链表那样为了方便附加一个头节点。通常链栈如图 3.6 表示。

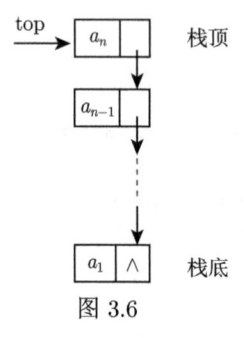

图 3.6

3.1 栈

2. 链栈的实现

将栈的抽象数据类型定义在链栈存储结构下,用 C++ 中的类实现。

```
template<class DataType>
class LinkStack
{
public:
        LinkStack(){top=NULL;}
        ~LinkStack();
        void Push(DataType x);
        DataType Pop();
        DataType GetTop(){if(top!=NULL)return top->data;}
        int Empty{top==NULL?return1:return0;}
private:
        Node<DataType>*top;
};
```

链栈的实现主要分为以下几个步骤。

(1) 构造函数。

构造函数的作用是初始化一个空链栈,由于链栈不带头节点,因此只需要将栈顶指针 top 置为空。

(2) 入栈操作。

链栈的插入操作只需处理栈顶即第一个位置的情况,而无须考虑其他位置的情况,其操作示意图如图 3.7 所示。

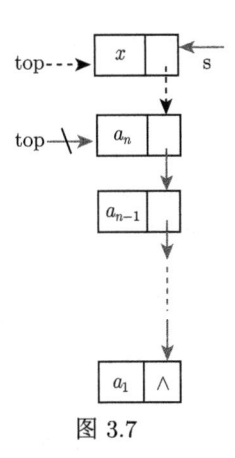

图 3.7

算法如下:

```
template<class DataType>
void LinkStack<DataType>::Push(DataType x)
{s=new Node;
 s->data=x;
```

```
    s->next=top;
    top=s;
}
```

(3) 出栈操作。

链栈的删除操作只需处理栈顶即第一个位置的情况,而无须考虑其他位置的情况,其操作示意图如图 3.8 所示。

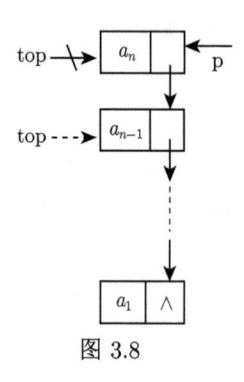

图 3.8

算法如下:

```
template<class DataType>
DataType LinkStack<DataType>::Pop()
{if(top==NULL)throw"下溢";
 x=top->data;
 p=top;
 top=top->next;
 delete p;
 return x;
}
```

(4) 取栈顶元素。

取栈顶元素只需返回栈顶指针 top 所指节点的数据域。

(5) 判空操作。

链栈的判空操作只需判断 top==NULL 是否成立。如果成立,则栈为空,返回 1;如果不成立,则栈非空,返回 0。

(6) 析构函数。

链栈的析构函数需要将链栈中所有节点的存储空间释放,算法与单链表类的析构函数类似。

3.1.4 顺序栈与链栈的比较

栈有顺序栈和链栈之分,在顺序栈中,定义了栈的栈底指针 (存储空间首地址 base)、栈顶指针 top 以及顺序存储空间的大小 StackSize。其实这二者的区别是由顺序表和链表的存储结构决定的。在空间上,顺序表是静态分配的,而链表则是动态分配的。就存储

3.1 栈

密度来说：顺序表等于 1，而链表小于 1，但是链表可以将很多零碎的空间利用起来；顺序表查找方便，链表插入和删除时很方便。

顺序表的这种静态存储的方式，决定了必须至少得有首地址和末地址来决定一个空间。否则，不知道查找到哪了。链表每个节点存储了下一个节点的指针信息，故对于链栈来说，只需要一个 top 指针即可查找到整个栈。

另外，顺序栈和链栈的 top 指针有区别，顺序栈的 top 指针指向栈顶的空元素处，top−1 才指向栈顶元素，而链栈的 top 指针相当于链表的 head 指针一样，指向实实在在的元素。

时间复杂度：相同，都是常数 $O(1)$。

空间不同之处如下：

(1) 顺序栈——有元素个数限制以及空间浪费问题；

(2) 链栈——没有栈满的问题，只有当内存没有可用空间时才会产生栈满，但是每一个元素都需要一个指针域，从而产生结构性开销。

总之，当栈使用过程中元素个数变化较大时，使用链栈是适宜的，反之，应当采用顺序栈。

3.1.5 栈的应用举例

递归调用

1. 递归的定义

子程序（或函数）直接调用自己或通过一系列调用语句间接调用自己，是一种描述问题和解决问题的基本方法。

2. 递归的基本思想

问题分解：把一个不能或者不好的大问题转化为一个或者几个小问题，再把这些小问题进一步分解为更小的小问题，直至每个小问题都可以直接解决。

3. 递归的要素

(1) 递归边界条件：确定递归何时终止，也称为递归出口。

(2) 递归方式：大问题是如何分解为小问题的，即递归求解时的递推关系。

4. 递归的调用与栈

多个函数嵌套调用的规则是：后调用先返回！此时的内存管理实行"栈式管理"。

例 3.1.1

```
void main(){void a(){voidb(){
...            ...       ...
a();           b();
...                      ...
}//main}//a}//b
```

实际例题: 汉诺塔问题。

```
void Hanoi(int n,char a,char b, char c)
{if(n==1)Move(a,c);
else{
        Hanoi(n-1,a,c,b);
        Move(a,c);
        Hanoi(n-1,b,a,c);
    }
}
```

问题提出

解决主机与外部设备之间速度不匹配的问题。主机输出数据给打印机打印,输出数据的速度要快得多,若直接把输出的数据送给打印机打印,由于速度不匹配,显然是不行的。

解决的方法是设置一个打印数据缓冲区,主机将要打印输出的数据依次写入该缓冲区中,打印机就从缓冲区中按照先进先出的原则依次读取数据并打印,打印完再向主机发出请求,主机接到请求后再向缓冲区写入打印数据。这里的"打印数据缓冲区"为"队列"。

3.2 队 列

3.2.1 队列的逻辑结构

1. 队列的定义

队列是只允许在一端进行插入操作,在另一端进行删除操作的线性表。允许插入的一端称为队尾,允许删除的一端称为队头。队列除了具有线性关系外,还具有先进先出的特性,见图 3.9。

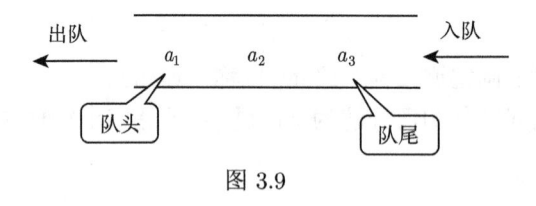

图 3.9

2. 队列的抽象数据类型定义

ADT Queue
　Data
　　队列中的元素具有相同类型及先进先出特性,相邻元素具有前驱和后继关系
　Operation
　　InitQueue
　　　前置条件: 队列不存在

　　　　输入: 无
　　　　功能: 初始化队列
　　　　输出: 无
　　　　后置条件: 创建一个空队列
　　DestoryQueue
　　　　前置条件: 队列已存在
　　　　输入: 无
　　　　功能: 销毁队列
　　　　输出: 无
　　　　后置条件: 释放队列所占的存储空间
　　EnQueue
　　　　前置条件: 队列已存在
　　　　输入: 元素值 x
　　　　功能: 入队操作, 在队尾插入一个元素
　　　　输出: 如果插入不成功, 引发异常
　　　　后置条件: 如果插入成功, 队尾增加一个元素
　　DeQueue
　　　　前置条件: 队列已存在
　　　　输入: 无
　　　　功能: 出队操作, 输出队头元素
　　　　输出: 如果删除成功, 返回被删元素值; 否则, 引发删除异常
　　　　后置条件: 如果删除成功, 队头减少了一个元素
　　Empty
　　　　前置条件: 队列已存在
　　　　输入: 无
　　　　功能: 读取队头元素
　　　　输出: 如果队列不空, 返回队头元素
　　　　后置条件: 队列不变
end ADT

3.2.2 队列的顺序存储结构及实现

1. 队列的顺序存储结构——循环队列

队列是特殊的线性表, 可以从这一出发点考虑队列顺序存储问题。

假设线性表有 n 个数据元素, 顺序表要求把表中的所有元素都存储在数组前的 n 个单元。假设队列有 n 个元素, 顺序存储的队列也应把队列的所有元素都存储在数组的前 n 个单元。

如果把队头元素放在数组中下标为 0 的一端, 则入队操作的时间复杂度为 $O(1)$, 此时的入队操作相当于追加, 不需要移动元素; 但是出队操作时间复杂度为 $O(n)$, 因为要

保证剩下的 $n-1$ 个元素仍然存储在数组的前 $n-1$ 个单元中, 所有的元素都要向前移动一个位置。

约定: 队头指针 front 指向队头元素的前一个位置, 队尾指针 rear 指向队尾元素。
入队列 rear+1, 出队列 front+1。

例 3.2.1 a_1, a_2, a_3, a_4 依次入队, 见图 3.10。

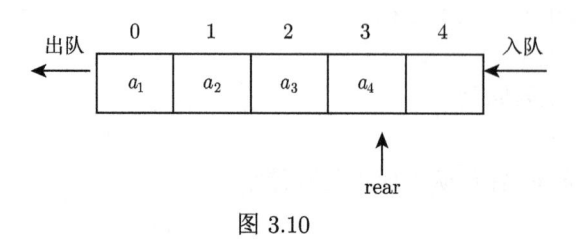

图 3.10

a_1, a_2 依次出队, 见图 3.11。

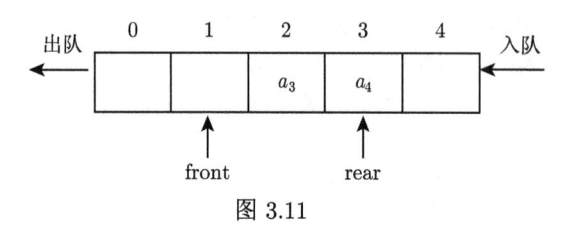

图 3.11

a_5 入队, 见图 3.12。

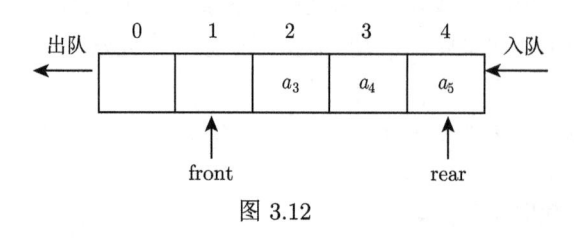

图 3.12

当元素被插入到数组中下标最大的位置上之后, 队列的空间就用尽了, 尽管此时数组的低端还有空闲空间, 这种现象叫作假溢出。如何解决假溢出？将存储队列的数组头尾相接。

a_6 入队, 见图 3.13。

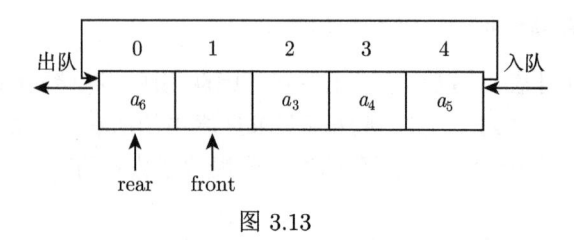

图 3.13

如何判断队空？

3.2 队　　列

例 3.2.2 如下的队列处于队空的临界状态，见图 3.14。

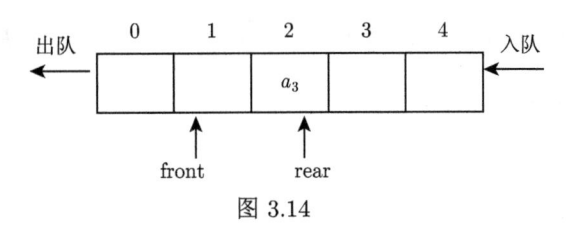

图 3.14

a_3 出队，见图 3.15。

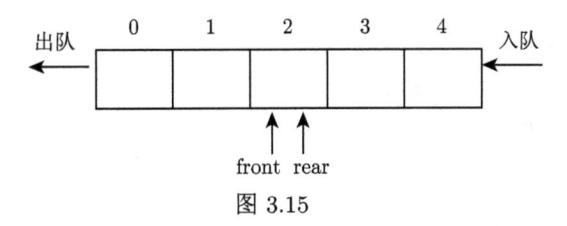

图 3.15

队空：front=rear。

图 3.14 所示的队列继续进行 a_4, a_5, a_6, a_7 依次入队，得到图 3.16。

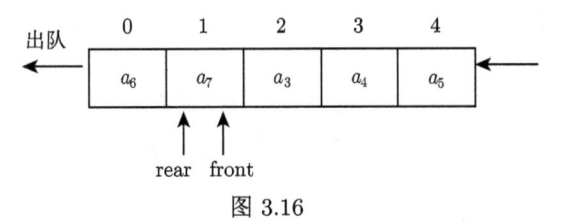

图 3.16

此时，front=rear。如何解决队空和队满的表示？

方法一：附设一个存储队列中元素个数的变量 num，当 num=0 时为队空；当 num=QueueSize 时为队满。

方法二：修改队满条件，浪费一个元素空间，队满时数组中只有一个空闲单元。

方法三：设置标志 flag，当 front=rear 且 flag=0 时为队空；当 front=rear 且 flag=1 时为队满。

本书采用方法二。约定：当前队头在队尾的下一个位置上时，该队列是满的，即队满的条件为 (rear+1)％QueueSize==front。

队列头尾相接的顺序存储结构称为循环队列。

循环队列的类型定义如下：

```
\#define MAXQSIZE 100    //最大队列长度
typedef struct{
QElemType *base;         //动态分配存储空间
int front;               //头指针,若队列不空,指向队列头元素
int rear;                //尾指针,若队列不空,指向队列尾元素的下一个位置
} SqQueue;
```

2. 循环队列的实现

将队列的抽象数据类型定义在链栈存储结构下，用 C++ 中的类实现。

```
const int QueueSize=100;
template<class DataType>
class CirQueue
{
public:
        CirQueue(){front=rear=QueueSize-1;}
        ~CirQueue(){}
        void EnQueue(DataType x);
        DataType DeQueue();
        DataType GetQueue();
        int Empty(){front==rear?return 1:return 0;}
private:
        DataType data[QueueSize];
        int front,rear;
};
```

循环队列的基本操作包括以下几个方面。

(1) 构造函数。

构造函数的作用是初始化一个空的循环队列，只需将队头指针和队尾指针同时指向数组的某一位置，一般是数组的高端位置，即有 rear=front=QueueSize−1。

(2) 入队操作。

循环队列的入队操作只需将队尾指针 rear 在循环意义下加 1，然后将待插元素 x 插入队尾位置。即有

```
template<class DataType>
void CirQueue<DataType>::EnQueue(DataType x)
{if((rear+1)%QueueSize==front)throw"上溢";
        rear=(rear+1)%QueueSize;
        data[rear]=x;
}
```

(3) 出队操作。

循环队列的出队操作只需将队头的指针 front 在循环意义下加 1，然后读取并返回队头元素。即有

```
template<class DataType>
void CirQueue<DataType>::DeQueue()
{if(rear==front)throw"下溢";
        rear=(front+1)%QueueSize;
        return data[front];
}
```

(4) 读取队头元素。

对于读取队头元素的操作如下:

```
template<class DataType>
void CirQueue<DataType>::GetQueue()
{if(rear==front)throw"下溢";
        rear=(front+1)%QueueSize;
        return data[i];
}
```

(5) 求循环队列元素个数, 见图 3.17。

```
(rear-front+QueueSize)%QueueSize
```

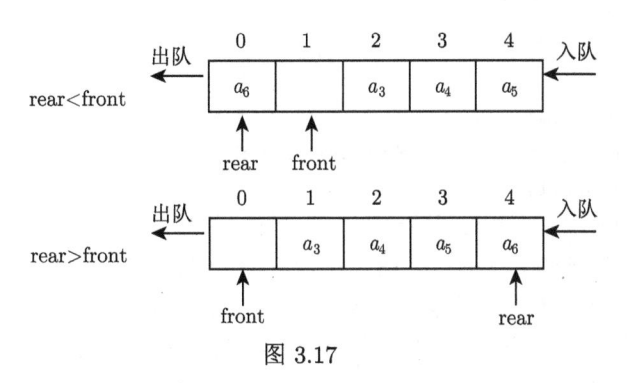

图 3.17

3.2.3 队列的链式存储结构及实现

1. 队列的链式存储结构

队列的链式存储结构称为链队列。和链栈类似, 用单链表来实现链队列, 根据队列的先进先出原则, 为了操作上的方便, 分别需要一个头指针和尾指针。

2. 链队列的实现

将队列抽象数据类型定义在链队列存储结构下, 用 C++ 中的类实现。因为队列元素的数据类型不定, 所以采用 C++ 模板机制。

```
template<class DataType>
class LinkQueue
{public:
        LinkQueue();
        ~LinkQueue();
        void EnQueue(DataType x);
        DataType DeQueue();
        DataType GetQueue();
```

```
        bool Empty();
    private:
        Node<DataType>*front,*rear;
};
```

链队列基本操作的实现主要有以下几个步骤。

(1) 构造函数。

```
template<class DataType>
LinkQueue<DataType>::LinkQueue()
{front=new Node<DataType>;
    front->next=NULL;
    rear=front;
}
```

(2) 入队操作。

```
template<class DataType>
void LinkQueue<DataType>::EnQueue(DataType x)
{s=new Node<DataType>;
    s->data=x;
    s->next=NULL;
    rear->next=s;
    rear=s;
}
```

(3) 出队操作。

```
template<class DataType>
DataType LinkQueue<DataType>::DeQueue()
{if(rear==front)throw"下溢";
    p=front->next;
    x=p->data;
    front->next=p->next;
    if(p->next==NULL)rear=front;
    delete p;
    return x;
}
```

3.2.4 循环队列与链队列的比较

对于循环队列与链队列的比较，可以从两方面来考虑。

(1) 从时间上，其实它们的基本操作都是常数时间，即都为 $O(1)$ 的，不过循环队列是事先申请好空间，使用期间不释放；而对于链队列，每次申请和释放节点也会存在一些时间开销，如果入队出队频繁，则两者还是有细微差异。

(2) 对于空间上来说，循环队列必须有一个固定的长度，所以就有了存储元素个数和空间浪费的问题。而链队列不存在这个问题，尽管它需要一个指针域，会产生一些空间上的开销，但也可以接受。所以在空间上，链队列更加灵活。

总的来说，在可以确定队列长度最大值的情况下，建议用循环队列；如果无法预估队列的长度，则用链队列。

用数组实现队列时，如果不移动，随着数据的不断读写，会出现假满队列的情况。即数组的尾部已满但数组的头部还是空的。循环队列也是一种数组，只是它在逻辑上把数组的头和尾相连，形成循环队列，当数组的尾满的时候，要判断数组的头是否为空，不为空继续存放数据，可以有效地利用资源。但是用循环队列有个小麻烦，不好判断数列是空还是满。

链队列就不存在上面的问题。"循环队列"最大优点就是节省空间和少分配空间，而链队列多了一点点地址存储开销。

3.3 应用举例

由于栈的"后进先出"特点，在很多实际问题中都利用栈做一个辅助的数据结构来进行求解，下面通过几个例子进行说明。

1. 数制转换

十进制数 N 和其他 d 进制数的转换是计算机实现计算的基本问题，其解决方法很多，其中一个简单算法基于下列原理：

$N=(N \text{ div})\times d+N \text{ mod } d$　　（其中：div 为整除运算，mod 为求余运算。）

例如：$(1348)_{10}=(2504)_8$，其运算过程如表 3.1 所示。

表 3.1

N	N div 8	N mod 8
1348	168	4
168	21	0
21	2	5
2	0	2

假设现在要编制一个满足下列要求的程序：对于输入的任意一个非负十进制整数，打印输出与其等值的八进制数。由于上述计算过程是从低位到高位顺序产生八进制数的各个数位，而打印输出，一般来说应从高位到低位进行，恰好和计算过程相反。因此，若将计算过程中得到的八进制数的各位顺序进栈，则按出栈序列打印输出的即为与输入对应的八进制数。

算法思想：当 $N>0$ 时重复 (1)，(2)。

(1) 若 $N\neq 0$，则将 $N \text{ mod } r$ 压入栈 s 中，执行 (2)；若 $N=0$，将栈 s 的内容依次出栈，算法结束。

(2) 用 N div r 代替 N。

```
void conversion(){
InitStack(S); //构造空栈
scanf("%d",N);
while(N){
Push(S,N%8);
N=N/8;
}
while(!StackEmpty(S)){
Pop(S,e);
printf("%d",e);
}}
```

2. 表达式求值

表达式求值是程序设计语言编译中一个最基本的问题，它的实现也需要栈的加入。下面的算法是由运算符优先法对表达式求值。在此仅限于讨论只含二目运算符的算术表达式。

(1) 中缀表达式求值。

中缀表达式：每个二目运算符在两个运算量的中间，假设所讨论的算术运算符包括 +、-、*、/、%、乘方 ^ 和括号 ()。

设运算规则为：

(i) 运算符的优先级为 () >^ > *、/、%> +、-;

(ii) 有括号出现时先算括号内的，后算括号外的，多层括号，由内向外进行;

(iii) 乘方连续出现时先算最右面的。

表达式作为一个满足表达式语法规则的串存储，如表达式 "3*2^(4+2*2-1*3)-5"，它的求值过程为：自左向右扫描表达式，当扫描到 3*2 时不能马上计算，因为后面可能还有更高的运算。正确的处理过程是：需要两个栈——对象栈 s1 和运算符栈 s2。当自左至右扫描表达式的每一个字符时，若当前字符是运算对象时入对象栈，是运算符时，若这个运算符比栈顶运算符高则入栈，继续向后处理；若这个运算符比栈顶运算符低则从对象栈出栈两个运算量，从运算符栈出栈一个运算符进行运算，并将其运算结果入对象栈，继续处理当前字符，直到遇到结束符。

中缀表达式 "3*2^(4+2*2-1*3)-5" 求值过程中两个栈的状态情况见表 3.2 所示。

为了处理方便，编译程序常把中缀表达式首先转换成等价的后缀表达式，后缀表达式的运算符在运算对象之后。在后缀表达式中，不再引入括号，所有的计算按运算符出现的顺序，严格从左向右进行，而不用再考虑运算规则和级别。

中缀表达式 "3*2^(4+2*2-1*3)-5" 的后缀表达式为 "32422*+13*-^ *5-"。

(2) 后缀表达式求值。

计算一个后缀表达式，算法上比计算一个中缀表达式简单得多。这是因为表达式中既无括号又无优先级的约束。具体做法：只使用一个对象栈，当从左向右扫描表达式时，

3.3 应用举例

每遇到一个操作数就送入栈中保存,每遇到一个运算符就从栈中取出两个操作数进行当前的计算,然后把结果再入栈,直到整个表达式结束,这时送入栈顶的值就是结果。

表 3.2　中缀表达式 3*2^(4+2*2−1*3)−5 的求值过程

读字符	对象栈 s1	算符栈 s2	说明
3	3	#	3 入栈 s1
*	3	#*	* 入栈 s2
2	3, 2	#*	2 入栈 s1
^	3, 2	#*^	^ 入栈 s2
(	3, 2	#*^(	(入栈 s2
4	3, 2, 4	#*^(	4 入栈 s1
+	3, 2, 4	#*^(+	+ 入栈 s2
2	3, 2, 4, 2	#*^(+	2 入栈 s1
*	3, 2, 4, 2	#*^(+*	* 入栈 s2
2	3, 2, 4, 2, 2	#*^(+*	2 入栈 s1
	3, 2, 4, 4	#*^(+	做 2*2=4,结果入栈 s1
−	3, 2, 8	#*^(	做 4+4=8,结果入栈 s2
	3, 2, 8	#*^(−	− 入栈 s2
1	3, 2, 8, 1	#*^(−	1 入栈 s1
*	3, 2, 8, 1	#*^(−*	* 入栈 s2
3	3, 2, 8, 1, 3	#*^(−*	3 入栈 s1
	3, 2, 8, 3	#*^(−	做 1*3,结果 3 入栈 s1
)	3, 2, 5	#*^(	做 8−3,结果 5 入栈 s1
	3, 2, 5	#*^	(出栈
	3, 32	#*	做 2^5,结果 32 入栈 s1
−	96	#	做 3*32,结果 96 入栈 s1
	96	#−	− 入栈 s2
5	96, 5	#−	5 入栈 s1
结束符	91	#	做 96−5,结果 91 入栈 s1

(3) 中缀表达式转换成后缀表达式。

将中缀表达式转化为后缀表达式和前述对中缀表达式求值的方法完全类似,但只需要运算符栈,遇到运算对象时直接放后缀表达式的存储区,假设中缀表达式本身合法且在字符数组 A 中,转换后的后缀表达式存储在字符数组 B 中。具体做法:遇到运算对象顺序向存储后缀表达式的 B 数组中存放,遇到运算符时类似于中缀表达式求值时对运算符的处理过程,但运算符出栈后不是进行相应的运算,而是将其送入 B 中存放。具体算法在此不再赘述。

3. 栈与递归

在高级语言编制的程序中,调用函数与被调用函数之间的链接和信息交换必须通过栈进行。当在一个函数的运行期间调用另一个函数时,在运行该被调用函数之前,需先完成三件事:

(1) 将所有的实参、返回地址等信息传递给被调用函数保存;

(2) 为被调用函数的局部变量分配存储区;

(3) 将控制转移到被调用函数的入口。

从被调用函数返回调用函数之前, 应该完成:

(1) 保存被调用函数的计算结果;

(2) 释放被调用函数的数据区;

(3) 依照被调用函数保存的返回地址将控制转移到调用函数。

多个函数嵌套调用的规则是: 后调用先返回, 此时的内存管理实行 "栈式管理"。

递归函数的调用类似于多层函数的嵌套调用, 只是调用单位和被调用单位是同一个函数而已。在每次调用时, 系统将属于各个递归层次的信息组成一个活动记录 (Activation Record), 这个记录中包含着本层调用的实参、返回地址、局部变量等信息, 并将这个活动记录保存在系统的 "递归工作栈" 中, 每当递归调用一次, 就要在栈顶为过程建立一个新的活动记录, 一旦本次调用结束, 则将栈顶活动记录出栈, 根据获得的返回地址信息返回到本次的调用处。

将递归程序转化为非递归程序时常使用栈来实现。

习 题 3

一、填空题

1. ＿＿＿＿ 是操作受限 (或限定仅在表尾进行插入和删除操作) 的线性表, 其运算遵循 ＿＿＿＿ 的原则。

2. ＿＿＿＿ 是限定仅在表尾进行插入或删除操作的线性表。

3. 一个栈的输入序列是 1, 2, 3, 则不可能的栈输出序列是＿＿＿＿。

4. 两个栈共享空间时, 栈满的条件是＿＿＿＿。

5. 在作进栈运算时应先判别栈是否满; 在作退栈运算时应先判别栈是否＿＿＿＿; 当栈中元素为 n 个, 作进栈运算时发生上溢, 则说明该栈的最大容量为 n。为了增加内存空间的利用率和减少溢出的可能性, 由两个栈共享一片连续的空间时, 应将两栈的＿＿＿＿ 分别设在内存空间的两端, 这样只有当两栈顶指针＿＿＿＿ 时才产生溢出。

6. 多个栈共存时, 最好用＿＿＿＿ 存储结构作为存储结构。

7. 用 S 表示入栈操作, X 表示出栈操作, 若元素入栈的顺序为 1, 2, 3, 4, 为了得到 1, 3, 4, 2 出栈顺序, 相应的 S 和 X 的操作串为＿＿＿＿。

8. 循环队列的引入, 目的是＿＿＿＿。

9. 队列又称作＿＿＿＿。

10. 已知链队列的头尾指针分别是 f 和 r, 则将值 x 入队的操作序列是 s=(LinkedList)malloc(sizeof(LNode));＿＿＿＿;＿＿＿＿。

11. 区分循环队列的满与空, 只有两种方法, 它们是＿＿＿＿。

二、选择题

1. 对于栈操作数据的原则是 (　　)。

   A. 先进先出;　　　B. 后进先出;　　　C. 后进后出;　　　D. 不分顺序。

2. 一个栈的输入序列为 1, 2, 3, ···, n, 若输出序列的第一个元素是 n, 输出第 i ($1 \leqslant i \geqslant n$) 个元素是 (　　)。

   A. 不确定;　　　B. $n-i+1$;　　　C. i;　　　D. $n-i$。

3. 若一个栈的输入序列为 1, 2, 3, ···, n, 输出序列的第一个元素是 i, 则第 j 个输出元素是 (　　)。

   A. $i-j-1$;　　　B. $i-j$;　　　C. $j-i+1$;　　　D. 不确定的。

4. 若已知一个栈的入栈序列是 1, 2, 3, ···, n, 其输出序列为 p1, p2, p3, ···, pN, 若 pN 是 n, 则 pi 是 (   )。
   A. i;   B. $n-i$;   C. $n-i+1$;   D. 不确定。

5. 有六个元素 6, 5, 4, 3, 2, 1 的顺序进栈, 问下列哪一个不是合法的出栈序列 (   )?
   A. 5, 4, 3, 6, 1, 2; B. 4, 5, 3, 1, 2, 6; C. 3, 4, 6, 5, 2, 1; D. 2, 3, 4, 1, 5, 6。

6. 设栈的输入序列是 1, 2, 3, 4, 则 (   ) 不可能是其出栈序列。
   A. 1, 2, 4, 3;   B. 2, 1, 3, 4;   C. 1, 4, 3, 2;
   D. 4, 3, 1, 2;   E. 3, 2, 1, 4。

7. 一个栈的输入序列为 1, 2, 3, 4, 5, 则下列序列中不可能是栈的输出序列的是 (   )。
   A. 2, 3, 4, 1, 5; B. 5, 4, 1, 3, 2; C. 2, 3, 1, 4, 5; D. 1, 5, 4, 3, 2。

8. 设一个栈的输入序列是 1, 2, 3, 4, 5, 则下列序列中, 是栈的合法输出序列的是 (   )。
   A. 5, 1, 2, 3, 4; B. 4, 5, 1, 3, 2; C. 4, 3, 1, 2, 5; D. 3, 2, 1, 5, 4。

9. 某堆栈的输入序列为 a, b, c, d, 下面的四个序列中, 不可能是它的输出序列的是 (   )。
   A. a, c, b, d;   B. b, c, d, a;   C. c, d, b, a;   D. d, c, a, b。

10. 设 a, b, c, d, e, f 以所给的次序进栈, 若在进栈操作时, 允许退栈操作, 则下面得不到的序列为 (   )。
   A. f, e, d, c, b, a; B. b, c, a, f, e, d; C. d, c, e, f, b, a; D. c, a, b, d, e, f。

11. 设有三个元素 X, Y, Z 顺序进栈 (进的过程中允许出栈), 下列得不到的出栈排列是 (   )。
   A. X, Y, Z;   B. Y, Z, X;   C. Z, X, Y;   D. Z, Y, X。

12. 用链接方式存储的队列, 在进行删除运算时 (   )。
   A. 仅修改头指针;   B. 仅修改尾指针;
   C. 头、尾指针都要修改;   D. 头、尾指针可能都要修改。

13. 用不带头节点的单链表存储队列时, 其队头指针指向队头节点, 其队尾指针指向队尾节点, 则在进行删除操作时 (   )。
   A. 仅修改队头指针;   B. 仅修改队尾指针;
   C. 队头、队尾指针都要修改;   D. 队头、队尾指针都可能要修改。

14. 递归过程或函数调用时, 处理参数及返回地址, 要用一种称为 (   ) 的数据结构。
   A. 队列;   B. 多维数组;   C. 栈;   D. 线性表。

三、判断题

1. 消除递归不一定需要使用栈。(   )
2. 栈是实现过程和函数等子程序所必需的结构。(   )
3. 两个栈共用静态存储空间, 对头节点使用也存在空间溢出问题。(   )
4. 两个栈共享一片连续内存空间时, 为提高内存利用率, 减少溢出机会, 应把两个栈的栈底分别设在这片内存空间的两端。(   )
5. 即使对不含相同元素的同一输入序列进行两组不同的合法的入栈和出栈组合操作, 所得的输出序列也一定相同。(   )
6. 栈与队列是一种特殊操作的线性表。(   )
7. 若输入序列为 1, 2, 3, 4, 5, 6, 则通过一个栈可以输出序列 3, 2, 5, 6, 4, 1。(   )
8. 栈和队列都是限制存取点的线性结构。(   )
9. 若输入序列为 1, 2, 3, 4, 5, 6, 则通过一个栈可以输出序列 1, 5, 4, 6, 2, 3。(   )
10. 任何一个递归过程都可以转换成非递归过程。(   )
11. 只有那种使用了局部变量的递归过程在转换成非递归过程时才必须使用栈。(   )
12. 队列是一种插入与删除操作分别在表的两端进行的线性表, 是一种先进后出型结构。(   )
13. 通常使用队列来处理函数或过程的调用。(   )
14. 队列逻辑上是一个下端和上端既能增加又能减少的线性表。(   )

15. 循环队列通常用指针来实现队列的头尾相接。（　）
16. 循环队列也存在空间溢出问题。（　）
17. 队列和栈都是运算受限的线性表，只允许在表的两端进行运算。（　）
18. 栈和队列都是线性表，只是在插入和删除时受到了一些限制。（　）
19. 栈和队列的存储方式，既可以是顺序方式，又可以是链式方式。（　）

四、简答题

1. 名词解释：栈。
2. 名词解释：队列。
3. 什么是循环队列？
4. 假设以 S 和 X 分别表示入栈和出栈操作，则对初态和终态均为空的栈操作可由 S 和 X 组成的序列表示 (如 S, X, S, X)。

    (1) 试指出判别给定序列是否合法的一般规则。

    (2) 两个不同合法序列 (对同一输入序列) 能否得到相同的输出元素序列？如能得到，请举例说明。

5. 有 5 个元素，其入栈次序为 A, B, C, D, E，在各种可能的出栈次序中，以元素 C, D 最先出栈 (即 C 第一个且 D 第二个出栈) 的次序有哪几个？

6. 如果输入序列为 1, 2, 3, 4, 5, 6，试问能否通过栈结构得到以下两个序列：4, 3, 5, 6, 1, 2 和 1, 3, 5, 4, 2, 6；请说明为什么不能或如何才能得到。

7. 若元素的进栈序列为 A, B, C, D, E，运用栈操作，能否得到出栈序列 B, C, A, E, D 和 D, B, A, C, E？为什么？

8. 设输入序列为 a, b, c, d，试写出借助一个栈可得到的两个输出序列和两个不能得到的输出序列。

9. 设输入序列为 2, 3, 4, 5, 6，利用一个栈能得到序列 2, 5, 3, 4, 6 吗？栈可以用单链表实现吗？

五、算法设计题

1. 设从键盘输入一整数的序列：$a_1, a_2, a_3, \cdots, a_n$，试编写算法实现：用栈结构存储输入的整数，当 $a_i \neq -1$ 时，将 a_i 进栈；当 $a_i = -1$ 时，输出栈顶整数并出栈。算法应对异常情况 (入栈满等) 给出相应的信息。

2. 设表达式以字符形式已存入数组 $E[n]$ 中，"#" 为表达式的结束符，试写出判断表达式中的括号 ("(" 和 ")") 是否配对的 C++ 语言描述算法：EXYX(E) (注：算法中可调用栈操作的基本算法)。

3. 从键盘上输入一个逆波兰表达式，用伪码写出其求值程序。规定：逆波兰表达式的长度不超过一行，以 \$ 符作为输入结束，操作数之间用空格分隔，操作符只可能有 +, −, *, / 四种运算。

第 4 章 字符串和多维数组

4.1 字 符 串

4.1.1 字符串的定义

1. 字符串的定义

字符串是零个或者多个字符组成的有限序列,又称为串 (String),只包含空格的串称为空格串。串中所包含的字符个数称为串的长度,长度为 0 的串称为空串,记作 " "。一般地,一个字符串表示如下:

$$S = "s_1 s_2 \cdots s_n"$$

其中,S 是串名,双引号是定界符,双引号引起来的部分是串值,$s_i(1 \leqslant i \leqslant n)$ 是一个任意字符。

字符串中任意一个连续的字符组成的子序列称为该串的子串,包含子串的串称为主串,子串的第一个字符在主串中的序号称为子串在主串的位置。

如何表示串的长度?

方案 1: 用一个变量来表示串的实际长度,如图 4.1。

0	1	2	3	4	5	6	...	Max−1
a	b	c	d	e	f	g	空闲	9

图 4.1

方案 2: 在串尾存储一个不会在串中出现的特殊字符作为串的终结符,表示串的结尾,如图 4.2。

0	1	2	3	4	5	6	7	...	Max−1
a	b	c	d	e	f	g	\0	空闲	

图 4.2

方案 3: 用数组的 0 号单元存放串的长度,从 1 号单元开始存放串值,如图 4.3。

0	1	2	3	4	5	6	7	...	Max−1
9	a	b	c	d	e	f	g	空闲	

图 4.3

注 4.1.1 在下面的讨论中,为了和 C++ 语言中的字符数组保持一致,采用第 2 种顺序存储方法,即从数组下标 0 开始存放字符,并且在串尾存储终结符 "\0"。

2. 字符串的比较

字符串的比较是通过组成串的字符之间的比较来进行的。字符比较（Character Comparison）是指按照字典次序对单个字符或字符串进行比较大小的操作，一般都是以 ASCII 码值的大小作为字符比较的标准。

字符串比较的时候，字符串的大小是从最左边第一个字符开始比较，大者为大，小者为小，若相等，则继续比较后面的字符。

比如 "ABC" 与 "ACDE" 比较，第一个字符相同，继续比较第二个字符，由于第二个字符是后面一个串大，所以不再继续比较，结果就是后面的串大。再如 "ABC" 与 "ABC123" 比较，比较三个字符后第一个串结束，所以就是后面一个串大。

所以，长度不能直接决定大小，字符串的大小是由左边开始最前面的字符决定的。

对两个字符串进行比较时，要注意以下几点。

(1) 两个不同长度的字符串进行比较时，不是长的字符串就一定 "大"。如 A 表示为 "ABCE"，B 表示为 "ABCDEF"。对 A 与 B 进行比较时，A 的第 4 个字符是 "E"，B 的第 4 个字符是 "D"，而 "D" < "E"，所以 $B < A$。尽管 B 比 A 长。

(2) 当字符串有空格时，空格也参加比较。如 A 表示 " ABOOK"，B 表示 "A BOOK"，显示 $A > B$。

(3) 大写字母和小写字母的 ASCII 码值是有区别的，所以，"yes" > "YEs"。

(4) 当字符串全部用英文字母的大写（或小写）组成时，字符串的大小顺序和它们在字典中的顺序相同。

(5) 由汉字组成的字符串可以参加比较。如 "李红" < "王军"。它们的大小实际是由其拼音构成的字符串的大小来决定的。上例即 "LIHONG" < "WANGJUN"。

4.1.2 字符串的存储结构

字符串是数据元素为单个字符的线性表，一般来说采用的存储结构为顺序存储。在数据结构中，字符串要单独用一种存储结构来存储，称为串存储结构。这里的串指的就是字符串。无论学习哪种编程语言，操作最多的总是字符串。我们平常使用最多的存储结构无疑是利用定长数组存储。但是这种存储结构需要提前分配空间，当我们不知道字符串长度的时候，过大的分配内存无疑是一种浪费。因此，合理地选择字符串的存储方式显得格外重要。下面将依次介绍三种存储方式。

1. 定长顺序存储

字符串的定长顺序存储结构，可以理解为采用 "固定长度的顺序存储结构" 来存储字符串，因此限定了其底层实现只能使用静态数组。

使用定长顺序存储结构存储字符串时，需结合目标字符串的长度，预先申请足够大的内存空间。

例如，采用定长顺序存储结构存储 "feizhufeifei"，通过目测得知此字符串长度为 12（不包含结束符 "\0"），因此申请的数组空间长度至少为 12，用 C 语言表示为

```
char str[18]="feizhufeifei";
```

4.1 字符串

下面是具体的 C 语言实现。

```
#include<stdio.h>
int main()
{
char str[15]="feizhufeifei";
printf("%s\r\n",str);
return 0;
}
```

2. 动态数组存储

首先我们应该明确两个概念: 堆和栈。

堆是由程序员自己管理的, 当进程调用 malloc 等函数分配内存时, 新分配的内存就被动态分配到堆上, 当利用 free 等函数释放内存时, 被释放的内存从堆中被剔除。

栈又称堆栈, 是用户存放程序临时创建的变量, 也就是函数 {} 中定义的变量, 但不包括 static 声明的变量, static 意味着在数据段中存放变量。除此之外, 在函数被调用时, 其参数也会被压入发起调用的进程栈中, 并且待到调用结束后, 函数的返回值也会被存放回栈中, 由于栈的先进后出特点, 所以栈特别方便用来保存、恢复调用现场。从这个意义上讲, 我们可以把堆栈看成一个寄存、交换临时数据的内存区。

3. 块链存储

块链存储就是利用链表来存储字符串。本书使用的是无头节点的链表结构 (即链表的第一个头节点也存储数据)。

我们知道, 单链表中的 "单" 强调的仅仅是链表各个节点只能有一个指针, 并没有限制数据域中存储数据的具体个数。因此在设计链表节点的结构时, 可以令各节点存储多个数据。

例如, 我们要用链表存储 "feizhu" 字符串, 链表结构如图 4.4 所示。

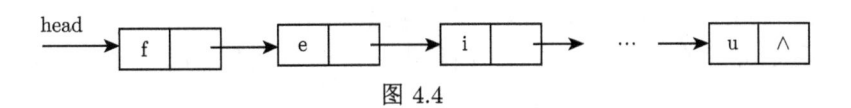

图 4.4

我们也可以每个链表存储四个字符, 那么最后一个节点肯定不会占满。这时可以使用 # 或者其他符号将其填满, 如图 4.5。

图 4.5

怎样确定链表中每个节点存储数据的个数呢?

链表各节点存储数据个数的多少可参考以下几个因素。

串的长度和存储空间的大小: 若串包含数据量很大, 且链表申请的存储空间有限, 此时应尽可能地让各节点存储更多的数据, 提高空间的利用率 (每多一个节点, 就要多申请一个指针域的空间); 反之, 如果串不是特别长, 或者存储空间足够, 就需要再结合其他因素综合考虑。

程序实现的功能: 如果实际场景中需要对存储的串做大量的插入或删除操作, 则应尽可能减少各节点存储数据的数量; 反之, 就需要再结合其他因素。

4.1.3 字符串的模式匹配

对于给定两个字符串 S 与 T, 在主串 S 中寻找子串 T 的过程称为模式匹配, T 称为模式。若匹配成功, 此时返回 T 在 S 中的位置; 若匹配失败, 则返回 0。

(1) 朴素的模式匹配算法——BF 算法[①]。

如图 4.6, 其基本的思想为: 从主串 S 的第一个字符开始和模式 T 的第一个字符进行比较, 如果相等, 则继续比较二者后续的字符; 否则, 从主串 S 第二个字符开始和模式 T 的第一个字符进行比较, 重复上述过程, 直至 S 或 T 中的所有字符比较完毕。

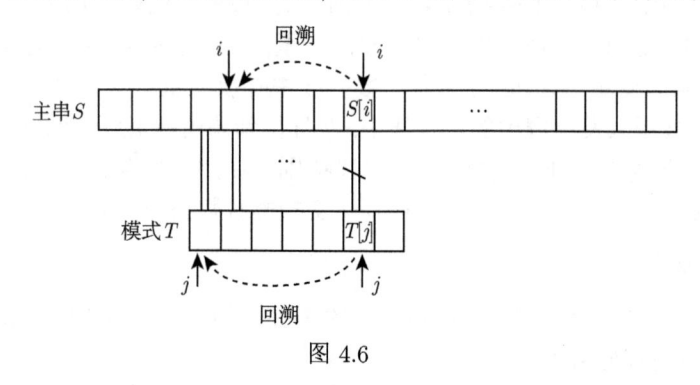

图 4.6

算法如下:
1. 在串 S 和串 T 中设比较的起始下标 i 和 j;
2. 循环直到 S 或 T 的所有字符均比较完
    2.1 如果 $S[i] = T[j]$, 继续比较 S 和 T 的下一个字符;
    2.2 否则, 将 i 和 j 回溯, 准备下一趟比较;
3. 如果 T 中所有字符均比较完, 则匹配成功, 返回匹配的起始比较下标; 否则, 匹配失败, 返回 0。

```
int BF(char S[],char T[])
{
    i=0;j=0;
    while(S[0]!='\0'&&T[0]!='\0')
    {if(S[i]==T[j]){i++;j++;}
     else{i=i-j+1;j=0;}
    }
    if(T[j]=='\0')return(i-j+1);
    else return 0;
}
```

[①] BF 的英文全称是 Brute-Force, 意思是蛮力、暴力, 其核心思想是穷举。

4.1 字 符 串

(2) 改进的模式匹配算法——KMP 算法。

这种改进算法是克努特 (D. E. Knuth)、莫里斯 (J. H. Morris) 和普拉特 (V. R. Pratt) 同时发现的,因此人们称它为克努特–莫里斯–普拉特算法 (简称为 KMP 算法)。该算法可以在 $O(n+m)$ 的时间数量级上完成串的模式匹配操作。

例 4.1.1 主串 S="ababcabcacbab",模式串 T="abcac",KMP 算法匹配过程如图 4.7 和图 4.8 所示。

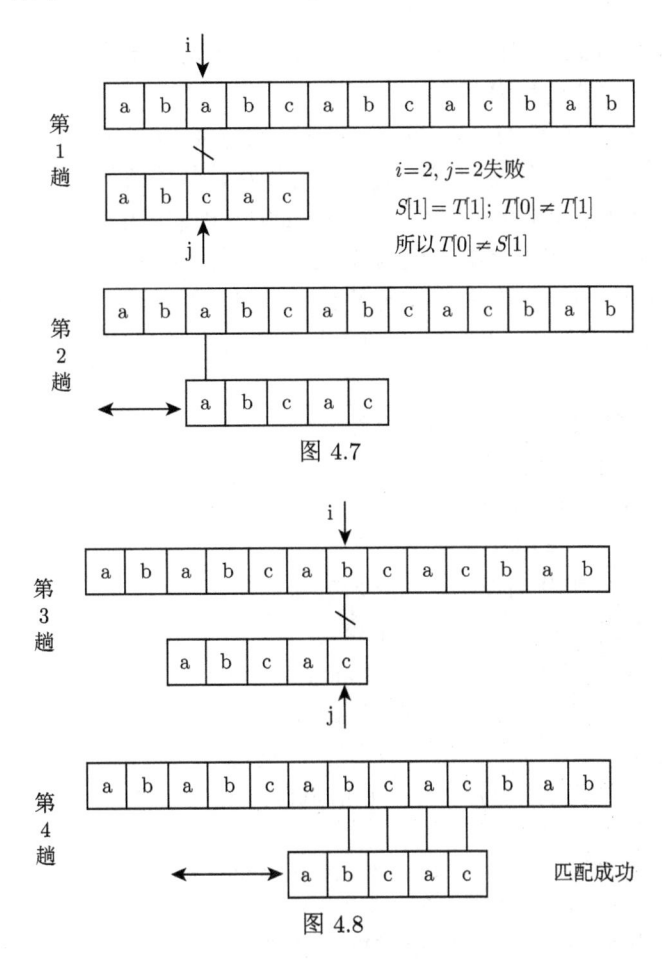

图 4.7

图 4.8

其改进在于:每当一趟匹配过程中出现字符比较不等时,不需回溯 i 指针,而是利用已经得到的"部分匹配"的结果将模式向右"滑动"尽可能远的一段距离后,继续进行比较。一般情况下,假设主串为 $s_0s_1\cdots s_{n-1}$,模式串为 $p_0p_1\cdots p_{m-1}$,从上例的分析可知,为了实现改进算法,需要解决下述问题:当匹配过程中产生"失配"(即 $s_i \neq p_j$) 时,模式串"向右滑动"可行的距离有多远。换句话说,当主串中字符 s_i 与模式中字符 p_j "失配"(即比较不等) 时,主串中字符 s_i (i 指针不回溯) 应与模式中哪个字符再比较?

假设此时主串中字符 s_i 应与模式中字符 $p_k(k<j)$ 继续比较,则模式中字符 p_k 前面 k 个字符的子串必须满足下列关系式 (4.1),且不存在 $k' > k$ 满足下列关系式:

$$p_0p_1\cdots p_{k-1} = s_{i-k}s_{i-k+1}\cdots s_{i-1} \tag{4.1}$$

当主串中字符 s_i 与模式中字符 p_j "失配"时,已经得到的"部分"匹配结果是

$$p_{j-k}p_{j-k+1}\cdots p_{j-1} = s_{i-k}s_{i-k+1}\cdots s_{i-1} \tag{4.2}$$

由式 (4.1) 和式 (4.2) 推得下列等式:

$$p_0p_1\cdots p_{k-1} = p_{j-k}p_{j-k+1}\cdots p_{j-1} \tag{4.3}$$

我们称 "$p_0p_1\cdots p_{k-1}$" 为 "$p_0p_1p_2\cdots p_{j-2}p_{j-1}$" 的前缀子串,"$p_{j-k}p_{j-k+1}\cdots p_{j-1}$" 为 "$p_0p_1p_2\cdots p_{j-2}p_{j-1}$" 的后缀子串。

若模式串中存在真子串 "$p_0p_1\cdots p_{k-1} = p_{j-k}p_{j-k}+1\cdots p_{j-1}$",且满足 $0 < k < j$,则当匹配过程中,主串中字符 s_i 与模式串中字符 p_j 比较不等时,仅需将模式串中字符向右滑动至第 k 个字符和主串中字符 s_i 对齐,此时,模式串中前 k 个字符组成的子串 "$p_0p_1\cdots p_{k-1}$" 必定与主串中之前长度为 k 的子串 "$s_{i-k}s_{i-k}+1\cdots s_{i-1}$" 相等。由此,匹配仅需从模式串 p_k 中与主串中字符 s_i 继续比较进行。若令 next[j]=k,则 next[j] 表明当模式中第 j 个字符与主串中相应字符"失配"时,需重新比较在模式串与主串中该字符的位置。

由此可引出模式串的 next 函数的定义:
(1) next[j]=-1 当 $j = 0$ 时;
(2) next[j]=max$\{k|0 < k < j$ 且 "$p_0p_1\cdots p_{k-1} = p_{j-k}p_{j-k+1}\cdots p_{j-1}$"$\}$。
KMP 算法的伪代码描述:
1. 在串 S 和串 T 中分别设比较的起始下标 i 和 j;
2. 循环直到 S 或 T 的所有字符均比较完,
  2.1 如果 $S[i] = T[j]$,继续比较 S 和 T 的下一个字符; 否则
  2.2 将 j 向右滑动到 next[j] 位置,即 $j = $ next[j];
  2.3 如果 $j = -1$,则将 i 和 j 分别加 1,准备下一趟比较;
3. 如果 T 中所有字符均比较完毕,则返回匹配的起始下标;否则返回 0。

```
int Index_KMP(SString S,SString T,int pos){
//利用模式串T的next函数求T在主串S中第pos个字符之后的位置的
// KMP算法,其中T非空,1<=pos<=StrLength(S)
i=pos;j=1;
while(i<=S.length&&j<=T.length){
if(j==0||S[i]==T[j]){++i;++j;}    //继续比较后继字符
else j=next[j];                    //模式串向右移动
}
if(j>T.length)return i-T.length; //匹配成功
else return 0;
}
```

KMP 算法中需要知道 next 值,求 next 值的过程就是模式匹配过程,因此仿照 KMP 算法,可得到求 next 函数值的算法如下:

```
void get_next(SString T,int next[]){
//求模式串T的next函数值并存入数组next
 i=1;next[1]=0;j=0;
 while(i<T.length){
 if(j==0||T[i]==T[j]){++i;++j;next[i]=j;}
    else j=next[j];
 }
}
```

上述定义的函数在某些情况下尚有缺陷，如图 4.9 所示。

j	1	2	3	4	5
模式串	a	a	a	a	b
next[j]	0	1	2	3	4

图 4.9

在出现这种情况的时候，即第一个字符与主串中的相应字符不匹配的时候，因为模式串前四个字符相同，主串中的字符不需要和第 2, 3, 4 个字符比较，所以可以把其 next[j] 作如下修改，见图 4.10。

nextval[j]	0	0	0	0	4

图 4.10

next 函数修正值的算法如下：

```
void get_nextval(SString T,int nextval[]){
//求模式串T的next函数修正值并存入数组nextval
i=1;nextval[1]=0;j=0;
while(i<T.length){
   if(j==0||T[i]==T[j]){
     ++i;++j;
     if(T[i]!=T[j])nextval[i]=j
     else nextval[i]=nextval[j];}
   else j=nextval[j];
   }
}
```

4.2 数　　组

前几章讨论的线性结构中的数据元素都是非结构的原子类型，元素的值是不再分解的。本章讨论的两种数据结构——数组和广义表可以看成是线性表在下述含义上的扩展：表中的数据元素本身也是一个数据结构。

数组是读者已经很熟悉的一种数据类型，几乎所有的程序设计语言都把数组类型设定为固有类型。本章以抽象数据类型的形式讨论数组的定义和实现，使读者加深对数组类型的理解。

4.2.1 数组的定义

数组是由类型相同的数据元素构成的有序集合，每个数据元素称为一个数组元素，每个元素受 n 个线性关系的约束，其中每个元素在 n 个线性关系中序号 $i_1, i_2, \cdots, i_n$ 称为该元素的下标，并称为该数组的 n 维数组。

4.2.2 数组的存储结构与寻址

由于数组一般不做插入或删除操作，也就是说，一旦建立了数组，则结构中的数据元素个数和元素之间的关系就不再发生变动。因此，采用顺序存储结构表示数组就是自然的事了。

由于存储单元是一维的结构，而数组是多维的结构，则用一组连续存储单元存放数组的数据元素就有个次序约定问题。二维数组可有两种存储方式：一种是以列序为主序 (Column Major Order) 的存储方式，另一种是以行序为主序 (Row Major Order) 的存储方式，在 C++ 语言中用的都是以行序为主序的存储结构。

1. 一维数组

设一维数组的下标的范围为闭区间 $[l, h]$，每个数组元素占用 c 个存储单元，如图 4.11，则其任一元素 a_i 的存储地址可由下式确定：

$$\text{Loc}(a_i) = \text{Loc}(a_l) + (i - l) \times c$$

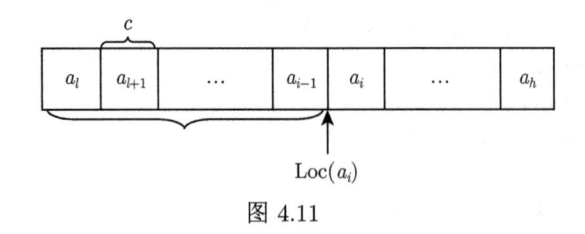

图 4.11

2. 二维数组

1) 按行优先存储的寻址

设二维数组行号为 l_1 到 h_1，列号为 l_2 到 h_2，如图 4.12。

a_{ij} 前面的元素个数 = 整行数 × 每行元素个数 + 本行中 a_{ij} 前面的元素个数

$$= (i - l_1) \times (h_2 - l_2 + 1) + (j - l_2)$$

$$\text{Loc}(a_{ij}) = \text{Loc}(a_{l_1 l_2}) + ((i - l_1) \times (h_2 - l_2 + 1) + (j - l_2)) \times c$$

图 4.12

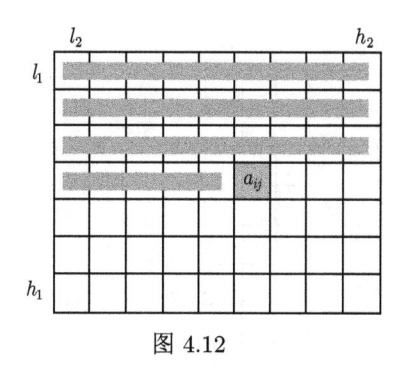

2) 列优先存储的寻址

设二维数组为 n 行 m 列。设数组开始存放位置 $\text{Loc}(0,0) = a$，每个元素占用 l 个存储单元则 $a_{[i][j]}$ 的存储地址为

$$\text{Loc}(i,j) = a + (j \times n + i) \times l$$

3. 三维数组

各维元素个数为 m_1, m_2, m_3，各维的下标从 0 开始，按页/行/列存放，下标为 i_1, i_2, i_3 的数组元素的存储地址为

$$\text{Loc}(i_1, i_2, i_3) = a + (i_1 \times m_2 \times m_3 + i_2 \times m_3 + i_3) \times l$$

4.3 矩阵的压缩存储

矩阵是很多科学与工程计算问题中研究的数学对象。在此，我们感兴趣的不是矩阵本身，而是如何存储矩阵的元，从而使矩阵的各种运算能有效地进行。

通常，用高级语言编制程序时，都是用二维数组来存储矩阵元。有的程序设计语言中还提供了各种矩阵运算，用户使用时都很方便。

然而，在数值分析中经常出现一些阶数很高的矩阵，同时在矩阵中有许多值相同的元素或者零元素。有时为了节省存储空间，可以对这类矩阵进行压缩存储。所谓压缩存储是指为多个值相同的元只分配一个存储空间；对零元不分配空间。

特殊矩阵：矩阵中有很多值相同的元素并且它们的分布有一定的规律。

稀疏矩阵：矩阵中有很多零元素。

4.3.1 特殊矩阵的压缩存储

1. 对称矩阵

特点：$a_{ij} = a_{ji}$。

只存储下三角部分的元素，如图 4.13。

行、列从 1 开始编号：a_{ij} 在一维数组中的序号 $= i \times (i-1)/2 + j$，因为一维数组下标从 0 开始，所以 a_{ij} 在一维数组中的下标 $k = i \times (i-1)/2 + j - 1$。

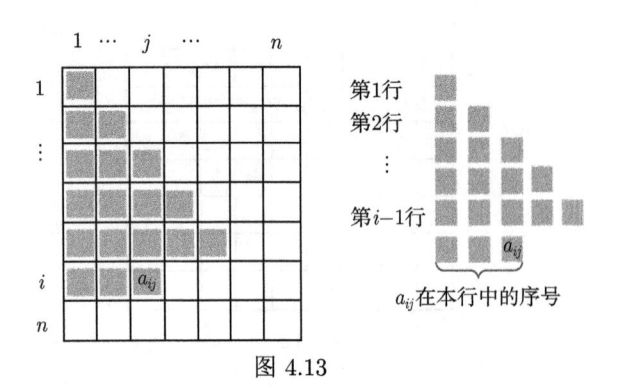

图 4.13

行、列从 0 开始编号：a_{ij} 在一维数组中的序号 $= i \times (i+1)/2 + j + 1$，因为一维数组下标从 0 开始，所以 a_{ij} 在一维数组中的下标 $k = i \times (i+1)/2 + j$。

对于下三角矩阵中的元素 a_{ij} $(i \geqslant j)$，在一维数组中的下标 k 与 i, j 的关系为

$$k = i \times (i-1)/2 + j - 1$$

上三角矩阵中的元素 a_{ij} $(i < j)$，因为 $a_{ij} = a_{ji}$，则访问和它对应的元素 a_{ji} 即可，即

$$k = j \times (j-1)/2 + i - 1$$

2. 三角矩阵

只存储上三角（或下三角）部分的元素。

存储：下三角元素，对角线上方的常数只存一个。

下三角矩阵，见图 4.14。

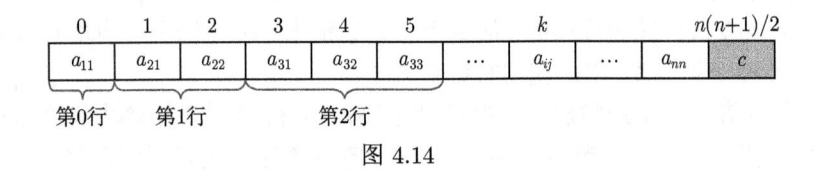

图 4.14

矩阵中任一元素 a_{ij} 在一维数组中的下标 k 与 i, j 的对应关系：

$$k = i \times (i-1)/2 + j - 1, \quad 当 i \geqslant j 时$$

$$k = n \times (n+1)/2, \quad 当 i < j 时$$

3. 对角矩阵（带状矩阵）

所有非零元素都集中在以主对角线为中心的带状区域中，除了主对角线和它的上下方若干条对角线的元素外，其他元素都为零的矩阵称为对角矩阵。例：如图 4.15 所示的对角矩阵。

4.3 矩阵的压缩存储

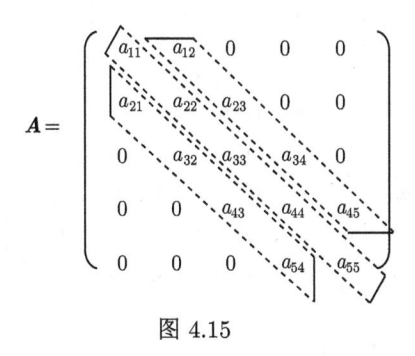

$$A = \begin{pmatrix} a_{11} & a_{12} & 0 & 0 & 0 \\ a_{21} & a_{22} & a_{23} & 0 & 0 \\ 0 & a_{32} & a_{33} & a_{34} & 0 \\ 0 & 0 & a_{43} & a_{44} & a_{45} \\ 0 & 0 & 0 & a_{54} & a_{55} \end{pmatrix}$$

图 4.15

按照行优先存储，见图 4.16。

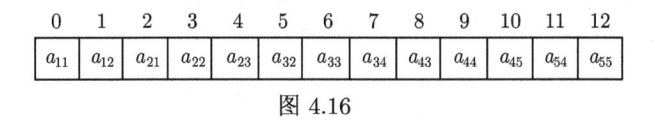

0	1	2	3	4	5	6	7	8	9	10	11	12
a_{11}	a_{12}	a_{21}	a_{22}	a_{23}	a_{32}	a_{33}	a_{34}	a_{43}	a_{44}	a_{45}	a_{54}	a_{55}

图 4.16

一般地，对于 n 阶对角矩阵按照行优先存储，元素 a_{ij} 在一维数组中的序号为 $2 + 3(i-2) + (j-i+2) = 2i + j - 2$。因为一维数组下标从 0 开始，所以元素 a_{ij} 在一维数组中的下标为 $2i + j - 3$。

4.3.2 稀疏矩阵的压缩存储

将稀疏矩阵的非零元素对应的三元组所构成的集合，按行优先的顺序排列成一个线性表，称为三元组表。

将稀疏矩阵中的每个非零元素表示为 (行号、列号、非零元素值) 三元组。定义如下：

```
template<class DataType>
struct element
{
  int row,col;
  DataType item
};
```

1. 三元组顺序表

采用顺序存储结构的三元组表称为三元组顺序表。将稀疏矩阵的非零元素对应的三元组所构成的集合，按行优先的顺序排列成一个线性表。

其存储结构定义如下：

```
const int MaxTerm=100;
struct SparseMatrix
{
  element data[MaxTerm];
  int mu,nu,tu;
}
```

例 4.3.1 如下的稀疏矩阵：

$$A = \begin{pmatrix} 15 & 0 & 0 & 22 & 0 & -15 \\ 0 & 11 & 3 & 0 & 0 & 0 \\ 0 & 0 & 0 & 6 & 0 & 0 \\ 0 & 0 & 0 & 0 & 0 & 0 \\ 91 & 0 & 0 & 0 & 0 & 0 \end{pmatrix}$$

该稀疏矩阵的三元组顺序表如图 4.17 所示。

	row	col	item
0	1	1	15
1	1	4	22
2	1	6	−15
3	2	2	11
4	2	3	3
5	3	4	6
6	5	1	91
	空闲	空闲	空闲
MaxTerm−1	7 (非零元个数)		
	5 (矩阵的行数)		
	6 (矩阵的列数)		

图 4.17

2. 十字链表

稀疏矩阵的链式存储结构称为十字链表，其具备链式存储的特点。因此在非零元素的个数以及位置发生变化时，通常采用十字链表存储稀疏矩阵。采用链式存储结构存储三元组表时，每个非零元素对应的三元组存储为一个链表节点，结构为图 4.18。

row	col	item
down		right

图 4.18

row: 存储非零元素的行号。
col: 存储非零元素的列号。
item: 存储非零元素的值。
right: 指针域，指向同一行中的下一个三元组。
down: 指针域，指向同一列中的下一个三元组。

十字链表节点类的定义:

```
template<class T>
class OLNode
{
private:
        int row,col;
        T element;
        OLNode<T>*right,*down;
public:
        OLNode(){right=NULL;down=NULL;}
};
```

例 4.3.2 如下的矩阵:

$$A = \begin{pmatrix} 3 & 0 & 0 & 5 \\ 0 & 1 & 0 & 0 \\ 2 & 0 & 0 & 0 \end{pmatrix}$$

其十字链表表示如图 4.19。

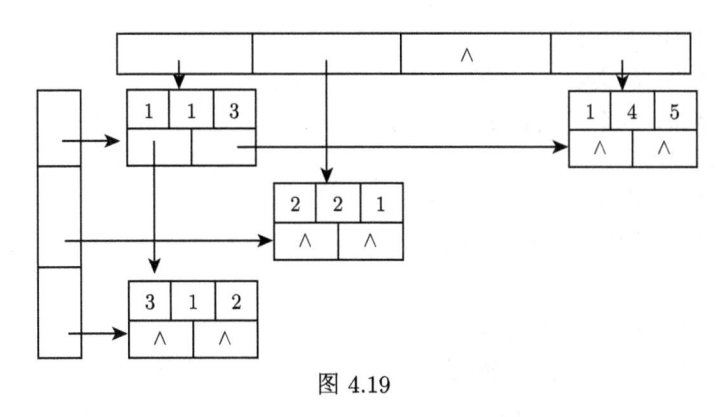

图 4.19

4.4 广 义 表

顾名思义,广义表是线性表的推广。也有人称其为列表 (Lists, 用复数形式以示与统称的表 List 的区别)。广泛地用于人工智能等领域的表处理语言——LISP 语言, 把广义表作为基本的数据结构, 就连程序也表示为一系列的广义表。

抽象数据类型广义表的定义如下:

ADT GList {
  数据对象: $D = \{e_i | i = l, 2, \cdots, n; n \geqslant 0; e_i \in \text{AtomSet 或 } e_i \in \text{GList},$
    AtomSet 为某个数据对象$\}$
  数据关系: $Rl = \{<e_{i-1}, e_i> | e_{i-1}, e_i \in D, 2 \leqslant i \leqslant n\}$
  基本操作:

InitGList(&L);

操作结果: 创建空的广义表 L。

CreateGList(&L, S);

初始条件: S 是广义表的书写形式串。

操作结果: 由 S 创建广义表 L。

DestroyGList(&L);

初始条件: 广义表 L 存在。

操作结果: 销毁广义表 L。

CopyGList(&T, L);

初始条件: 广义表 L 存在。

操作结果: 由广义表 L 复制得到广义表 T。

GListLength(L);

初始条件: 广义表 L 存在。

操作结果: 求广义表 L 的长度, 即元素个数。

GListDepth(L);

初始条件: 广义表 L 存在。

操作结果: 求广义表 L 的深度。

GListEmpty(L);

初始条件: 广义表 L 存在。

操作结果: 判定广义表 L 是否为空。

GetHead(L);

初始条件: 广义表 L 存在。

操作结果: 取广义表 L 的头。

GetTail(L);

初始条件: 广义表 L 存在。

操作结果: 取广义表 L 的尾。

InsertFirst_GL(&L, e);

初始条件: 广义表 L 存在。

操作结果: 插入元素 e 作为广义表 L 的第一个元素。

DeleteFirst. GL(&L, &e);

初始条件: 广义表 L 存在。

操作结果: 删除广义表 L 的第一个元素, 并用 e 返回其值。

Traverse. GL(L, Visit());

初始条件: 广义表 L 存在。

操作结果: 遍历广义表 L, 用函数 Visit 处理每个元素。

} ADT GList

广义表 (列表): $n\,(\geqslant 0)$ 个表元素组成的有限序列, 记作

$$LS = (a_0, a_1, a_2, \cdots, a_{n-1})$$

4.4 广 义 表

其中 LS 是表名，a_i 是表元素，它可以是表 (称为子表)，可以是数据元素 (称为原子)。n 为表的长度。$n = 0$ 的广义表为空表。

广义表的示例:

$A=(\ )$ —— 长度为 0 的空表。

$B = (a)$ —— 长度为 1，且只有一个原子元素的广义表。

$C = (a, (b, c))$ —— 长度为 2 的广义表。

$D = (A, B, c)$ —— 长度为 3 的广义表。

$E = (a, E)$ —— 长度为 2 的递归的广义表。

广义表的三个重要结论:

(1) 广义表的元素可以是子表，而子表的元素还可以是子表;

(2) 广义表可为其他广义表所共享;

(3) 广义表可以是一个递归的表，即广义表也可以是其本身的一个子表。

1. 广义表的基本概念

长度: 广义表 LS 中的直接元素的个数。

深度: 广义表 LS 中括号的最大嵌套层数。

表头: 广义表 LS 非空时，称第一个元素为 LS 的表头。

表尾: 广义表 LS 中除表头外其余元素组成的广义表。

注: 广义表 () 和 (()) 不同，前者是空表，长度 $n = 0$，后者长度 $n = 1$，可分解得到其表头，表尾均为空表 ()。

2. 广义表与线性表的区别

线性表的成分都是结构上不可分的单元素，广义表的成分可以是单元素，也可以是有结构的表，线性表是一种特殊的广义表，广义表不一定是线性表，也不一定是线性结构。

3. 广义表的基本运算

(1) 求表头 GetHead(L): 非空广义表的第一个元素，可以是一个单元素，也可以是一个子表。

(2) 求表尾 GetTail(L): 非空广义表除去表头元素以外其他元素所构成的表。表尾一定是一个表。

根据前述对表头、表尾的定义可知: 任何一个非空列表，其表头可能是原子，也可能是列表，而其表尾必定为列表。例如:

GetHead(B) =e, GetTail(B)=()

GetHead(D) = A, GetTail(D) = (B, C)

由于 (B, C) 为非空列表，则可继续分解得到:

GetHead((B,C))=B, GetTail((B,C)) = (C)

注: 当广义表 LS 非空时，则称第一个元素 a_1 为 LS 的表头 (Head)，称其余元素组成的表 $(a_2, a_3, \cdots, a_n)$ 是 LS 的表尾 (Tail)。

4. 广义表的存储

由于广义表中的数据元素的类型不统一，因此难以采用顺序存储结构来存储。广义表一般采用链式存储结构，链节点的构造可以见图 4.20。

| tag | info | link |

图 4.20

其中，tag 为标志位，令 tag=1，表示本节点为表节点；tag=0，表示本节点为原子节点。当 tag=0 时，info 域存放相应原子元素的信息；当 tag=1 时，info 域存放子表第一个元素对应的链节点的地址；link 域存放本元素同一层的下一个元素所在链节点的地址，当本元素为所在层的最后一个元素时，link 域为 NULL。

4.5 应用举例

4.5.1 字符串的应用举例——凯撒密码

凯撒密码是一种简单的信息加密方法，凯撒密码是古罗马凯撒大帝用来对军事情报进行加解密的算法，它采用了替换方法将信息中的每一个英文字符循环替换为字母表序列中该字符后面的第三个字符，即字母表的对应关系如下。

原文：$A B C D E F G H I J K L M N O P Q R S T U V W X Y Z$

密文：$D E F G H I J K L M N O P Q R S T U V W X Y Z A B C$

对于原文字符 P，其密文字符 C 满足如下条件：

$$C = (P + 3) \bmod 26$$

上述是凯撒密码的加密方法，解密方法反之，即

$$P = (C - 3) \bmod 26$$

假设用户可能使用的输入仅包含小写字母 $a \sim z$ 和空格，请编写一个程序，对输入字符串进行凯撒密码加密，直接输出结果，其中空格不用进行加密处理。使用 input() 获得输入。

4.5.2 数组的应用举例——N 阶幻方

幻方可以称为魔方阵、幻方阵，游戏规则是在 $n \times n$ 矩阵中填入 1 到 n^2 的数字，使得每一行、每一列以及每条对角线上的累加和都相等，如 3×3 幻方：

8	1	6
3	5	7
4	9	2

5×5 幻方：

A				
23	5	7	14	16
4	6	13	20	22
10	12	19	21	3
11	18	25	2	9

N 阶奇数幻方的组成规律：

(1) 连续的数从左下向右上的方向顺序排列，

$$\text{Tryc} = c+1, \quad \text{Tryr} = r-1$$

(2) 当按规律 1 放数，下一个数的行号小于 1 时，就把此数放在该列的最后一行上；

(3) 当按规律 1 放数，下一个数的列号超过 n 时，就把此数放在该行中的第一列位置；

(4) 当按规律 1 放数，下一个位置上已经有数时，则把该数放在与上一个自然数同一列，只是行数加 1；

(i) 当按规律 1 放置，下一个数的行号小于 1，并且列号超过 n 时，则按规律 4 放数；

(ii) 第一个数放在第一行的中间。

习 题 4

一、填空题

1. 下面的运行结果为_____。

```
#include<stdio.h>
main()
{char ch[7]={"65ab21"};
  int i,s=0;
  for(i=0;ch[i]>'0'&&ch[i]<'9';i+=2)
  s=10*s+ch[i]-'0';
  printf("%d\n",s);
}
```

2. 下面程序的运行结果为_____。

```
#include"stdio.h"
main()
{char str[]="SSSWILTECH1\1\11W\1WALLMP1";
  int k;char c;
  for(k=2;(c=str[k])!='\0';k++)
```

```
    {switch(c)
        {case 'A';putchar('a');continue;
         case '1':break;
         case 1:while((c=str[++k])!='\1'&&c!='\0');
         case 9:putchar('#');
         case 'E':
         case 'L':continue;
         default:putchar(c);continue;
      putchar('*');
    }
}
```

3. 下面程序的运行结果为_____。

```
#include"stdio.h"
main()
{int a[3][3]={1,2,3,4,5,6,7,8,9},i,s=0;
    for(i=0;i<=2;i++)
      s=s+a[i][i];
      printf("s=%d\n",s);
}
```

4. 下面程序的运行结果为_____。

```
#include"stdio.h"
main()
{static int a[][3]={9,7,5,3,1,2,4,6,8};
   int i,j,s1=0,s2=0;
   for(i=0;i<3;i++)
    for(j=0;j<3;j++)
    {if(i==j)
        s1=s1+a[i][j];
     if(i+j==2)
        s2=s2+a[i][j];
    }
printf("%d\n%d\n",s1,s2;)
```

5. 下面程序的运行结果为_____。

```
#include"stdio.h"
main()
{int i,j,row=0,col=0,m;
  static int a[3][3]={1,-2,0,4,-5,6,2,4};
  m=a[0][0];
  for(i=0;i<3;i++)
   for(j=0;j<3;j++)
```

```
       if(a[i][j]<m)
       {m=a[i][j];
        row=i;
        col=j;
       }
  printf("(%d,%d)=%d\n",row,col,m);
}
```

6. 设输入的字符串为 The Windows'95 Operating System，则输出的第一行和最后一行分别为
_____ 和_____。

```
void main()
{char a[4][10],j,k;
   for(j=0;j<4;j++)
      scanf("%s",a[j]);
   for(j=0;j<4;j++)
      {k=j;
       printf("%s\n",a[j++]+k);
      }
}
```

7. 下面程序的运行结果为_____。

```
void main()
{int a[5][5],i,j;
 for(i=0;i<5;i++)
   {a[i][i]=i+1;
    for(j=0;j<5;j++)
      if(j!=i)a[i][j]=0;}
 for(i=0;i<5;i++)
   {for(j=0;j<5;j++)
      printf("%2d",a[i][j]);
    printf("\n");}
}
```

二、选择题

1. 下述对 C++ 语言字符数组的描述中错误的是（　　）。
A. 字符数组可以存放字符串；
B. 字符数组中的字符串可以整体输入输出；
C. 可在赋值语句中通过赋值运算符 "=" 对字符数组整体赋值；
D. 不可以用关系运算符对字符数组中的字符串进行比较。
2. 不能把字符串：Hello! 赋给数组 *b* 的语句是（　　）。
A. char b[10]={'H','e','l','l','o','!'};　　　　B. char b[10]; b="Hello!";
C. char b[10]; strcpy(b,"Hello!");　　　　　D. char b[10]="Hello!"。
3. 设有数组定义：char array [ ]="China"，则数组 array 所占的空间为（　　）。
A. 4 个字节；　　　　B. 5 个字节；　　　　C. 6 个字节；　　　　D. 7 个字节。

4. 给出以下定义:
   char x[ ]="abcdefg";
   char y[ ]={'a','b','c','d','e','f','g'};
则正确的叙述为( )。
A. 数组 x 和数组 y 等价;   B. 数组 x 和数组 y 的长度相同;
C. 数组 x 的长度大于数组 y 的长度;   D. 数组 x 的长度小于数组 y 的长度。

5. 选择正确的输入语句 (其中: char s[5], c; int b;)( )。
A. scanf("%s%c",s,c);   B. scanf("%%d%c",&b,&c);
C. scanf("%d%%c",b,&c);   D. scanf("%s%c",s,&c)。

6. 设有定义 "char s[12]={"string"};", 则 "printf("%d\n",strlrn(s));" 的输出是( )。
A. 6;   B. 7;   C. 11;   D. 12。

7. 下列语句中, 正确的是( )。
A. char a[3][ ]={'abc','1'};   B. char a[ ][3]={'123','1'};
C. char a[3][ ]={'a','1'};   D. char a[ ][3]={'a','1'}。

8. 语句 "printf ("%d\n",strlrn("ats\no12\1\\"));" 的输出结果是( )。
A. 11;   B. 10;   C. 9;   D.8。

9. 函数调用 "strcat(strcpy(str1,str2),str3)" 的功能是( )。
A. 将字符串 str1 复制到字符串 str2 中再连接到字符串 str3 之后;
B. 将字符串 str1 连接到字符串 str2 之后再复制到字符串 str3 之后;
C. 将字符串 str2 复制到字符串 str1 中再将字符串 str3 连接到字符串 str1 之后;
D. 将字符串 str2 连接到字符串 str1 之后再将字符串 str1 复制到字符串 str3 中。

10. 定义如下变量的数组:
    int i; int x[3][3]={1,2,3,4,5,6,7,8,9};
下面语句输出的结果为( )。
    for (i=0;i<3;i++) printf("%d",x[i][2-i]);
A. 1 5 9;   B. 1 4 7;   C. 3 5 7;   D. 3 6 9。

第 5 章　树与二叉树

树形结构是一类重要的非线性数据结构。其中以树和二叉树最为常用，直观看来，树是以分支关系定义的层次结构。树形结构在客观世界中广泛存在，如人类社会的族谱和各种社会组织机构都可用树来形象表示。树在计算机领域中也得到了广泛应用，如在编译程序中，可用树来表示源程序的语法结构。又如在数据库系统中，树形结构也是信息的重要组织形式之一。本章重点讨论二叉树的存储结构及其各种操作，并研究树、森林与二叉树的转换关系，最后介绍几个应用例子。

5.1　树的定义和基本术语

树 (Tree) 是以 n ($n \geqslant 0$) 个节点的有限集。在任意一棵非空树中：① 有且仅有一个特定的称为根 (Root) 的节点；② 当 $n > 1$ 时，其余节点可分为 m ($m > 0$) 个互不相交的有限集 $T_1, T_2, \cdots, T_m$，其中每一个集合本身又是一棵树，并且称为根的子树 (SubTree)。例如图 5.1 所示。

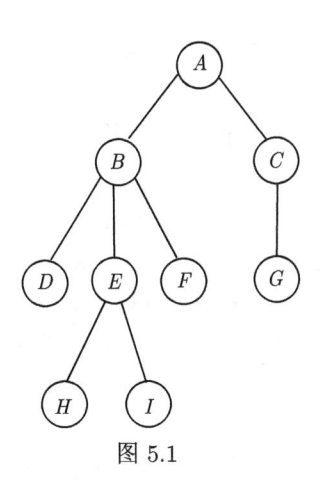

图 5.1

树的根是 A，其有两棵子树，即以 B 为根节点的子树和以 C 为根节点的子树。而图 5.2 所示的是非树形结构。

树的结构定义是一个递归的定义，即在树的定义中又用到树的概念，它道出了树的固有特性。树还可有其他的表示形式。一般说来，分等级的分类方案都可用层次结构来表示，也就是说，都可表示为一个树形结构。

下面列出树形结构中的一些基本术语。

图 5.2

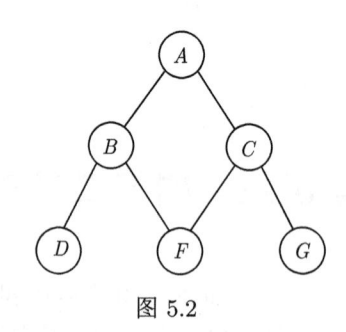

树的节点包含一个数据元素及若干指向其子树的分支。节点拥有的子树数称为**节点的度** (Degree)。例如图 5.3 所示。

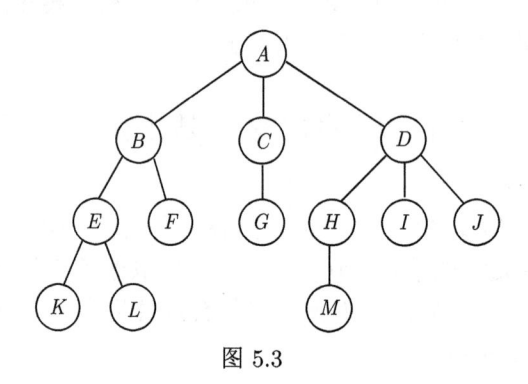

图 5.3

在图 5.3 中, A 的度为 3, C 的度为 1, F 的度为 0。度为 0 的节点称为**叶子** (Leaf) 或**终端节点**。图 5.3 中的节点 K、L、F、G、M、I、J 都是树的叶子。度不为 0 的节点称为**非终端节点**或**分支节点**。除根节点之外, 分支节点也称为内部节点。**树的度**是树内各节点的度的最大值。如图 5.3 的树的度为 3。节点的子树的根称为该节点的**孩子** (Child), 相应地, 该节点称为孩子的**双亲** (Parent)。例如, 在图 5.3 所示的树中, D 为 A 的子树的根, 则 D 是 A 的孩子, 而 A 是 D 的双亲, 同一个双亲的孩子之间互称为**兄弟** (Sibling)。例如, H、I 和 J 互为兄弟。将这些关系进一步推广, 可认为 D 是 M 的祖父。节点的**祖先**是从根到该节点所经分支上的所有节点。例如, M 的祖先为 A、D 和 H。反之, 以某节点为根的子树中的任一节点都称为该节点的**子孙**。如 B 的子孙为 E、K、L 和 F。

节点的**层次** (Level) 从根开始定义, 根为第一层, 根的孩子为第二层。若某节点在第 l 层, 则其子树的根就在第 $l+1$ 层。其双亲在同一层的节点互为**堂兄弟**。例如, 图 5.3 中节点 G 与 E、F、H、I、J 互为堂兄弟。树中节点的最大层次称为树的**深度** (Depth) 或高度。图 5.4 所示的树的深度为 4。

如果将树中节点的各子树看成从左至右是有次序的 (即不能互换), 则称该树为**有序树**, 否则称为**无序树**。在有序树中最左边的子树的根称为第一个孩子, 最右边的称为最后一个孩子。

森林 (Forest) 是 $m(m \geqslant 0)$ 棵互不相交的树的集合。对树中每个节点而言, 其子树

5.1 树的定义和基本术语

的集合即为森林。由此,也可以用森林和树相互递归的定义来描述树。

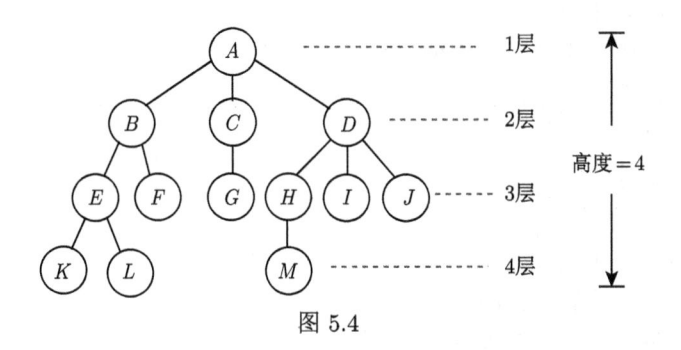

图 5.4

就逻辑结构而言,任何一棵树是一个二元组 Tree = (root, F),其中,root 是数据元素,称作树的根节点;F 是 m $(m \geqslant 0)$ 棵树的森林,$F = (T_1, T_2, \cdots, T_m)$,其中 $T_i = (r_i, F_i)$ 称作根 root 的第 i 棵子树;当 $m \neq 0$ 时,在树根和其子树森林之间存在下列关系:

$$\text{RF} = \{<\text{root}, r_i > | i = 1, 2, \cdots, m, m > 0\}$$

这个定义将有助于得到森林和树与二叉树之间转换的递归定义。

树的应用广泛,在不同的软件系统中,树的基本操作集不尽相同。树的抽象数据类型如下:

ADT Tree
Data
  树由一个根节点和若干棵子树构成
  树中节点具有相同数据类型及层次关系
Operation
  InitTree
    前置条件:树不存在
    输入:无
    功能:初始化一棵树
    输出:无
    后置条件:构造一棵空树
  DestroyTree
    前置条件:树已存在
    输入:无
    功能:销毁一棵树
    输出:无
    后置条件:释放该树占用的存储空间
  PreOrder
    前置条件:树已存在

输入：无

功能：先序遍历树

输出：树的先序遍历序列

后置条件：树保持不变

PostOrder

前置条件：树已存在

输入：无

功能：后序遍历树

输出：树的后序遍历序列

后置条件：树保持不变

end ADT

树的遍历：从根节点出发，按照某种次序访问树中所有节点，使得每个节点被访问一次且仅被访问一次。访问是抽象操作，可以是对节点进行的各种处理，这里简化为输出节点的数据。

先序遍历 树的先序遍历操作定义为：若树为空，则空操作；否则

(1) 访问根节点；

(2) 按照从左到右的顺序先序遍历根节点的每一棵子树。

后序遍历 树的后序遍历操作定义为：若树为空，则空操作；否则

(1) 按照从左到右的顺序后序遍历根节点的每一棵子树；

(2) 访问根节点。

层序遍历 树的层序遍历操作定义为：从树的第一层（即根节点）开始，自上而下逐层遍历，在同一层中，按从左到右的顺序对节点逐个访问。

例 5.1.1 如图 5.5 所示，先序遍历序列：$ABDEHIFCG$；后序遍历序列：$DHIEFBGCA$，层序遍历序列：$ABCDEFGHI$。

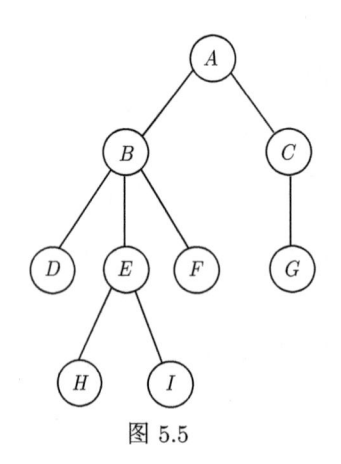

图 5.5

5.2 二叉树

在讨论一般树的存储结构及其操作之前，我们首先研究一种称为二叉树的抽象数据类型。

5.2.1 二叉树的定义

二叉树 (Binary Tree) 是另一种树形结构，它的特点是每个节点至多只有两棵子树 (即二叉树中不存在度大于 2 的节点)，并且二叉树的子树有左右之分，其次序不能任意颠倒。

研究二叉树的意义是将树转换为二叉树，从而利用二叉树解决树的有关问题。

抽象数据类型二叉树的定义如下：

ADT BiTree
Data
  由一个根节点和两棵互不相交的左右子树构成
  节点具有相同数据类型及层次关系
Operation
  InitBiTree
   前置条件：无
   输入：无
   功能：初始化一棵二叉树
   输出：无
   后置条件：构造一棵空的二叉树
  DestroyBiTree
   前置条件：二叉树已存在
   输入：无
   功能：销毁一棵二叉树
   输出：无
   后置条件：释放二叉树占用的存储空间
  PreOrder
   前置条件：二叉树已存在
   输入：无
   功能：先序遍历二叉树
   输出：二叉树中节点的一个线性排列
   后置条件：二叉树不变
  InOrder
   前置条件：二叉树已存在
   输入：无
   功能：中序遍历二叉树

　　　　输出：二叉树中节点的一个线性排列
　　　　后置条件：二叉树不变
　　PostOrder
　　　　前置条件：二叉树已存在
　　　　输入：无
　　　　功能：后序遍历二叉树
　　　　输出：二叉树中节点的一个线性排列
　　　　后置条件：二叉树不变
　　LeverOrder
　　　　前置条件：二叉树已存在
　　　　输入：无
　　　　功能：层序遍历二叉树
　　　　输出：二叉树中节点的一个线性排列
　　　　后置条件：二叉树不变
　end ADT

上述数据结构的递归定义表明二叉树或为空，或是由一个根节点加上两棵分别称为左子树和右子树的、互不相交的二叉树组成。由于这两棵子树也是二叉树，则由二叉树的定义，它们也可以是空树。由此，二叉树可以有 5 种基本形态，如图 5.6 所示。

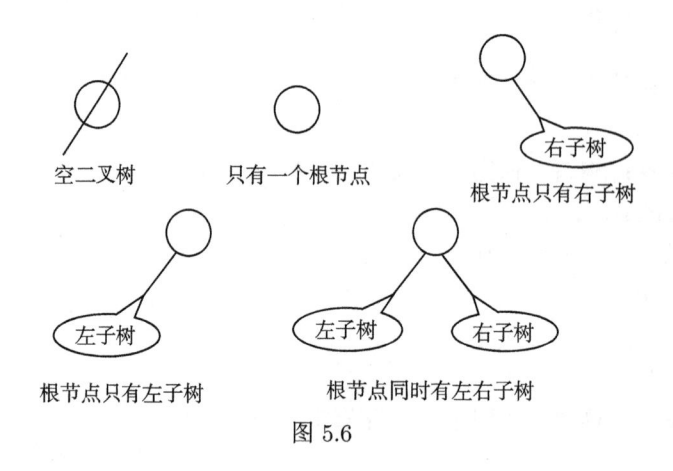

图 5.6

具有 3 个节点的二叉树的形态，如图 5.7 所示。

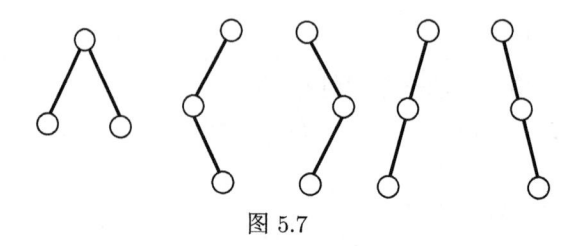

图 5.7

而具有 3 个节点的树的形态，如图 5.8 所示。

5.2 二叉树

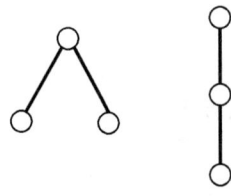

图 5.8

一般地, 具有 n 个节点的二叉树的个数为

$$b_n = \frac{1}{n+1} C_{2n}^n$$

其与 $n+1$ 个节点的树的个数一致。

5.2.2 二叉树的性质

二叉树有下列重要特性。

性质 1 在二叉树的第 i 层上至多有 2^{i-1} 个节点 $(i \geqslant 1)$。

证明 利用归纳法容易证得此性质。

当 $i=1$ 时, 只有一个根节点。显然, $2^{i-1}=2^0=1$ 是对的。

现在假定对所有的 $j, 1 \leqslant j < i$ 命题成立, 即第 j 层上至多有 2^{i-1} 个节点。那么, 可以证明当 $j=i$ 时命题也成立。

由归纳假设: 第 $i-1$ 层上至多有 2^{i-2} 个节点。由于二叉树的每个节点的度至多为 2, 故在第 i 层上的最大节点数为第 $i-1$ 层上的最大节点数的 2 倍, 即 $2 \times 2^{i-2} = 2^{i-1}$。

性质 2 深度为 k 的二叉树至多有 $2^k - 1$ 个节点 $(k \geqslant 1)$。

证明 由性质 1 可见, 深度为 k 的二叉树的最大节点数为

$$\sum_{i=1}^{k}(\text{第 } i \text{ 层上的最大节点数}) = \sum_{i=1}^{k} 2^{i-1} = 2^k - 1$$

性质 3 对任何一棵二叉树 T, 如果其终端节点数为 n_0, 度为 2 的节点数为 n_2, 则 $n_0 = n_1 + 1$。

证明 设 n_1 为二叉树 T 中度为 1 的节点数。因为二叉树中所有节点的度均小于或等于 2, 所以其节点总数为

$$n = n_0 + n_1 + n_2 \tag{5.1}$$

再看二叉树中的分支数。除了根节点外, 其余节点都有一个分支进入, 设 B 为分支总数, 则 $n = B + 1$。由于这些分支是由度为 1 或 2 的节点射出的, 所以又有 $B = n_1 + 2n_2$。于是得

$$n = n_1 + 2n_2 + 1 \tag{5.2}$$

由式 (5.1) 和式 (5.2) 得

$$n_0 = n_2 + 1$$

完全二叉树和满二叉树是两种特殊形态的二叉树。

一棵深度为 k 且有 $2^k - 1$ 个节点的二叉树称为满二叉树。这种树的特点是每一层上的节点数都是最大节点数。如图 5.9 所示为一棵深度为 4 的满二叉树。

可以对满二叉树的节点进行连续编号，约定编号从根节点起，自上而下，自左至右。由此可引出完全二叉树的定义。深度为 k 的、有 n 个节点的二叉树，当且仅当其每一个节点都与深度为 k 的满二叉树中编号从 1 至 n 的节点一一对应时，称之为**完全二叉树**。如图 5.10 所示为一棵深度为 4 的完全二叉树。

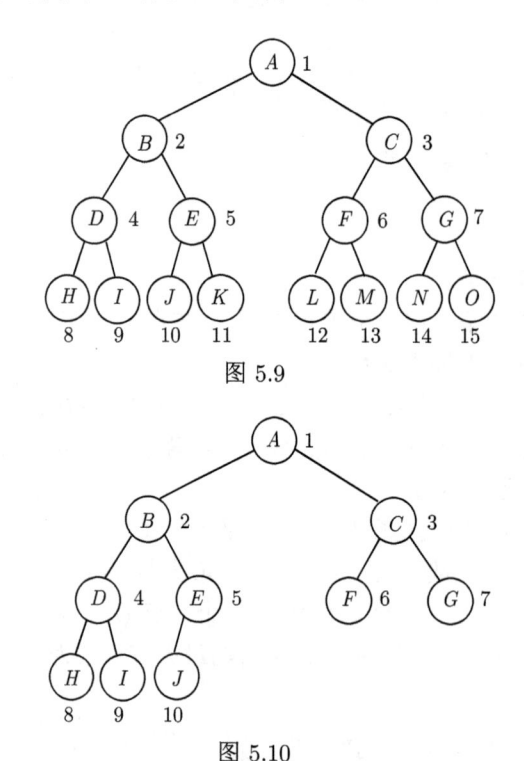

图 5.9

图 5.10

显然，这种树的特点是：① 叶子节点只可能在层次最大的两层上出现；② 对任一节点，若其右分支下的子孙的最大层次为 l，则其左分支下的子孙的最大层次必为 l 或 $l + 1$。如图 5.11 不是完全二叉树。

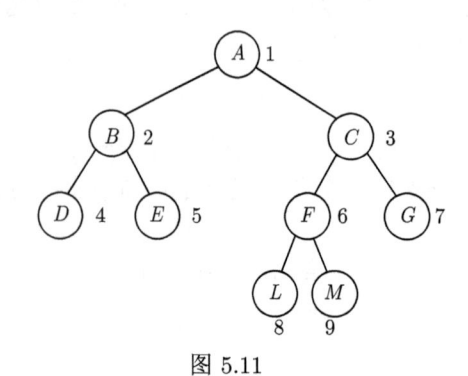

图 5.11

5.2 二叉树

完全二叉树将在很多场合下出现，下面介绍完全二叉树的两个重要特性。

性质 4 具有 n 个节点的完全二叉树的深度为 $\lfloor \log_2 n \rfloor + 1$。

证明 假设深度为 k，见图 5.12，则根据性质 2 和完全二叉树的定义有

$$2^{k-1} - 1 < n \leqslant 2^k - 1 \quad \text{或} \quad 2^{k-1} \leqslant n < 2^k$$

于是 $k - 1 \leqslant \log_2 n < k$，因为 k 是整数，所以 $\lfloor \log_2 n \rfloor + 1$。

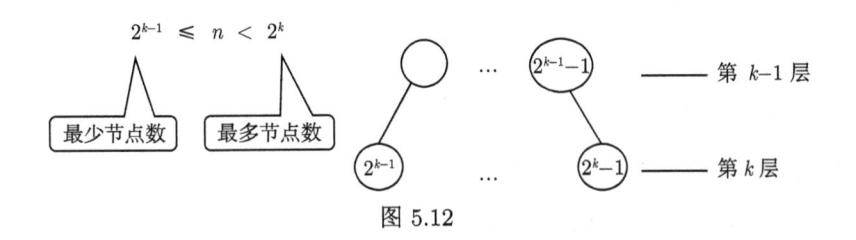

图 5.12

性质 5 如果对一棵有 n 个节点的完全二叉树 (其深度为 $\lfloor \log_2 n \rfloor + 1$) 的节点按层序编号 (从第 1 层到第 $\lfloor \log_2 n \rfloor + 1$ 层，每层从左到右)，则对任一节点 i $(1 \leqslant i \leqslant n)$ 有：

(1) 如果 $i=1$，则节点 i 是二叉树的根，无双亲；如果 $i > 1$，则其双亲 parent(i) 是节点 $\lfloor i/2 \rfloor$；

(2) 如果 $2i > n$，则节点 i 无左孩子(节点 i 为叶子节点)；否则其左孩子 lchild(i) 是节点 $2i$；

(3) 如果 $2i + 1 > n$，则节点 i 无右孩子；否则其右孩子 rchild(i) 是节点 $2i + 1$。

证明 我们只要先证明 (2) 和 (3)，便可以从 (2) 和 (3) 导出 (1)。

对于 $i = 1$，由完全二叉树的定义，其左孩子是节点 2。若 $2 > n$，即不存在节点 2，此时节点 i 无左孩子。节点 i 的右孩子也只能是节点 3，若节点 3 不存在，即 $3 > n$，此时节点 i 无右孩子。

对于 $i > 1$ 可分两种情况讨论：① 设第 j $(1 \leqslant j \leqslant \lfloor \log_2 n \rfloor + 1)$ 层的第一个节点的编号为 i (由二叉树的定义和性质 2 可知 $i = 2^{j-1}$)，则其左孩子必为第 $j+1$ 层的第一个节点，其编号为 $2^j = 2(2^{j-1}) = 2i$，若 $2i > n$，则无左孩子；其右孩子必为第 $j+1$ 层的第二个节点，其编号为 $2i+1$，若 $2i+1 > n$，则无右孩子；② 假设第 j $(1 \leqslant j \leqslant \lfloor \log_2 n \rfloor)$ 层上某个节点的编号为 i $(2^{j-1} \leqslant i < 2^j - 1)$，且 $2i + 1 < n$，则其左孩子为 $2i$，右孩子为 $2i+1$，又编号为 $i+1$ 的节点是编号为 i 的节点的右兄弟或者堂兄弟，若它有左孩子，则编号必为 $2i+2 = 2(i+1)$，若它有右孩子，则其编号必为 $2i+3 = 2(i+1)+1$。图 5.13 所示为完全二叉树上节点及其左、右孩子节点之间的关系。

因此，对一棵具有 n 个节点的完全二叉树从 1 开始按层序编号，则

$$\text{节点 } i \text{ 的双亲节点为 } \lfloor i/2 \rfloor$$

$$\text{节点 } i \text{ 的左孩子为 } 2i$$

$$\text{节点 } i \text{ 的右孩子为 } 2i+1$$

图 5.13 可进行验证。

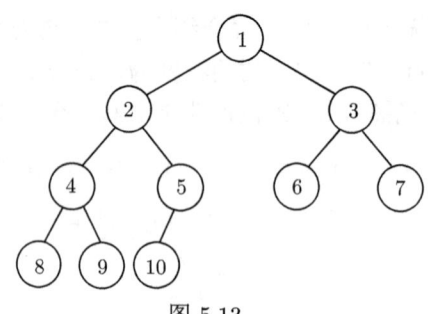

图 5.13

5.2.3 二叉树的存储结构

1. 顺序存储结构

// - - - - - 二叉树的顺序存储表示 - - - - -
#define MAX_TREE_ SIZE 100   //二叉树的最大节点数
typedef TElemType SqBiTree[MAX_TREE_SIZE];   //0 号单元存储根节点
SqBiTree bt;

按照顺序存储结构的定义, 在此约定, 用一组地址连续的存储单元依次自上而下、自左至右存储完全二叉树上的节点元素, 即将完全二叉树上编号为 i 的节点元素存储在如上定义的一维数组下标为 $i-1$ 的分量中, 如图 5.14。

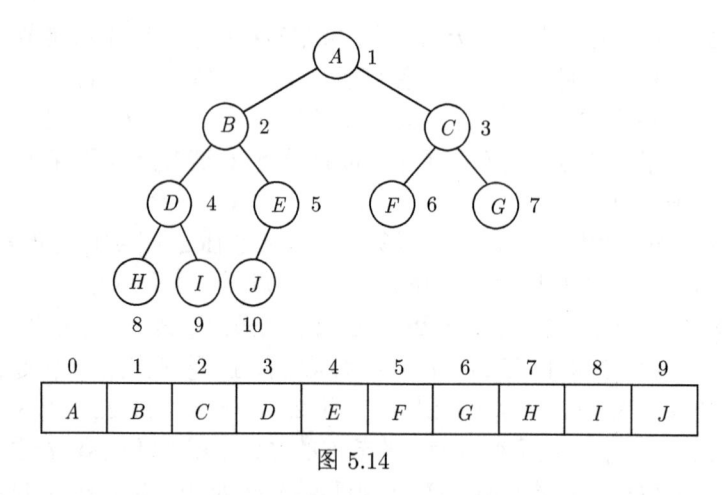

图 5.14

对于一般二叉树, 则应将其每个节点与完全二叉树上的节点相对照, 存储在一维数组的相应分量中, 图中以 "∧" 表示不存在此节点, 如图 5.15。

由此可见, 这种顺序存储结构仅适用于完全二叉树。因为, 在最坏的情况下, 一个深度为 k 且只有 k 个节点的单支树 (树中不存在度为 2 的节点) 却需要长度为 2^k-1 的一维数组, 如图 5.16。

2. 链式存储结构——二叉链表表示法

设计不同的节点结构可构成不同形式的链式存储结构。由二叉树的定义得知, 二叉树的节点由一个数据元素和分别指向其左、右子树的两个分支构成, 则表示二叉树的链

5.2 二叉树

表中的节点至少包含 3 个域：数据域和左、右指针域，如图 5.17 所示。其中，

data：数据域，存放该节点的数据信息；

lchild：左指针域，存放指向左孩子的指针；

rchild：右指针域，存放指向右孩子的指针。

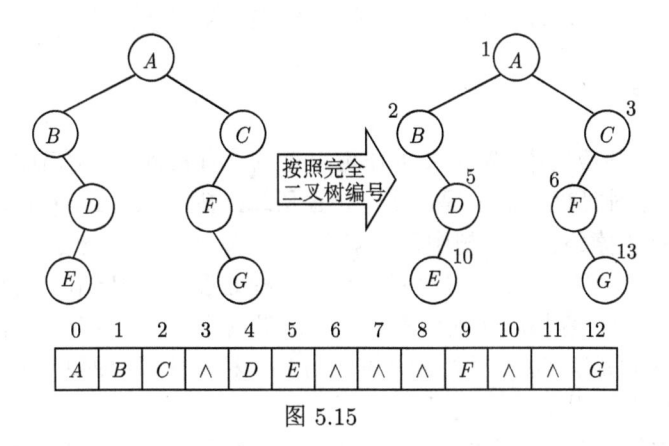

图 5.15

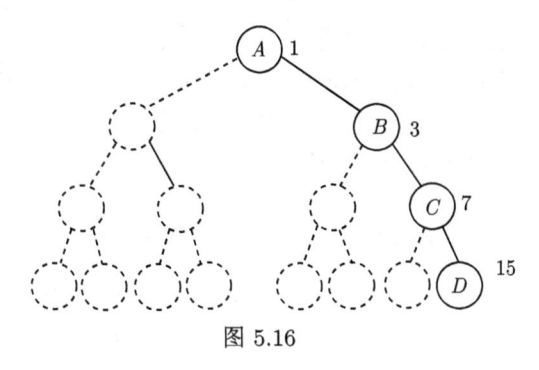

图 5.16

图 5.17

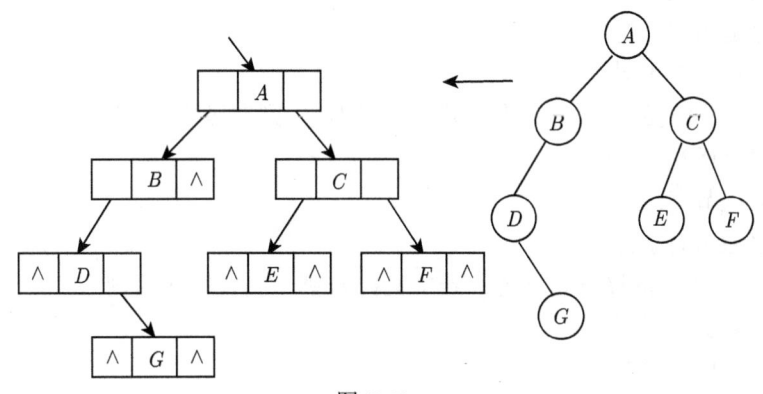

图 5.18

容易证得, 在含有 n 个节点的二叉链表中有 $n+1$ 个空链域。如图 5.18, 在 6.3 节中我们将会看到, 可以利用这些空链域存储其他有用信息, 从而得到另一种链式存储结构——线索链表。

5.3 遍历二叉树和线索二叉树

5.3.1 遍历二叉树

在二叉树的一些应用中, 常常要求在树中查找具有某种特征的节点, 或者对树中全部节点逐一进行某种处理。这就提出了一个**遍历二叉树** (Traversing Binary Tree) 的问题, 即如何按某条搜索路径寻访树中每个节点, 使得每个节点均被访问一次, 而且仅被访问一次。"访问"的含义很广, 可以是对节点作各种处理, 如输出节点的信息等。遍历对线性结构来说, 是一个容易解决的问题。而对二叉树则不然, 由于二叉树是一种非线性结构, 每个节点都可能有两棵子树, 因而需要寻找一种规律, 以便使二叉树上的节点能排列在一个线性队列上, 从而便于遍历。

回顾二叉树的递归定义可知, 二叉树由 3 个基本单元组成: 根节点、左子树和右子树。因此, 若能依次遍历这三部分, 便是遍历了整个二叉树。假如以 L, D, R 分别表示遍历左子树、访问根节点和遍历右子树, 则可有 $DLR, LDR, LRD, DRL, RDL, RLD$ 这 6 种遍历二叉树的方案。如图 5.19, 若限定先左后右, 则只有前 3 种情况, 分别称之为先序 (根) 遍历、中序 (根) 遍历和后序 (根) 遍历。

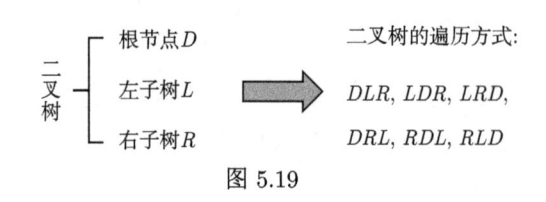

图 5.19

基于二叉树的递归定义, 可得下述遍历二叉树的递归算法定义。

先序遍历二叉树的操作定义为: 若二叉树为空, 则空操作; 否则
(1) 访问根节点;
(2) 先序遍历左子树;
(3) 先序遍历右子树。

中序遍历二叉树的操作定义为: 若二叉树为空, 则空操作; 否则
(1) 中序遍历左子树;
(2) 访问根节点;
(3) 中序遍历右子树。

后序遍历二叉树的操作定义为: 若二叉树为空, 则空操作; 否则
(1) 后序遍历左子树;
(2) 后序遍历右子树;
(3) 访问根节点。

5.3 遍历二叉树和线索二叉树

层序遍历 二叉树的层序遍历是指从二叉树的第一层 (即根节点) 开始, 从上至下逐层遍历, 在同一层中, 则按从左到右的顺序对节点逐个访问。

例 5.3.1 图 5.20 所示的二叉树, 先序遍历序列: $ABDGCEF$; 中序遍历序列: $DGBAECF$; 后序遍历序列: $GDBEFCA$; 层序遍历序列: $ABCDEFG$。

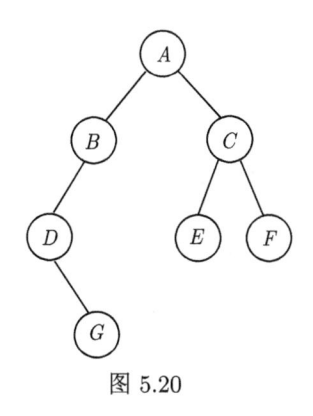

图 5.20

再如图 5.21 所示。

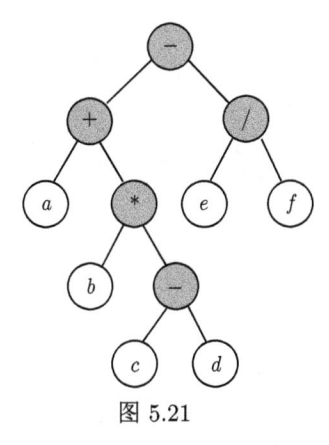

图 5.21

先序遍历结果: $-+a*b-cd/ef$。
中序遍历结果: $a+b*c-d-e/f$。
后序遍历结果: $abcd-*+ef/-$。
注: 从这三种遍历结果中发现, 所有叶子节点的相对顺序不变。

若已知一棵二叉树的先序 (或中序, 或后序, 或层序) 遍历序列, 能否唯一确定这棵二叉树呢?

结论 如果已知一棵二叉树的先序和中序遍历序列, 或者后序和中序遍历序列, 可唯一确定这棵二叉树。

例 5.3.2 已知一棵二叉树的先序遍历序列和中序遍历序列分别为 $ABCDEFGHI$ 和 $BCAEDGHFI$, 如图 5.22, 如何构造该二叉树呢?

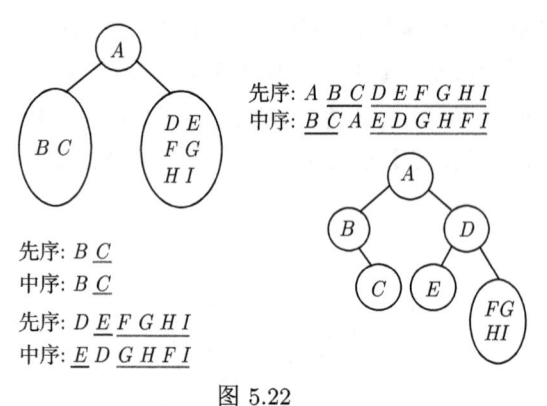

先序: BC
中序: BC
先序: $DEFGHI$
中序: $EDGHFI$

先序: $ABCDEFGHI$
中序: $BCAEDGHFI$

图 5.22

解 每次根据先序和中序将遍历序列一分为二,可分别找到子树,依次类推,如图 5.23 所示。

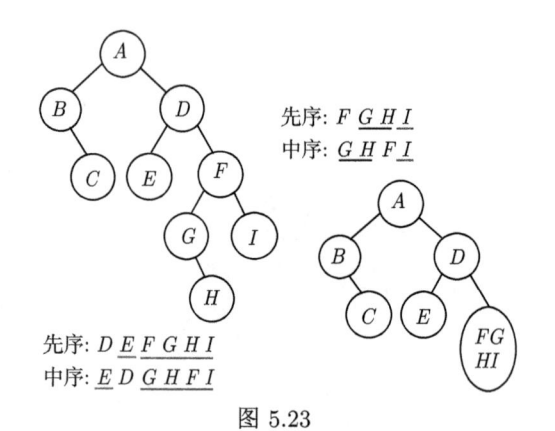

先序: $FGHI$
中序: $GHFI$

先序: $DEFGHI$
中序: $EDGHFI$

图 5.23

5.3.2 线索二叉树

从上节的讨论得知:遍历二叉树是以一定规则将二叉树中的节点排列成一个线性序列,得到二叉树中节点的先序遍历序列或中序遍历序列或后序遍历序列。这实质上是对一个非线性结构进行线性化操作,使每个节点 (除第一个和最后一个外) 在这些线性序列中有且仅有一个直接前驱和直接后继 (在不至于混淆的情况,我们省去直接二字)。例如在图 5.23 所示的二叉树的节点的中序遍历序列 $BCAEDGHFI$ 中,"A" 的前驱是 "C",后继是 "E"。

但是,当以二叉链表作为存储结构时,只能找到节点的左、右孩子信息,而不能直接得到节点在任一序列中的前驱和后继信息,这种信息只有在遍历的动态过程中才能得到。

如何保存这种在遍历过程中得到的信息呢?一个最简单的办法是在每个节点上增加两个指针域 fwd 和 bkwd,分别指示节点在以任一次序遍历时得到的前驱和后继信息。显然,这样做使得结构的存储密度大大降低。另一方面,在有 n 个节点的二叉链表中必定存在 $n+1$ 个空链域。由此设想能否利用这些空链域来存放节点的前驱和后继的信息。

5.3 遍历二叉树和线索二叉树

试作如下规定：若节点有左子树，则其 lchild 域指示其左孩子，否则令 lchild 域指示其前驱；若节点有右子树，则其 rchild 域指示其右孩子，否则令 rchild 域指示其后继。为了避免混淆，尚需改变节点结构，增加两个标志域

| lchild | LTag | data | RTag | rchild |

其中，

$$\text{LTag} = \begin{cases} 0, & \text{lchild 域指示节点的左孩子} \\ 1, & \text{lchild 域指示节点的前驱} \end{cases}$$

$$\text{RTag} = \begin{cases} 0, & \text{rchild 域指示节点的右孩子} \\ 1, & \text{rchild 域指示节点的后继} \end{cases}$$

以这种节点结构构成的二叉链表作为二叉树的存储结构，叫作**线索链表**，其中指向节点前驱和后继的指针，叫作**线索**。加上线索的二叉树称为**线索二叉树** (Threaded Binary Tree)。例如图 5.24 所示为中序线索二叉树，其中实线为指针 (指向左、右子树)，虚线为线索 (指向前驱和后继)。对二叉树以某种次序遍历使其变为线索二叉树的过程叫作**线索化**。

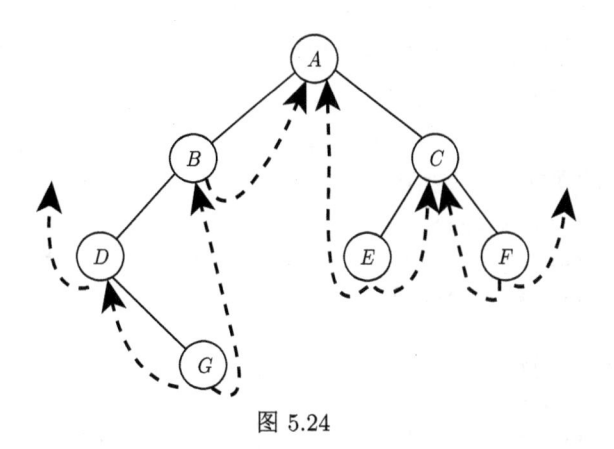

图 5.24

在线索树上进行遍历，只要先找到序列中的第一个节点，然后依次找节点后继直至其后继为空时为止。

二叉树的遍历方式有 4 种，故有 4 种意义下的前驱和后继，相应的有 4 种线索二叉树：

(1) 先序线索二叉树；
(2) 中序线索二叉树；
(3) 后序线索二叉树；
(4) 层序线索二叉树。

如何在线索树中找节点的后继？以图 5.24 的中序线索树为例来看，树中所有叶子节点的右链是线索，则右链域直接指示了节点的后继，如节点 B 的后继为节点 A。树中所

有非终端节点的右链均为指针，则无法由此得到后继的信息。然而，根据中序遍历的规律可知，节点的后继应是遍历其右子树时访问的第一个节点，即右子树中最左下的节点。例如在找节点 A 的后继时，首先沿右指针找到其右子树的根节点 "C"，然后顺其左指针往下直至其左标志为 1 的节点，即为节点 A 的后继，在图中是节点 E。反之，在中序线索树中找节点前驱的规律是：若其左标志为 "1"，则左链为线索，指示其前驱，否则遍历左子树时最后访问的一个节点 (左子树中最右下的节点) 为其前驱。

在后序线索树中找节点后继较复杂些，可分 3 种情况：① 若节点 x 是二叉树的根，则其后继为空；② 若节点 x 是其双亲的右孩子或是其双亲的左孩子且其双亲没有右子树，则其后继即为双亲节点；③ 若节点 x 是其双亲的左孩子，且其双亲有右子树，则其后继为双亲的右子树上按后序遍历列出的第一个节点。

可见，在中序线索二叉树上遍历二叉树，虽然时间复杂度亦为 $O(n)$。但常数因子要比上节讨论的算法小，且不需要设栈。因此，若在某程序中所用二叉树需经常遍历或查找节点在遍历所得线性序列中的前驱和后继，则应采用线索链表作存储结构。

```
enum flag{Child,Thread};
template<class DataType>
struct ThrNode
{
    DataType data;
    ThrNode<DataType>*lchild,*rchild;
    flag ltag,rtag;
};
```

中序线索链表的建立——构造函数

```
template<class DataType>
void InThrBiTree<DataType>::ThrBiTree(ThrNode<DataType>*bt,
    ThrNode<DataType>*pre)
{
    if(bt==NULL)return;
    ThrBiTree(bt->lchild,pre);
    if(bt->lchild==NULL){            //对bt的左指针进行处理
        bt->ltag=1;
        bt->lchild=pre;              //设置pre的前驱线索
    }
    if(bt->rchild==NULL)bt->rtag=1;  //对bt的右指针进行处理
    if(pre->rtag==1)pre->rchild=bt;  //设置pre的后继线索
    pre=bt;
    ThrBiTree(bt->rchild,pre);
}
```

中序线索链表查找后继

```
template<class DataType>
ThrNode<DataType>*InThrBiTree<DataType>::Next(
```

```
            ThrNode<DataType>*p)
{
    if(p->rtag==1)
    {q=p->rchild};                  //右标志为1，可直接得到后继节点
    else{
        q=p->rchild;                //工作指针q指向节点p的右孩子
        while(q->ltag==0)           //查找最左下节点
        q=q->lchild;
    }
    return q;
}
```

5.4 树和森林

这一节将讨论树的存储结构及其遍历操作,并建立森林与二叉树的对应关系。

5.4.1 树的存储结构

在大量的应用中,人们曾使用多种形式的存储结构来表示树。这里介绍 3 种常用的链表结构。

1. 双亲表示法

假设以一组连续空间存储树的节点,同时在每个节点中附设一个指示器指示其双亲节点在链表中的位置,其形式说明如下:

| data | parent |

```
// - - - - - 树的双亲表存储表示 - - - - -
template<class DataType>
struct PNode
{
    DataType data;       //数据域
    int parent;          //指针域，双亲在数组中的下标
};
```

例如,图 5.25 展示一棵树及其双亲表示的存储结构。

这种存储结构利用了每个节点 (除根以外) 只有唯一的双亲的性质。$parent(T, x)$ 操作可以在常量时间内实现。反复调用 parent 操作,直到遇见无双亲的节点时,便找到了树的根,这就是 $root(x)$ 操作的执行过程。但是,在这种表示法中,求节点的孩子时需要遍历整个结构。

2. 孩子表示法

由于树中每个节点可能有多棵子树，如图 5.25，则可用多重链表，即每个节点有多个指针域，其中每个指针指向一棵子树的根节点，此时链表中的节点可以有如下两种节点格式。

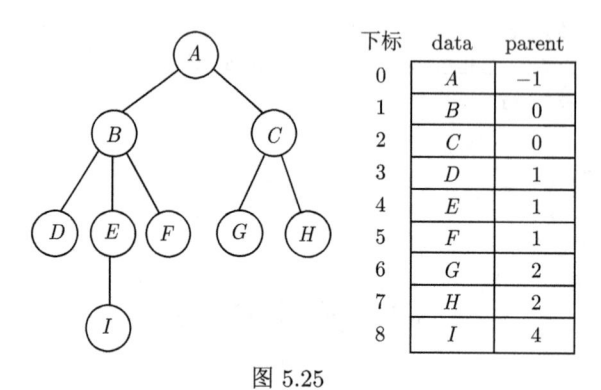

图 5.25

方案一：指针域的个数等于树的度。

| data | child1 | child2 | ⋯ | childd |

其中, data：数据域, 存放该节点的数据信息; child1~childd：指针域, 指向该节点的孩子。其存储表示如图 5.26 所示。

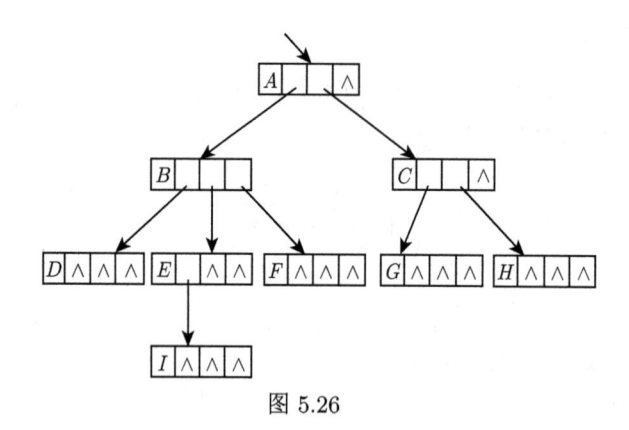

图 5.26

采用第一种节点格式，则多重链表中的节点是同构的，其中 d 为树的度。由于树中很多节点的度小于 d，所以链表中有很多空链域，空间较浪费，不难推出，在一棵有 n 个节点、度为 k 的树中必有 $n(k-1)+1$ 个空链域。

方案二：指针域的个数等于该节点的度。

| data | degree | child1 | child2 | ⋯ | childd |

其中, data：数据域, 存放该节点的数据信息; degree：度域, 存放该节点的度; child1~childd：指针域, 指向该节点的孩子。

图 5.25 所示的树,其存储表示如图 5.27 所示。

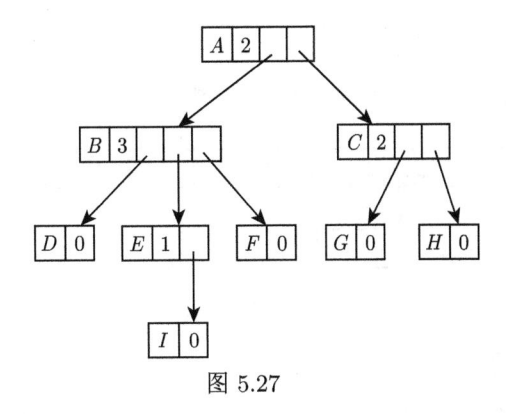

图 5.27

若采用第二种节点格式,则多重链表中的节点是不同构的,其中 $\bar{d}$ 为节点的度,degree 域的值同 $\bar{d}$。此时,虽能节约存储空间,但操作不方便。

3. 孩子兄弟表示法

孩子兄弟表示法又称二叉树表示法,或二叉链表表示法。即以二叉链表作树的存储结构。链表中节点的两个链域分别指向该节点的第一个孩子节点和下一个兄弟节点,分别命名为 firstchild 域和 rightsib 域。

节点结构:

| firstchild | data | rightsib |

data:数据域,存储该节点的数据信息。
firstchild:指针域,指向该节点第一个孩子。
rightsib:指针域,指向该节点的右兄弟节点。

从节点 x 的 firstchild 域找到 x 的第 1 个孩子节点,然后沿着孩子节点的 rightsib 域连续走 $i-1$ 步,便可找到 x 的第 i 个孩子。

```
template<class DataType>
struct TNode
{
    DataType data;
    TNode<DataType>*firstchild, *rightsib;
};
```

例如,图 5.25 所示的树,其存储表示如图 5.28 所示。

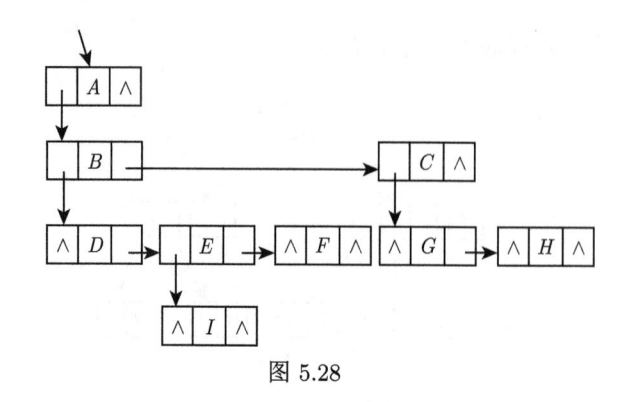

图 5.28

5.4.2 森林与二叉树的转换

由于二叉树和树都可用二叉链表作为存储结构,则以二叉链表作为媒介可导出树与二叉树之间的一个对应关系。也就是说,给定一棵树,可以找到唯一的一棵二叉树与之对应,如图 5.29,从物理结构来看,它们的二叉链表是相同的,只是解释不同而已。

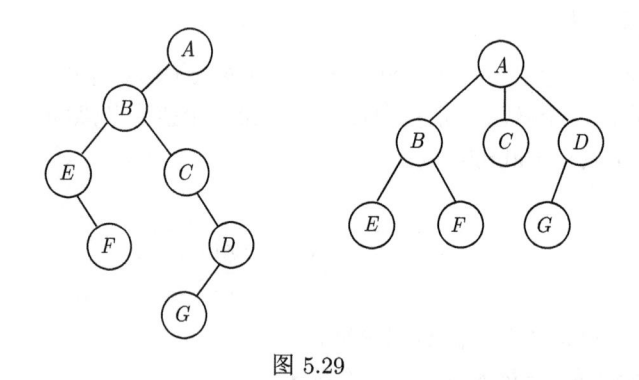

图 5.29

其存储表示如图 5.30 所示。图 5.30 直观地展示了树与二叉树之间的对应关系。

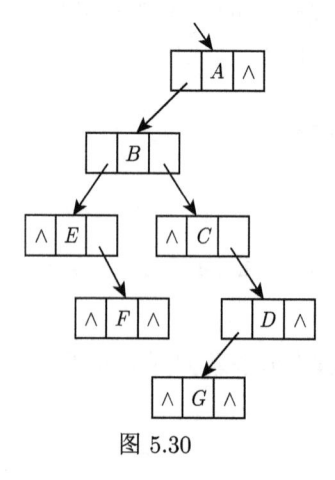

图 5.30

从树的二叉链表表示的定义可知,任何一棵和树对应的二叉树,其右子树必空。若把森林中第二棵树的根节点看成是第一棵树的根节点的兄弟,则同样可导出森林和二叉

5.4 树和森林

树的对应关系。这个一一对应的关系导致森林或树与二叉树可以相互转换，其形式定义如下。

1. 森林转换成二叉树

如果 $F = \{T_1, T_2, \cdots, T_m\}$ 是森林，则可按如下规则转换成一棵二叉树 $B =$ (root, LB, RB)。

(1) 若 F 为空，即 $m = 0$，则 B 为空树。

(2) 若 F 非空，则 $m \neq 0$ 的根 root 即为森林中第一棵树的根 $\text{ROOT}(T_1)$; B 的左子树 LB 是从 T_1 中根节点的子树森林 $F_1 = \{T_{11}, T_{12}, \cdots, T_{1m}\}$ 转换而成的二叉树; 其右子树 RB 是从森林 $F' = \{T_1, T_2, \cdots, T_m\}$ 转换而成的二叉树。

2. 二叉树转换成森林

如果 $B =$ (root, LB, RB) 是一棵二叉树, 则可按如下规则转换成森林 $F = \{T_1, T_2, \cdots, T_m\}$。

(1) 若 B 为空，则 F 为空。

(2) 若 B 非空, 则 F 中第一棵树的根 $\text{ROOT}(T_1)$ 即为二叉树 B 的根 root; T_1 根节点的子树森林 F_1 是由 B 的左子树 LB 转换而成的森林; F 中除 T_1 之外其余树组成的森林 $F' = \{T_2, T_3, \cdots, T_m\}$, 是由 B 的右子树 RB 转换而成的森林。

从上述递归定义容易写出相互转换的递归算法。同时, 森林和树的操作亦可转换成二叉树的操作来实现。

二叉树转化为森林

(1) 加线：若某结点 x 是其双亲 y 的左孩子, 则把结点 x 的右孩子、右孩子的右孩子 …… 都与结点 y 用线连起来；

(2) 去线：删去原二叉树中所有的双亲结点与右孩子结点的连线；

(3) 层次调整：整理由 (1)、(2) 两步所得到的树或森林, 使之层次分明。

如图 5.31(a) 所示的二叉树, 将其转化成森林。第一步, 加线 (虚线) 得到图 5.31(b)。第二步, 去线得到图 5.31(c)。第三步, 层次调整得到图 5.31(d)。

树转换为二叉树

(1) 加线：树中所有相邻兄弟之间加一条连线；

(2) 去线：对树中的每个结点, 只保留它与第一个孩子结点之间的连线，删去它与其他孩子结点之间的连线；

(3) 层次调整：以根结点为轴心, 将树顺时针转动一定的角度, 使之层次分明。

森林转换为二叉树

(1) 将森林中的每棵树转换成二叉树；

(2) 从第二棵二叉树开始, 依次把后一棵二叉树的根结点作为前一棵二叉树根结点的右孩子, 当所有二叉树连起来后, 此时所得到的二叉树就是由森林转换得到的二叉树。

图 5.31

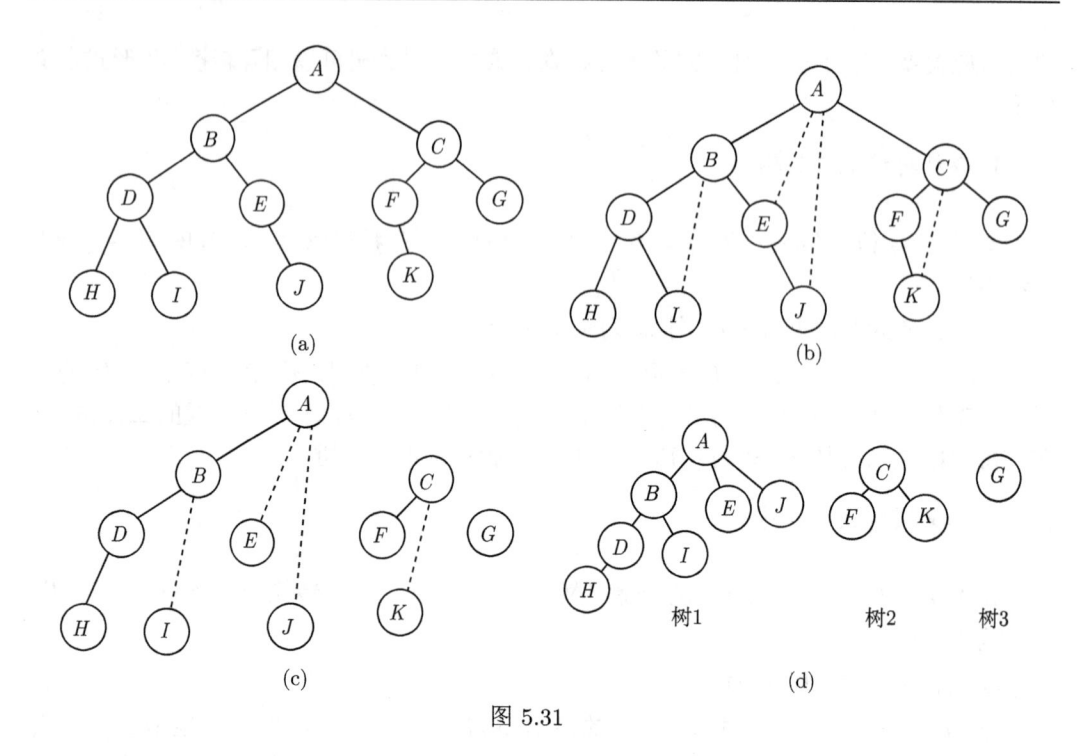

如图 5.32(a) 所示的森林，该森林中有三棵树，分别将其转化成二叉树。第一步，加线 (虚线) 得到图 5.32(b)。第二步，去线得到图 5.32(c)。第三步，层次调整得到图 5.32(d)。

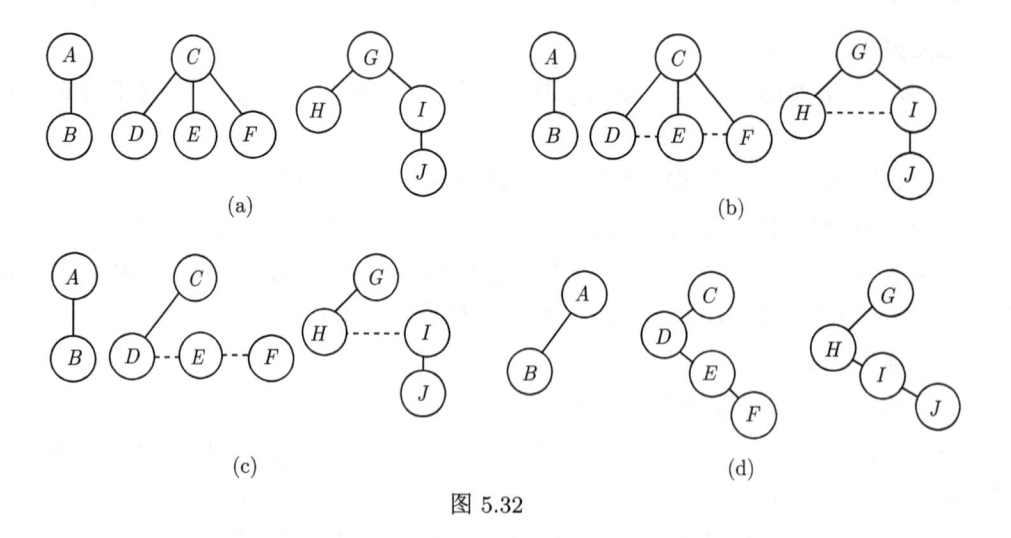

图 5.32

5.4.3 树与森林的遍历

由树形结构的定义可引出两种次序遍历树的方法：一种是先根 (先序) 遍历，即先访问树的根节点，然后依次先根遍历树的每棵子树；另一种是后根 (后序) 遍历，即先依次后根遍历每棵子树，然后访问根节点。

5.4 树和森林

按照森林和树相互递归的定义,我们可以推出森林的两种遍历方法。

1. 先序遍历森林

若森林非空,则可按下述规则遍历之:
(1) 访问森林中第一棵树的根节点;
(2) 先序遍历第一棵树中根节点的子树森林;
(3) 先序遍历除去第一棵树之后剩余的树构成的森林。

2. 中序遍历森林

若森林非空,则可按下述规则遍历之:
(1) 中序遍历森林中第一棵树的根节点的子树森林;
(2) 访问第一棵树的根节点;
(3) 中序遍历除去第一棵树之后剩余的树构成的森林。

如图 5.33,先序序列:$ABEFCDG$;后序序列:$EFBCGDA$。

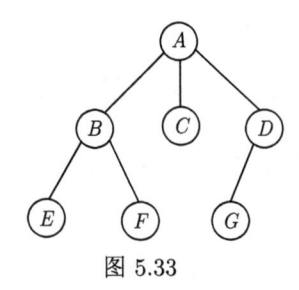

图 5.33

转换为二叉树如图 5.34 所示。先序序列:$ABEFCDG$;中序序列:$EFBCGDA$。

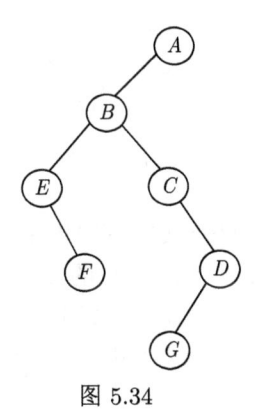

图 5.34

注:树的先序遍历等价于二叉树的先序遍历,树的后序遍历等价于二叉树的中序遍历。

由此可见,当以二叉链表作树的存储结构时,树的先序遍历和后序遍历可借用二叉树的先序遍历和中序遍历的算法实现之。

5.5 哈夫曼树及编码

哈夫曼 (Huffman) 树, 又称最优树, 是一类带权路径长度最短的树, 有着广泛的应用。本节先讨论最优二叉树。

5.5.1 最优二叉树 (哈夫曼树)

首先给出路径和路径长度的概念。从树中一个节点到另一个节点之间的分支构成这两个节点之间的路径, 路径上的分支数目称作路径长度。树的路径长度是从树根到每一节点的路径长度之和。5.2.1 节中定义的完全二叉树就是这种路径长度最短的二叉树。

若将上述概念推广到一般情况, 考虑带权的节点。节点的带权路径长度为从该节点到树根之间的路径长度与节点上权的乘积。树的带权路径长度为树中所有叶子节点的带权路径长度之和, 通常记作

$$\text{WPL} = \sum_{k=1}^{n} w_k l_k$$

假设有 n 个权值 $\{w_1, w_2, \cdots, w_n\}$, 试构造一棵有 n 个叶子节点的二叉树, 每个叶子节点带权为 w_i, 则其中带权路径长度 WPL 最小的二叉树称作最优二叉树或哈夫曼树。

例 5.5.1 给定 4 个叶子节点, 其权值分别为 $\{2, 3, 4, 7\}$, 可以构造出形状不同的多个二叉树, 如图 5.35。

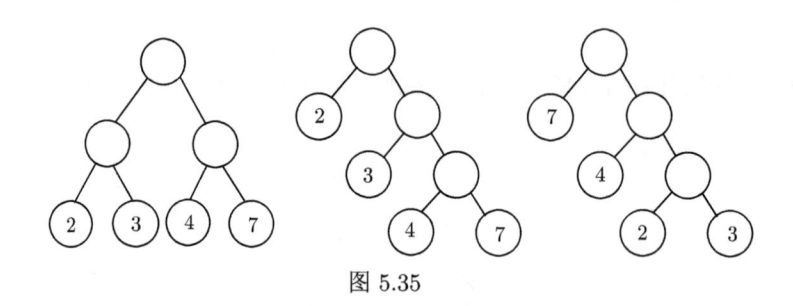

图 5.35

WPL 分别为 32, 41, 30。其中最右边树的 WPL 为最小。可以验证, 它恰为哈夫曼树, 即其带权路径长度在所有带权为 2, 3, 4, 7 的 4 个叶子节点的二叉树中居最小。

在解某些判定问题时, 利用哈夫曼树可以得到最佳判定算法。例如, 编制一个将百分制转换成五级分制的程序。显然, 此程序很简单, 只要利用条件语句便可完成。如:

```
if(a<60) b="bad";
else if(a<70) b="pass";
  else if(a<80) b="general*";
    else if(a<90) b="good";
      else b="excellent";
```

这个判定过程可以用图 5.36 的判定树来表示。

5.5 哈夫曼树及编码

如果上述程序需反复使用,而且每次的输入量很大,则应考虑上述程序的质量问题,即其操作所需时间。因为在实际生活中,学生的成绩在 5 个等级上的分布是不均匀的。假设其分布规律如表 5.1 所示,则 80% 以上的数据需进行 3 次或 3 次以上的比较才能得出结果。

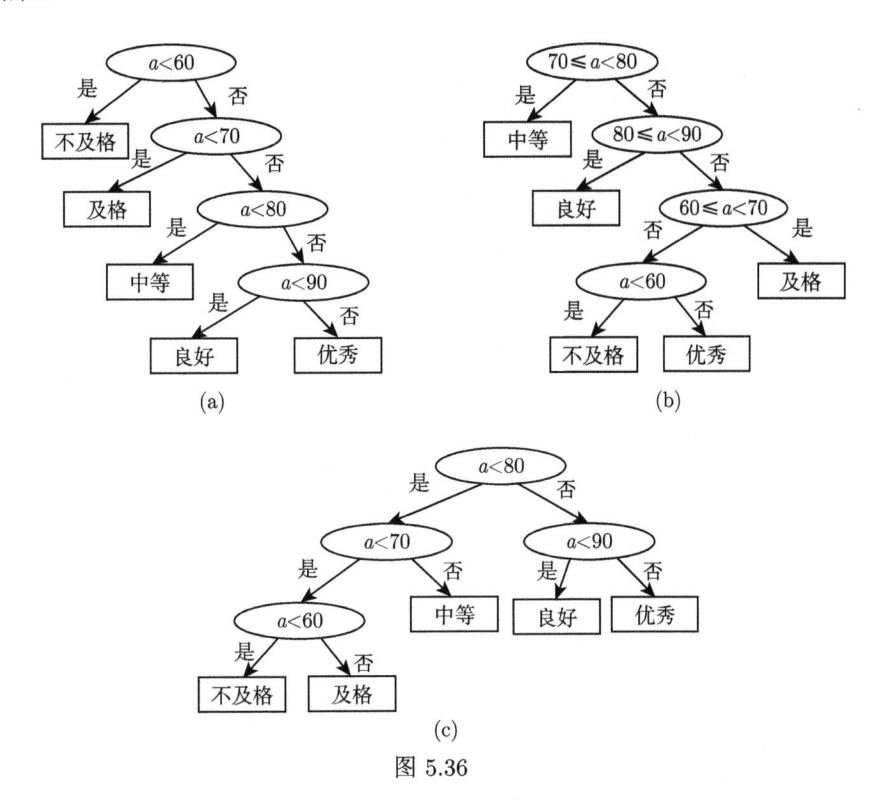

图 5.36

表 5.1

分数	0~59	60~69	70~79	80~89	90~100
比例数	0.05	0.15	0.40	0.30	0.10

哈夫曼树的特点如下。

(1) 权值越大的叶子节点越靠近根节点,而权值越小的叶子节点越远离根节点。

(2) 只有度为 0 (叶子节点) 和度为 2 (分支节点) 的节点,不存在度为 1 的节点。

那么,如何构造哈夫曼树呢?哈夫曼最早给出了一个带有一般规律的算法,俗称哈夫曼算法。现叙述如下。

(1) 根据给定的 n 个权值 $\{w_1, w_2, \cdots, w_n\}$ 构成 n 棵二叉树的集合 $F = \{T_1, T_2, \cdots, T_n\}$,其中每棵二叉树 T_i 中只有一个带权为 w_i 的根节点,其左右子树均空。

(2) 在 F 中选取两棵根节点的权值最小的树作为左、右子树构造一棵新的二叉树,且置新的二叉树的根节点的权值为其左、右子树上根节点的权值之和。

(3) 在 F 中删除这两棵树,同时将新得到的二叉树加入 F 中。

(4) 重复 (2) 和 (3),直到 F 只含一棵树为止。这棵树便是哈夫曼树。

例如，给定权值 $W = \{2, 4, 5, 3\}$ 的哈夫曼树的构造过程。

第 1 步：初始化

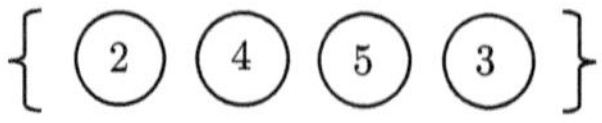

$$\{\ 2\ \ 4\ \ 5\ \ 3\ \}$$

第 2 步：选取与合并

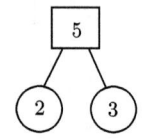

第 3 步：删除与加入

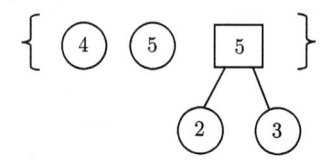

重复第 2 步

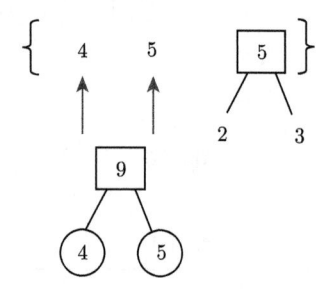

重复第 3 步

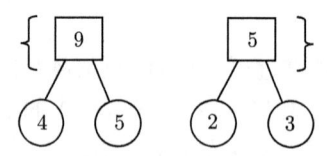

重复第 2 步

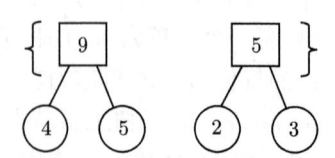

重复第 3 步

5.5 哈夫曼树及编码

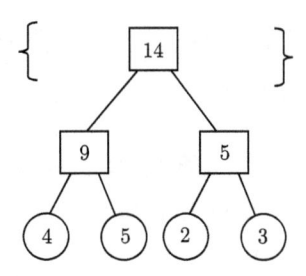

哈夫曼算法的存储结构：设置一个数组 huffTree[2n − 1] 保存哈夫曼树中各点的信息, 数组元素的节点结构如下。

| weight | lchild | rchild | parent |

其中, weight：权值域, 保存该节点的权值; lchild：指针域, 节点的左孩子节点在数组中的下标; rchild：指针域, 节点的右孩子节点在数组中的下标; parent：指针域, 该节点的双亲节点在数组中的下标。

```
struct element
{
    int weight;
    int lchild,rchild,parent;
};
```

算法的具体描述与实际问题所采用的存储结构有关, 将留在下节进行讨论。

```
void HuffmanTree(element huffTree[],int w[],int n){
    for(i=0;i<2*n-1;i++){
        huffTree[i].parent=-1;
        huffTree[i].lchild=-1;
        huffTree[i].rchild=-1;
    }
    for(i=0;i<n;i++)
        huffTree[i].weight=w[i];
    for(k=n;k<2*n-1;k++){
        Select(huffTree,i1,i2);
        huffTree[k].weight= huffTree[i1].weight+huffTree[i2].weight;
        huffTree[i1].parent=k;huffTree[i2].parent=k;
        huffTree[k].lchild=i1;huffTree[k].rchild=i2;
    }
}
```

5.5.2 哈夫曼编码

进行快速远距离保密通信的一个重要手段是电报, 即将需传送的文字转换成由二进制的字符组成的字符串。例如, 假设需传送的电文为 "ABACCDA", 它只有 4 种字符,只需两个字符的串便可分辨。假设 A, B, C, D 的编码分别为 00, 01, 10 和 11, 则上述 7 个字符的电文便为 "00010010101100", 总长为 14 位, 对方接收时, 可按二位一分进行译码。

当然, 在传送电文时, 希望总长尽可能短。如果对每个字符设计长度不等的编码, 且让电文中出现次数较多的字符采用尽可能短的编码, 则传送电文的总长便可减少。如果设计 A, B, C, D 的编码分别为 0, 00, 1 和 01, 则上述 7 个字符的电文可转换成总长为 9 位的字符串 "000011010"。但是, 这样的电文无法翻译, 例如传送过去的字符串中前 4 个字符的子串 "0000" 就可有多种译法, 或是 "AAAA", 或是 "ABA", 也可以是 "BB" 等。因此, 若要设计长短不等的编码, 则必须是任一个字符的编码都不是另一个字符的编码的前缀, 这种编码称作**前缀编码**。

可以利用二叉树来设计二进制的前缀编码。假设有一棵如图 5.37 所示的二叉树, 其 4 个叶子节点分别表示 A, B, C, D 这 4 个字符, 且约定左分支表示字符 "0", 右分支表示字符 "1", 则可以从根节点到叶子节点的路径上分支表示的字符组成的字符串作为该叶子节点字符的编码。读者可以证明, 如此得到的必为二进制前缀编码。如由图 5.37 所得 A, B, C, D 的二进制前缀编码分别为 0, 10, 110 和 111。

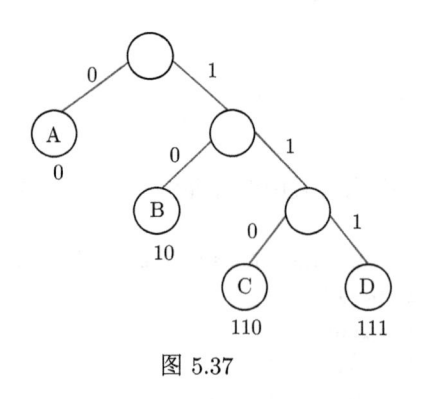

图 5.37

又如何得到使电文总长最短的二进制前缀编码呢? 假设每种字符在电文中出现的次数为 w_i, 其编码长度为 l_i, 电文中只有 n 种字符, 则电文总长为 $\sum_{i=1}^{n} w_i l_i$。对应到二叉树上, 若置 w_i 为叶子节点的权, l_i 恰为从根到叶子的路径长度。则 $\sum_{i=1}^{n} w_i l_i$ 恰为二叉树上带权路径长度。由此可见, 设计电文总长最短的二进制前缀编码即为以 h 种字符出现的频率作权, 设计一棵哈夫曼树的问题, 由此得到的二进制前缀编码便称为哈夫曼编码。

下面讨论具体做法。

由于哈夫曼树中没有度为 1 的节点 (这类树又称严格的 (或正则的) 二叉树), 则一棵 n 个叶子节点的哈夫曼树共有 $2n-1$ 个节点, 可以存储在一个大小为 $2n-1$ 的一维数组中。如何选定节点结构? 由于在构成哈夫曼树之后, 为求编码需从叶子节点出发

5.5 哈夫曼树及编码

走一条从叶子到根的路径；而为译码需从根出发走一条从根到叶子的路径。则对每个节点而言，既需知双亲的信息，又需知孩子节点的信息。由此，设定下述存储结构：

```
// - - - - - 哈夫曼树和哈夫曼编码的存储表示 - - - - -
typedef struct{
    unsigned int  weight;
    unsigned int  parent,lchild,rchild;
}HTNode,*HuffmanTree;             //动态分配数组存储哈夫曼树
typedef char **HuffmanCode;       //动态分配数组存储哈夫曼编码表
```

求哈夫曼编码的算法如下所示。

```
void HuffmanCoding(HuffmanTree &HT,HuffmanCode &HC, int *w,int n){
//w存放n个字符的权值(均>0),构造哈夫曼树HT,并求出n个字符的哈夫曼编码HC
if(n<=1)return;
m=2*n-1,
HT=(HuffmanTree)malloc((m+1)*sizeof(HTNode));// 0 号单元未用
for(p=HT+1,i=1;i<=n;++i,++p,++w)*p={*w,0,0,0};
for(;i<=m;++i,++p)*p={0,0,0,0};
for(i=n+1,i<=m,++i){                //建哈夫曼树
//在HT[1..i-1]选择parent为0且weight最小的两个节点,其序号分别为s1和s2
    Select(HT,i-1,si,s2);
    HT[si],parent=i;HT[s2].parent=i;
    HT[i].lchild=sl;HT[i].rchild=s2;
    HT[i].weight=HT[si].weight+HT[s2].weight;
}
// - - - - - 从叶子到根逆向求每个字符的哈夫曼编码 - - - - -
HC=(HuffmanCode)malloc((n+1)*sizeof(char*));
                    // 分配 n个字符编码的头指针向量
cd=(char*)malloc(n*sizeof(char)); // 分配求编码的工作空间
cd[n-1]="\0";                    // 编码结束符
for(i=1;i<=n;++i){                // 逐个字符求哈夫曼编码
start=n-1;                       //编码结束符位置
for(c=i,f=HT[i].parent;f!=0;c=f,f=HT[f].parent)//从叶子到根逆向求编码
    if(HT[f].lchild==c)cd[--start]="0";
    else cd[--start]="1";
HC[i]=(char*)malloc((n-start)*sizeof(char));
                    // 为第 i 个字符编码分配空间
strcpy(HC[i],&cd[start]);    // 从 cd 复制编码(串)到 HC
}
free(cd);                        // 释放工作空间
} // HuffanCoding
```

向量 HT 的前 n 个分量表示叶子节点，最后一个分量表示根节点。各字符的编码长度不等，所以按实际长度动态分配空间。在以上算法中，求每个字符的哈夫曼编码是从叶子

到根逆向处理的。也可以从根出发，遍历整棵哈夫曼树，求得各个叶子节点所表示的字符的哈夫曼编码，如以下程序代码所示。

```
// ----- 无栈非递归遍历哈夫曼树，求哈夫曼编码 -----
HC=(HuffmanCode)malloc((n+1)*sizeof(char*));
p=m;cdlen=0;
for(i=1;i<=m;++i)HT[i].weight=0;        //遍历哈夫曼树时用作节点状态标志
while(p){
  if(HT[p].weight==0){                  //向左
      HT[p].weight=1;
       if(HT[p].lchild!=0){p=HT[p].lchild;cd[cdlen++]="0";}
      else if(HT[p].rchild==0){         //登记叶子节点的字符的编码
         HC[p]=(char*)malloc((cdlen+1)*sizeof(char));
         cd[cdlen]="\0";strcpy(HC[p],cd);   //复制编码（串）
}
}
  else if(weight==1){                   // 向右
    HT[p].weight=2;
    if(HT[p].rchild!=0){p=HT[p].rchild;cd[cdlen++J="1";]}
  }else{                                // HT[p].weight==2,退回
    HT[p].weight=0;p=HT[p].parent;--cdlen;  // 退到父节点，编码长度减 1
}//else
} // while
```

译码的过程是分解电文中字符串，从根出发，按字符"0"或"1"确定找左孩子或右孩子，直至叶子节点，便求得该子串相应的字符。具体算法留给读者去完成。

例 5.5.2 一组字符"A, B, C, D, E, F, G"出现的频率分别是 9, 11, 5, 7, 8, 2, 3, 设计最经济的编码方案。

规定：哈夫曼树左支标注"0"，右支标注"1"，得到如下的编码方案。

A: 00

B: 10

C: 010

D: 110

E: 111

F: 0110

G: 0111

结果如图 5.38 所示。

图 5.38

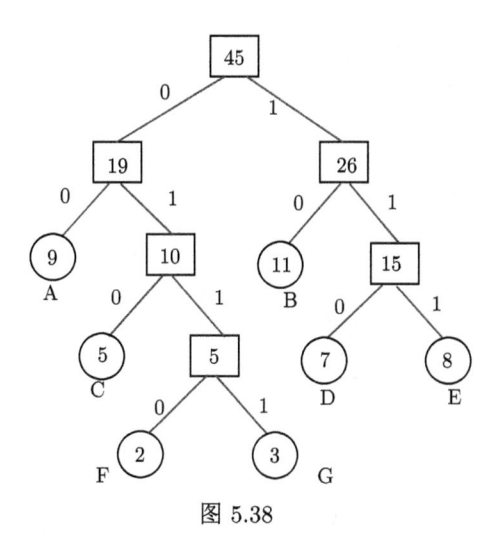

5.6 树 的 计 数

本节将讨论的树的计数问题的提法是：具有 n 个节点的不同形态的树有多少棵？下面先讨论二叉树的情况，然后可将结果推广到树。

在讨论二叉树的计数之前应先明确两个不同的概念。

称二叉树 T 和 T' 相似是指：二者都为空树或者二者均不为空树，且它们的左右子树分别相似。

称二叉树 T 和 T' 等价是指：二者不仅相似，而且所有对应节点上的数据元素均相同。

二叉树的计数问题就是讨论具有 n 个节点且互不相似的二叉树的数目 b_n。

在 n 值很小的情况下，可直观地得到：$b_0 = 1$ 为空树；$b_1 = 1$ 是只有一个根节点的树；$b_2 = 2$ 和 $b_3 = 5$，它们的形态如图 5.39 所示。那么，当 $n > 3$ 时又如何呢？

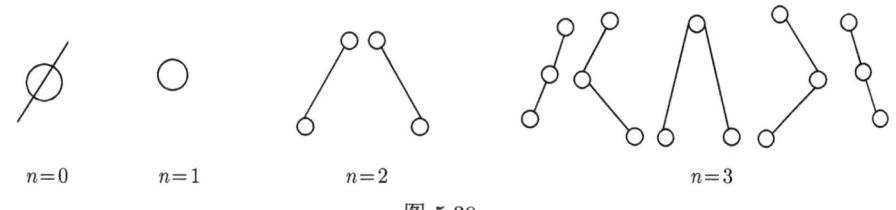

图 5.39

一般情况下，一棵具有 n $(n>1)$ 个节点的二叉树可以看成是由一个根节点、一棵具有 i 个节点的左子树和一棵具有 $n-i-1$ 个节点的右子树组成 (图 5.40)，其中 $0 \leqslant i \leqslant n-1$。由此可得下列递推公式：

$$\begin{cases} b_0 = 1 \\ b_n = \sum_{i=0}^{n-1} b_i b_{n-i-1}, \quad n \geqslant 1 \end{cases} \tag{5.3}$$

可以利用生成函数来讨论这个递推公式。

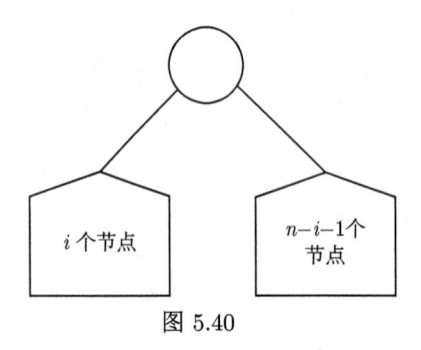

图 5.40

对序列
$$b_0, b_1, \cdots, b_n, \cdots$$

定义生成函数
$$B(z) = b_0 + b_1 z + b_2 z^2 + \cdots + b_n z^n + \cdots$$
$$= \sum_{k=0}^{\infty} b_k z^k \tag{5.4}$$

因为
$$B(z)^2 = b_0 b_0 + (b_0 b_1 + b_1 b_0) z + (b_0 b_2 + b_1 b_1 + b_2 b_0) z^2 + \cdots$$
$$= \sum_{p=0}^{\infty} \left(\sum_{i=0}^{p} b_i b_{p-i} \right) z^p$$

根据式 (5.3),
$$B(z^2) = \sum_{p=0}^{\infty} b_{p+1} z^p \tag{5.5}$$

由此得
$$zB^2(z) = B(z) - 1$$

即
$$zB^2(z) - B(z) + 1 = 0$$

解此二次方程得
$$B(z) = \frac{1 \pm \sqrt{1-4z}}{2z}$$

由初值 $b_0 = 1$,应有 $\lim_{z \to 0} B(z) = b_0 = 1$。所以

$$B(z) = \frac{1 - \sqrt{1-4z}}{2z}$$

5.6 树的计数

利用二项式展开

$$(1-4z)^{\frac{1}{2}} = \sum_{k=0}^{\infty} \binom{\frac{1}{2}}{k} (-4z)^k \tag{5.6}$$

当 $k=0$ 时, 式 (5.6) 的第一项为 1, 故有

$$B(z) = \frac{1}{2} \sum_{k=1}^{\infty} \binom{\frac{1}{2}}{k} (-1)^{k-1} 2^{2k} z^{k-1}$$

$$= \sum_{m=0}^{\infty} \binom{\frac{1}{2}}{m+1} (-1)^m 2^{2m+1} z^m$$

$$= 1 + z + 2z^2 + 5z^3 + 14z^4 + 42z^5 + \cdots \tag{5.7}$$

对照式 (5.4) 和式 (5.7) 可得

$$b_n = \binom{\frac{1}{2}}{n+1} (-1)^n 2^{2n+1}$$

$$= \frac{\frac{1}{2}\left(\frac{1}{2}-1\right)\left(\frac{1}{2}-2\right)\cdots\left(\frac{1}{2}-n\right)}{(n+1)!} (-1)^n 2^{2n+1}$$

$$= \frac{1}{n+1} \cdot \frac{(2n)!}{n!n!}$$

$$= \frac{1}{n+1} C_{2n}^n \tag{5.8}$$

因此, 含有 n 个节点的不相似的二叉树有 $\frac{1}{n+1} C_{2n}^n$ 棵。

我们还可以从另一个角度来讨论这个问题。从二叉树的遍历已经知道, 任意一棵二叉树节点的先序遍历序列和中序遍历序列是唯一的。反过来, 给定节点的先序遍历序列和中序遍历序列, 能否确定一棵二叉树呢? 又是否唯一呢?

由二叉树遍历的定义可知, 二叉树的先序遍历是先访问根节点 D, 其次遍历左子树 L, 最后遍历右子树 R。即在节点的先序遍历序列中, 第一个节点必是根 D; 而另一方面, 由于中序遍历是先遍历左子树 L, 然后访问根 D, 最后遍历右子树 R, 则根节点 D 将中序遍历序列分割成两部分: 在 D 之前是左子树节点的中序遍历序列, 在 D 之后是右子树节点的中序遍历序列。反过来, 根据左子树的中序遍历序列中节点个数, 又可将先序遍历序列除根以外分成左子树的先序遍历序列和右子树的先序遍历序列两部分。依次类推, 便可递归得到整棵二叉树。

例 5.6.1 已知节点的先序遍历序列和中序遍历序列分别为

先序遍历序列：$ABCDEFG$
中序遍历序列：$CBEDAFG$

则可按上述分解求得整棵二叉树。其构造过程如图 5.41 所示。首先由先序遍历序列得知二叉树的根为 A, 则其左子树的中序遍历序列为 $CBED$, 右子树的中序遍历序列为 FG。反过来得知其左子树的先序遍历序列必为 $BCDE$, 右子树的先序遍历序列为 FG。类似地, 可由左子树的先序遍历序列和中序遍历序列构造得 A 的左子树, 由右子树的先序遍历序列和中序遍历序列构造得 A 的右子树。

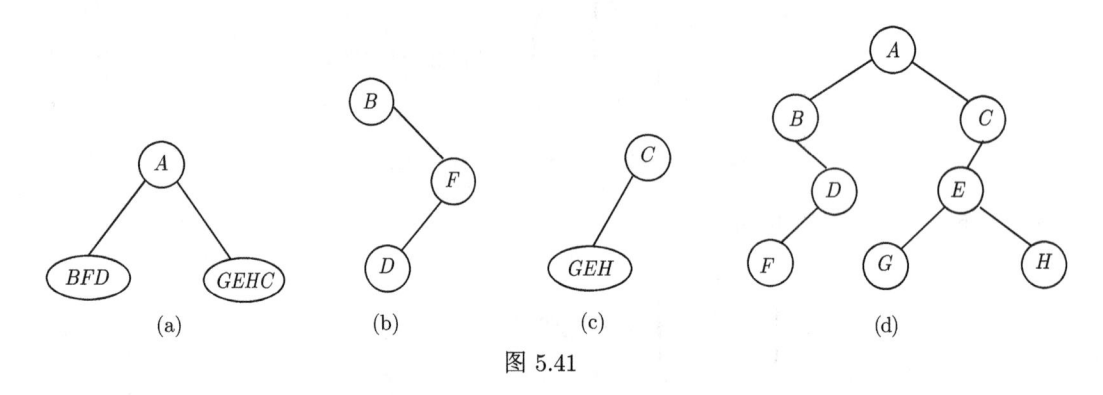

图 5.41

上述构造过程说明了给定节点的先序遍历序列和中序遍历序列, 可确定一棵二叉树。至于它的唯一性, 读者可试用归纳法证明之。

我们可由此结论来推导具有 n 个节点的不同形态的二叉树的数目。

假设对二叉树的 n 个节点从 1 到 n 加以编号, 且令其先序遍历序列为 1, 2, $\cdots$, n, 则由前面的讨论可知, 不同的二叉树所得中序遍历序列不同。如图 5.42 所示两棵有 11 个节点的二叉树, 它们的先序遍历序列都是 $ABCDEFGHIJK$, 该树的中序遍历结果为 $HDIBEJAFKCG$。因此, 不同形态的二叉树的数目恰好是先序遍历序列均为 $12\cdots n$ 的二叉树所能得到的中序遍历序列的数目。而中序遍历的过程实质上是一个节点进栈和出栈的过程。二叉树的形态确定了其节点进栈和出栈的顺序, 也确定了其节点的中序遍历序列。例如图 5.39 中所示为 $n=3$ 时不同形态的二叉树在中序遍历时栈的状态和访问节点次序的关系。由此, 由先序遍历序列 $12\cdots n$ 所能得到的中序遍历序列的数目恰为数列 $12\cdots n$ 按不同顺序进栈和出栈所能得到的排列的数目。这个数目为

$$\mathrm{C}_{2n}^{n} - \mathrm{C}_{2n}^{n-1} = \frac{1}{n+1}\mathrm{C}_{2n}^{n} \tag{5.9}$$

由二叉树的计数可推得树的计数。由 5.4.2 节可知, 一棵树可转换成唯一的一棵没有右子树的二叉树, 反之亦然。则具有 n 个节点且有不同形态的树的数目 t_n 和具有 $n-1$ 个节点且互不相似的二叉树的数目相同, 即 $t_n = b_{n-1}$。图 5.43 展示了具有 4 个节点的树和具有 3 个节点的二叉树的关系。从图中可见, 在此讨论树的计数是指有序树, 因此 (c) 和 (d) 是两棵有不同形态的树 (在无序树中, 它们被认为是相同的)。

图 5.42

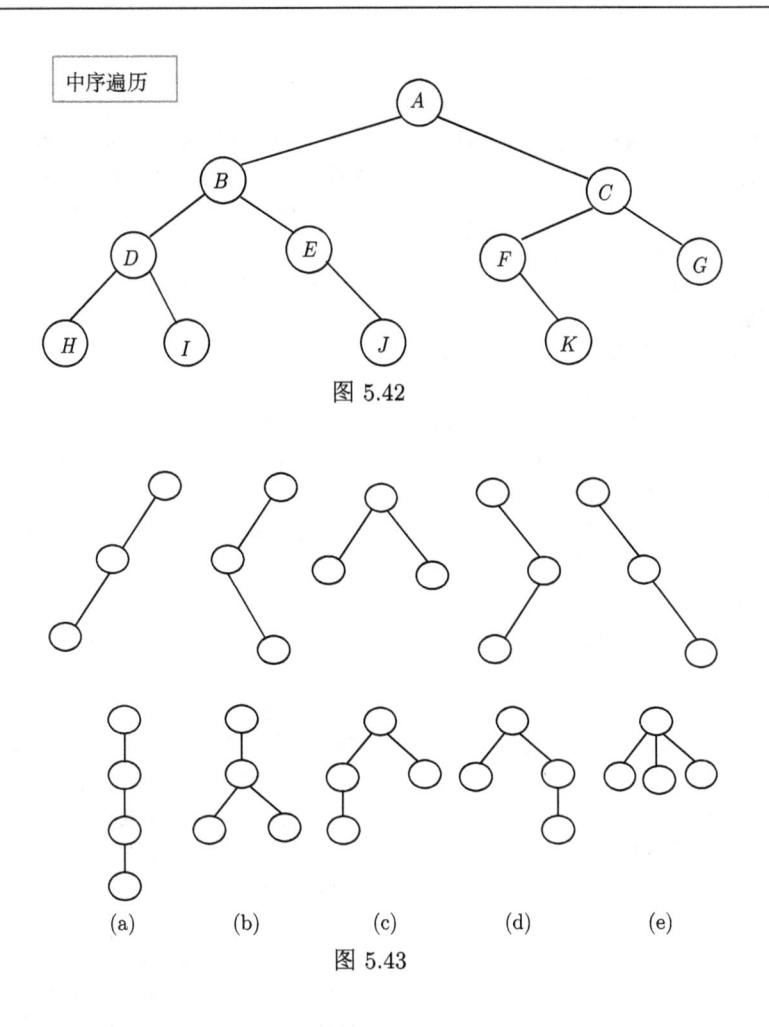

图 5.43

习 题 5

一、填空题

1. 具有 n 个节点的二叉树中,一共有_____ 个指针域,其中只有_____ 个用来指向节点的左右孩子,其余的_____ 个指针域为 NULL。

2. 树的主要遍历方法有_____、_____、_____ 等三种。

3. 二叉树的先序遍历序列和中序遍历序列相同的条件是_____。

4. 一个无序序列可以通过构造一棵_____ 树而变成一个有序序列,构造树的过程即为对无序序列进行排序的过程。

5. 若一个二叉树的叶子节点是某子树的中序遍历序列中的最后一个节点,则它必是该子树的_____ 序列中的最后一个节点。

6. 由 3 个节点所构成的二叉树有_____ 种形态。

7. 一棵深度为 6 的满二叉树有_____ 个分支节点和_____ 个叶子。

8. 一棵具有 257 个节点的完全二叉树,它的深度为_____。

9. 设一棵完全二叉树有 700 个节点,则共有_____ 个叶子节点。

10. 设一棵完全二叉树具有 1000 个节点,则此完全二叉树有_____ 个叶子节点,有_____ 个度为 2 的节点,有_____ 个节点只有非空左子树,有_____ 个节点只有非空右子树。

11. 一棵含有 n 个节点的 K 叉树，可能达到的最大深度为_____，最小深度为_____。

12. 二叉树的基本组成部分是：根 (N)、左子树 (L) 和右子树 (R)。因而二叉树的遍历次序有六种。最常用的是三种：先序法 (即按 NLR 次序)、后序法 (即按 LRN 次序) 和中序法 (也称对称序法，即按 LNR 次序)。这三种方法相互之间有关联。若已知一棵二叉树的先序遍历序列是 $BEFCGDH$，中序遍历序列是 $FEBGCHD$，则它的后序遍历序列必是_____。

13. 用 5 个权值 {3, 2, 4, 5, 1} 构造的哈夫曼 (Huffman) 树的带权路径长度是_____。

二、选择题

1. 由 3 个节点可以构造出 (   ) 种不同的二叉树？
   A. 2;   B. 3;   C. 4;   D. 5。

2. 一棵完全二叉树上有 1001 个节点，其中叶子节点的个数是 (   )。
   A. 250;   B. 500;   C. 254;   D. 501。

3. 一个具有 1025 个节点的二叉树的高 h 为 (   )。
   A. 11;   B. 10;   C. 11 至 1025 之间;   D. 10 至 1024 之间。

4. 利用二叉链表存储树，则根节点的右指针是 (   )。
   A. 指向最左孩子;   B. 指向最右孩子;   C. 空;   D. 非空。

5. 若二叉树采用二叉链表存储结构，要交换其所有分支节点左、右子树的位置，利用 (   ) 遍历方法最合适。
   A. 先序;   B. 中序;   C. 后序;   D. 按层次。

6. 一棵非空的二叉树的先序遍历序列与后序遍历序列正好相反，则该二叉树一定满足 (   )。
   A. 所有的节点均无左孩子;   B. 所有的节点均无右孩子;
   C. 只有一个叶子节点;   D. 是任意一棵二叉树。

7. 设哈夫曼树中有 199 个节点，则该哈夫曼树中有 (   ) 个叶子节点。
   A. 99;   B. 100;   C. 101;   D. 102。

8. 若 X 是二叉中序线索树中一个有左孩子的节点，且 X 不为根，则 X 的前驱为 (   )。
   A. X 的双亲;   B. X 的右子树中最左的节点;
   C. X 的左子树中最右节点;   D. X 的左子树中最右叶节点。

9. 对 n ($n \geq 2$) 个权值均不相同的字符构成哈夫曼树，关于该树的叙述中，错误的是 (   )。
   A. 该树一定是一棵完全二叉树;   B. 树中一定没有度为 1 的节点;
   C. 树中两个权值最小的节点一定是兄弟节点;
   D. 树中任一非叶节点的权值一定不小于下一层任一节点的权值。

10. 度为 4、高度为 h 的树，(   )。
    A. 至少有 $h+3$ 个节点;   B. 至多有 $4h-1$ 个节点;
    C. 至多有 $4h$ 个节点;   D. 至少有 $h+4$ 个节点。

11. 假定一棵度为 3 的树中，节点数为 50，则其最小高度为 (   )。
    A. 3;   B. 4;   C. 5;   D. 6。

12. 以下说法中，正确的是 (   )。
    A. 在完全二叉树中，叶子节点的双亲的左兄弟 (若存在) 一定不是叶子节点;
    B. 任何一棵二叉树，叶子节点个数为度为 2 的节点数减 1，即 $N_0 = N_2 - 1$;
    C. 完全二叉树不适合顺序存储结构，只有满二叉树适合顺序存储结构;
    D. 节点按完全二叉树层序编号的二叉树中，第 i 个节点的左孩子的编号为 $2i$。

13. 具有 10 个叶子节点的二叉树中有 (   ) 个度为 2 的节点。
    A. 8;   B. 9;   C. 10;   D. 11。

14. 已知一棵完全二叉树的第 6 层 (设根为第 1 层) 有 8 个叶节点，则该完全二叉树的节点个数最多是 (   )。

A. 39; B. 52; C. 111; D.119。

15. 若一棵深度为 6 的完全二叉树的第 6 层有 3 个叶子节点,则该二叉树共有 (　　) 个叶子节点。
A. 17; B. 18; C. 19; D. 20。

16. 一棵有 124 个叶子节点的完全二叉树,最多有 (　　) 个节点。
A. 247; B. 248; C. 249; D.250。

17. 对于一棵满二叉树,共有 n 个节点和 m 个叶子节点,高度为 h,则 (　　)。
A. $n = h + m$; B. $n + m = 2h$; C. $m = h - 1$; D. $n = 2h - 1$。

18. 对于任意一棵高度为 5 且有 10 个节点的二叉树,若采用顺序存储结构保存,每个节点占 1 个存储单元 (仅存放节点的数据信息),则存放该二叉树需要的存储单元数量至少是 (　　)。
A. 31; B. 16; C. 15; D. 10。

19. 若一棵二叉树的先序遍历序列为 aebdc,后序遍历序列为 bcdea,则根节点的孩子节点 (　　)。
A. 只有 e; B. 有 e,b; C. 有 e,c; D. 无法确定。

20. 二叉树在线索化后,仍不能有效求解的问题是 (　　)。
A. 先序线索二叉树中求先序后继; B. 中序线索二叉树中求中序后继;
C. 中序线索二叉树中求中序前驱; D. 后序线索二叉树中求后序后继。

21. 某二叉树节点的中序遍历序列为 $BDAECF$,后序遍历序列为 $DBEFCA$,则该二叉树对应的森林包括 (　　) 棵树。
A. 1; B. 2; C. 3; D. 4。

22. 设 F 是一个森林,B 是由 F 变换来的二叉树。若 F 中有 n 个非终端节点,则 B 中右指针域为空的节点有 (　　) 个。
A. $n - 1$; B. n; C. $n + 1$; D. $n + 2$。

三、判断题

1. 完全二叉树一定存在度为 1 的节点。(　　)
2. 对于有 n 个节点的二叉树,其高度为 $\log_2 n$。(　　)
3. 二叉树的遍历只是为了在应用中找到一种线性次序。(　　)
4. 一棵一般树的节点的先序遍历和后序遍历分别与它相应二叉树的节点先序遍历和后序遍历是一致的。(　　)
5. 用一维数组存储二叉树时,总是以先序遍历顺序存储节点。(　　)
6. 中序遍历一棵二叉排序树的节点就可得到排好序的节点序列。(　　)
7. 二叉树只能用二叉链表表示。(　　)
8. 给定一棵树,可以找到唯一的一棵二叉树与之对应。(　　)
9. 树形结构中元素之间存在一个对多个的关系。(　　)
10. 将一棵树转成二叉树,根节点没有左子树。(　　)
11. 二叉树中序线索化后,不存在空指针域。(　　)
12. 哈夫曼树的节点个数不能是偶数。(　　)
13. 哈夫曼树是带权路径长度最短的树,路径上权值较大的节点离根较近。(　　)
14. 任何一棵二叉树都可以不用栈实现先序线索树的先序遍历。(　　)
15. 二叉树中每个节点至多有两个子节点,而对一般树无此限制。因此,二叉树是树的特殊情形。(　　)
16. 二叉树是一般树的特殊情形。(　　)
17. 二叉树的第 i 层上至少有 $2i - 1$ 个节点 $(i \geq 1)$。(　　)
18. 已知一棵二叉树的先序遍历结果是 ABC,则 CAB 不可能是中序遍历结果。(　　)
19. 若一个节点是某二叉树的中序遍历序列的最后一个节点,则它必是该树的先序遍历序列中的最后一个节点。(　　)

20. 若二叉树用二叉链表作存储结构,则在 n 个节点的二叉树链表中只有 $n-1$ 个非空指针域。( )

四、综合应用题

设一棵二叉树的先序遍历序列：$ABDFCEGH$；中序遍历序列：$BFDAGEHC$。

(1) 画出这棵二叉树。

(2) 画出这棵二叉树的后序线索树。

(3) 将这棵二叉树转换成对应的树 (或森林)。

五、算法设计题

以二叉链表作为二叉树的存储结构,编写以下算法：

(1) 统计二叉树的叶节点个数。

(2) 判别两棵树是否相等。

(3) 交换二叉树每个节点的左孩子和右孩子。

第 6 章 图

图 (Graph) 是一种较线性表和树更为复杂的数据结构。在线性表中，数据元素之间仅有线性关系，每个数据元素只有一个直接前驱和一个直接后继；在树状结构中，数据元素之间有着明显的层次关系，并且每一层上的数据元素可能和下一层中多个元素 (即其孩子节点) 相关，但只能和上一层中一个元素 (即其双亲节点) 相关；而在图形结构中，节点之间的关系可以是任意的，图中任意两个数据元素之间都可能相关。由此，图的应用极为广泛，特别是近年来的迅速发展，已渗入到诸如语言学、逻辑学、物理、化学、电信工程、计算机科学以及数学的其他分支中。

读者在 "离散数学" 课程中已学习了图的理论，在此仅应用图论的知识讨论如何在计算机上实现图的操作，因此主要学习图的存储结构以及若干图的操作的实现。

6.1 图的定义和术语

图是一种数据结构，加上一组基本操作，就构成了抽象数据类型。抽象数据类型图的定义如下：

ADT Graph {

数据对象 V：V 是具有相同特性的数据元素的集合，称为顶点集

数据关系 R：

$R= \{VR\}$

$VR=\{\langle v,w\rangle | v,w \in V$ 且 $P(v,w), \langle v,w\rangle$ 表示从 v 到 w 的弧，谓词 $P(v,w)$ 定义了弧 $\langle v,w\rangle$ 的意义或信息$\}$

基本操作 P：

CreateGraph(&G, V, VR);

初始条件：V 是图的顶点集，VR 是图中弧的集合。

操作结果：按 V 和 VR 的定义构造图 G。

DestroyGraph(&G);

初始条件：图 G 存在。

操作结果：销毁图。

LocateVex(G, u);

初始条件：图 G 存在，u 和 G 中顶点有相同特征。

操作结果：若 G 中存在顶点 u，则返回该顶点在图中位置；否则返回其他信息。

GetVex(G, v);

初始条件：图 G 存在，v 是 G 中某个顶点。

操作结果：返回 v 的值。

PutVex(&G, v, value);
　　初始条件：图 G 存在，v 是 G 中某个顶点。
　　操作结果：对 v 赋值 value。

FirstAdjVex(G, v);
　　初始条件：图 G 存在，v 是 G 中某个顶点。
　　操作结果：返回 v 的第一个邻接顶点。若顶点在 G 中没有邻接顶点，则返回 "空"。

NextAdjVex(G, v, w);
　　初始条件：图 G 存在，v 是 G 中某个顶点，w 是 v 的邻接顶点。
　　操作结果：返回 v 的 (相对于 w 的) 下一个邻接顶点。若 w 是 v 的最后一个邻接点，则返回 "空"。

InsertVex(&G, v);
　　初始条件：图 G 存在，v 和图中顶点有相同特征。
　　操作结果：在图 G 中增添新顶点 v。

DeleteVex(&G, v);
　　初始条件：图 G 存在，v 是 G 中某个顶点。
　　操作结果：删除 G 中顶点 v 及其相关的弧。

InsertArc(&G, v, w);
　　初始条件：图 G 存在，v 和 w 是 G 中两个顶点。
　　操作结果：在 G 中增添 $\langle v,w \rangle$，若 G 是无向的，则还增添对称弧 $\langle w,v \rangle$。

DeleteArc(&G, v, w);
　　初始条件：图 G 存在，v 和 w 是 G 中两个顶点。
　　操作结果：在 G 中删除 $\langle v,w \rangle$，若 G 是无向的，则还删除对称弧 $\langle w,v \rangle$。

DFSTraverse(G, Visit());
　　初始条件：图 G 存在，Visit 是顶点的应用函数。
　　操作结果：对图进行深度优先遍历。在遍历过程中对每个顶点调用函数 Visit 一次且仅一次。一旦 visit() 失败，则操作失败。

BFSTraverse(G, Visit());
　　初始条件：图 G 存在，Visit 是顶点的应用函数。
　　操作结果：对图进行广度优先遍历。在遍历过程中对每个顶点调用函数 Visit 一次且仅一次。一旦 visit() 失败，则操作失败。

}ADT Graph

　　在图中的数据元素通常称作顶点 (Vertex)，V 是顶点的有穷非空集合；VR 是两个顶点之间的关系的集合。若 $\langle v,w \rangle \in$ VR，则 $\langle v,w \rangle$ 表示从 v 到 w 的一条弧 (Arc)，且称 v 为弧尾 (Tail) 或初始点 (Initial Node)，称 w 为弧头 (Head) 或终端点 (Terminal Node)，此时的图称为有向图 (Digraph)。若 $\langle v,w \rangle \in$ VR 必有 $\langle w,v \rangle \in$ VR，即 VR 是对称的，则以无序对 (v,w) 代替这两个有序对，表示 v 和 w 之间的一条边 (Edge)，此时的

6.1 图的定义和术语

图称为无向图 (Undigraph)。例如图 6.1(a) 中 G_1 是有向图，定义此图的谓词 $P(v_0, v_1)$ 表示从 v_0 到 v_1 的一条单向通路。

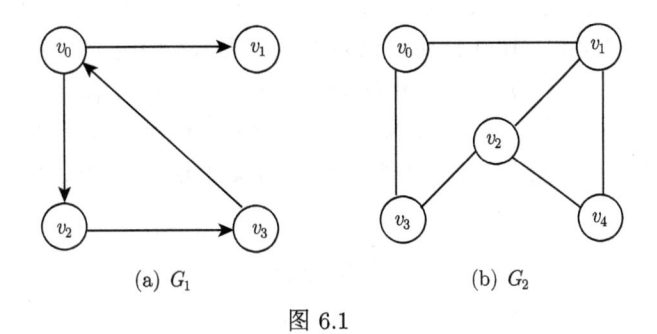

(a) G_1 (b) G_2

图 6.1

$$G_1 = (V_1, \{A_1\})$$

其中，

$$V_1 = \{v_0, v_1, v_2, v_3\}$$
$$A_1 = \{\langle v_0, v_1 \rangle, \langle v_0, v_2 \rangle, \langle v_2, v_3 \rangle, \langle v_3, v_0 \rangle\}$$

图 6.1(b) 中 G_2 为无向图。

$$G_2 = (V_2, \{E_2\})$$

其中，$V_2 = \{v_0, v_1, v_2, v_3, v_4\}$

$$E_2 = \{(v_0, v_1), (v_0, v_3)(v_1, v_2), (v_1, v_4), (v_2, v_3), (v_2, v_4)\}$$

我们用 n 表示图中顶点数目，用 e 表示边或弧的数目。在下面的讨论中，不考虑顶点到其自身的弧或边，即若 $\langle v_i, v_j \rangle \in VR$，则 $v_i \neq v_j$，那么对于无向图，e 的取值范围是 0 到 $\frac{1}{2}n(n-1)$。有 $\frac{1}{2}n(n-1)$ 条边的无向图称为**完全图** (Completed Graph)，对于有向图，e 的取值范围是 0 到 $n(n-1)$。具有 $n(n-1)$ 条弧的有向图称为**有向完全图**。有很少条边或弧 (如 $e < n \log_2 n$) 的图称为**稀疏图** (Sparse Graph)，反之称为**稠密图** (Dense Graph)。

有时图的边或弧具有与它相关的数，这种与图的边或弧相关的数叫作**权** (Weight)。这些权可以表示从一个顶点到另一个顶点的距离或耗费。这种带权的图通常称为网 (Network)。

假设有两个图 $G = (V, \{E\})$ 和 $G' = (V', \{E'\})$，如果 $V' \subseteq V$ 且 $E' \subseteq E$，则称 G' 为 G 的**子图** (Subgraph)。例如，图 6.2 是子图的一些例子。

对于无向图 $G = (V, \{E\})$，如果边 $(v, v') \in E$，则称顶点 v 和 v' 互为**邻接点** (Adjacent)，即 v 和 v' 相邻接。边 (v, v') **依附** (Incident) 于顶点 v 和 v'，或者说 (v, v')

和顶点 v, v' **相关联**。顶点 v 的**度** (Degree) 是和 v 相关联的边的数目，记为 $\mathrm{TD}(V)$。例如，G_2 中顶点 v_2 的度是 3。对于有向图 $G = (V, \{A\})$，如果弧 $\langle v, v' \rangle \in A$，则称顶点 v 邻接到顶点 v'，顶点 v' 邻接自顶点 v。弧 $\langle v, v' \rangle$ 和顶点 v, v' 相关联。以顶点 v 为头的弧的数目称为 v 的**入度** (InDegree)，记为 $\mathrm{ID}(v)$，以 v 为尾的弧的数目称为 v 的**出度** (Outdegree)，记为 $\mathrm{OD}(v)$；顶点 v 的度为 $\mathrm{TD}(v) = \mathrm{ID}(v) + \mathrm{OD}(v)$。例如，假设图 G_1 中顶点 v_0 的入度 $\mathrm{ID}(v_0) = 1$，出度 $\mathrm{OD}(v_0) = 2$，那么度 $\mathrm{TD}(v_0) = \mathrm{ID}(v_0) + \mathrm{OD}(v_0) = 3$。一般地，如果顶点 v_i 的度记为 $\mathrm{TD}(v_i)$，那么一个有 n 个顶点、e 条边或弧的图，满足如下关系

$$e = \frac{1}{2} \sum_{i=1}^{n} \mathrm{TD}(v_i)$$

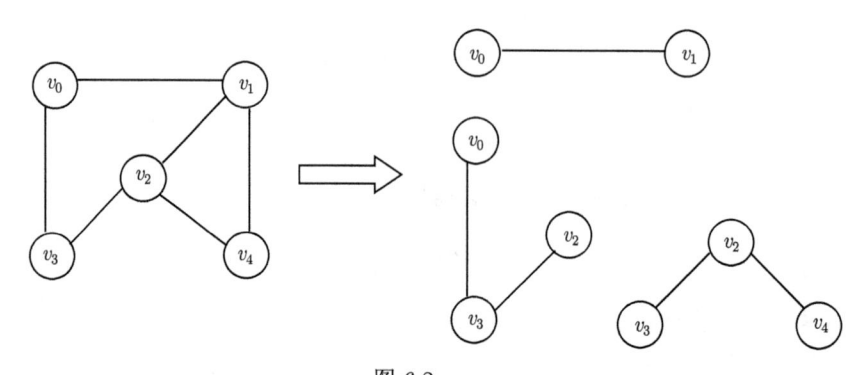

图 6.2

(a) G_3

(b)

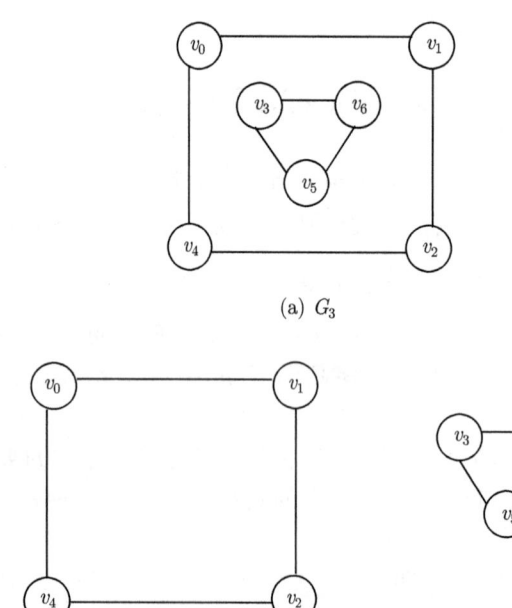

图 6.3

6.1 图的定义和术语

无向图 $G = (V, \{E\})$ 中从顶点 v 到顶点 v' 的路径 (Path) 是一个顶点序列 $(v = v_{i,0}, v_{i,1}, \cdots, v_{i,m} = v')$, 其中 $(v_{i,j-1}, v_{i,j}) \in E, 1 \leqslant j \leqslant m$。如果 G 是有向图, 则路径也是有向的, 顶点序列应满足 $\langle v_{i,j-1}, v_{i,j} \rangle \in E, 1 \leqslant j \leqslant m$。路径的长度是路径上的边或弧的数目。第一个顶点和最后一个顶点相同的路径称为**回路**或**环** (Cycle)。序列中顶点不重复出现的路径称为**简单路径**。除了第一个顶点和最后一个顶点之外, 其余顶点不重复出现的回路, 称为简单回路或简单环。

在无向图 G 中, 如果从顶点 v 到顶点 v' 有路径, 则称 v 和 v' 是**连通**的。如果对于图中任意两个顶点 $v_i, v_j \in V$, v_i 和 v_j 都是连通的, 则称 G 是**连通图** (Connected Graph)。图 6.1(b) 中的 G_2 就是一个连通图, 而图 6.3(a) 中的 G_3, 则是非连通图, 但 G_3 有 2 个连通分量, 如图 6.3(b) 所示。所谓**连通分量** (Connected Component), 指的是无向图中的极大连通子图。

在有向图 G 中, 如果对于每一对 $v_i, v_j \in V, v_i \neq v_j$, 从 v_i 到 v_j 和从 v_j 到 v_i 都存在路径, 则称 G 是**强连通图**。有向图中的极大强连通子图称作有向图的**强连通分量**。例如图 6.1(a) 中的 G_1 不是强连通图, 但它有两个强连通分量, 如图 6.4 所示。

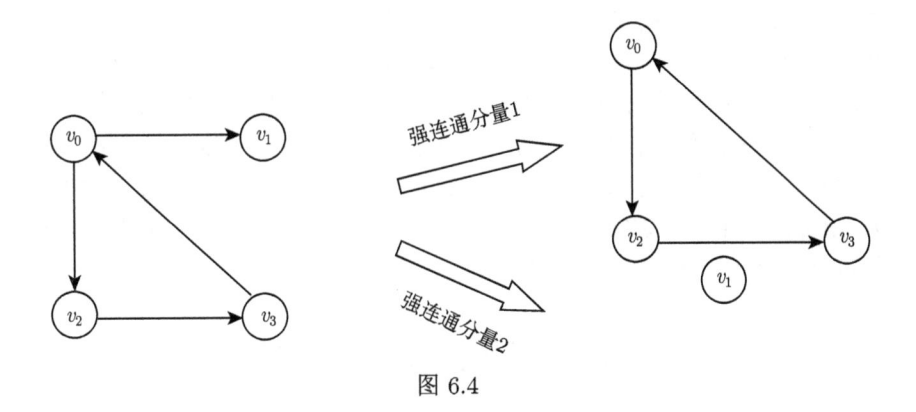

图 6.4

一个连通图的**生成树**是一个极小连通子图, 它含有图中全部顶点, 但只有足以构成一棵树的 $n-1$ 条边。假如, 在图 6.5 中, 右图是左图的一个生成树。如果在一棵生成树上添加一条边, 必定构成一个环, 因为这条边使得它依附的那两个顶点之间有了第二条路径。

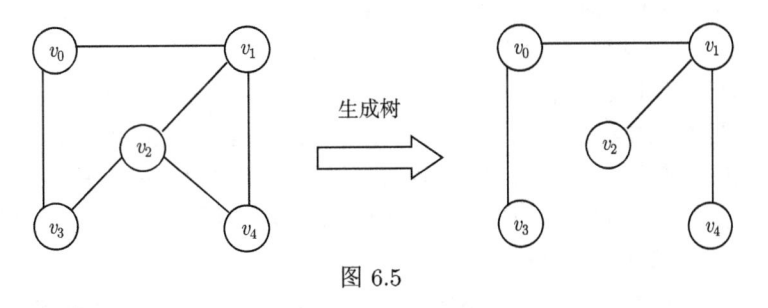

图 6.5

一棵有 n 个顶点的生成树有且仅有 $n-1$ 条边。如果一个图有 n 个顶点且小于 $n-1$ 条边, 则是非连通图。如果它多于 $n-1$ 条边, 则一定有环。但是, 有 $n-1$ 条边的图不一定是生成树。如果一个有向图恰有一个顶点的入度为 0, 其余顶点的入度均为 1, 则是一棵有向树。一个有向图的**生成森林**由若干棵有向树组成, 含有图中全部顶点, 但只有足以构成若干棵不相交的有向树的弧。图 6.6 所示为其一例。

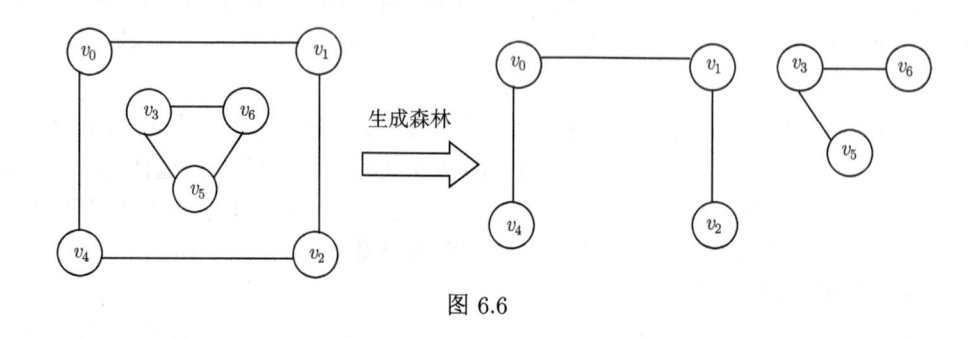

图 6.6

在前述图的基本操作的定义中, 关于 "顶点的位置" 和 "邻接点的位置" 只是一个相对的概念。因为从图的逻辑结构的定义来看, 图中的顶点之间不存在全序的关系 (即无法将图中顶点排列成一个线性序列), 任何一个顶点都可被看成是第一个顶点; 另一方面, 任一顶点的邻接点之间也不存在次序关系。但为了操作方便, 我们需要将图中顶点按任意的顺序排列起来 (这个排列和关系 VR 无关)。由此, 所谓 "顶点在图中的位置" 指的是该顶点在这个人为的随意排列中的位置 (或序号)。同理, 可对某个顶点的所有邻接点进行排队, 在这个排队中自然形成了第一个或第 k 个邻接点。若某个顶点的邻接点的个数大于 k, 则称第 $k+1$ 个邻接点为第 k 个邻接点的下一个邻接点, 而最后一个邻接点的下一个邻接点为 "空"。

6.2 图的存储结构

在前面几章讨论的数据结构中, 除了广义表和树以外, 都可以有两类不同的存储结构, 它们是由不同的映像方法 (顺序映像和链式映像) 得到的。由于图的结构比较复杂, 任意两个顶点之间都可能存在联系, 因此无法以数据元素在存储区中的物理位置来表示元素之间的关系, 即图没有顺序映像的存储结构, 但可以借助数组的数据类型表示元素之间的关系。另一方面, 用多重链表表示图是自然的事, 它是一种最简单的链式映像结构, 即以一个由一个数据域和多个指针域组成的节点表示图中一个顶点, 其中数据域存储该顶点的信息, 指针域存储指向其邻接点的指针, 图 6.7(a), (b) 分别为图 6.1 中有向图 G_1 和无向图 G_2 的多重链表, vertex 和 firstedge 表示顶点的第一条边。但是, 由于图中各个节点的度数各不相同, 最大度数和最小度数可能相差很多, 因此, 若按度数最大的顶点设计节点结构, 则会浪费很多存储单元; 反之若按每个顶点自己的度数设计不同的节点结构, 又会给操作带来不便。

因此, 和树类似, 在实际应用中不宜采用这种结构, 而应根据具体的图和需要进行的操作, 设计恰当的节点结构和表结构。常用的有邻接表、邻接多重表和十字链表。在下面章节中对这几种链表分别进行讨论。

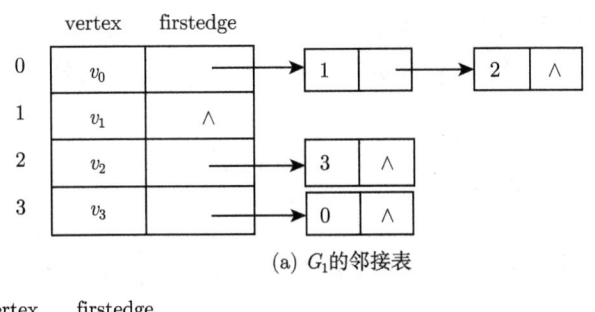

```
                vertex   firstedge
            0    v₀          ───→ 1 ──→ 2 ∧
            1    v₁      ∧
            2    v₂          ───→ 3 ∧
            3    v₃          ───→ 0 ∧
```

(a) G_1 的邻接表

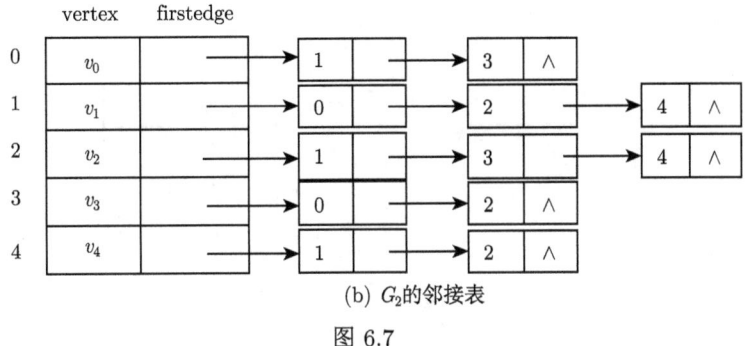

```
                vertex   firstedge
            0    v₀          ───→ 1 ──→ 3 ∧
            1    v₁          ───→ 0 ──→ 2 ──→ 4 ∧
            2    v₂          ───→ 1 ──→ 3 ──→ 4 ∧
            3    v₃          ───→ 0 ──→ 2 ∧
            4    v₄          ───→ 1 ──→ 2 ∧
```

(b) G_2 的邻接表

图 6.7

6.2.1 数组表示法

用两个数组分别存储数据元素 (顶点) 的信息和数据元素之间的关系 (边或弧) 的信息。其形式描述如下:

```
//------图的数组(邻接矩阵)存储表示------
#define INFINITY INT_MAX         // 最大值∞
#define MAX_VERTEX_NUM 20         // 最大顶点个数
typedef enum{DG,DN,UDG,UDN}GraphKind;//{有向图,有向网,无向图,无向网}
typedef struct ArcCell{
VRType adj;        //VRType是顶点关系类型.对无权图,用1或0
//表示是否相邻;对带权图,则为权值类型
InfoType *info;    // 该弧相关信息的指针
}ArcCell,AdjMatrix[MAX_VERTEX_NUM][MAX_VERTEX_NUM];
typedef struct{
VertexType vexs[MAX_VERTEX_NUM]; // 顶点向量
AdjMatrix arcs;                  // 邻接矩阵
int vexnum, arcnum;              // 图的当前顶点数和弧数
GraphKind kind;                  // 图的种类标志
}MGraph;
```

以二维数组表示有 n 个顶点的图时, 需存放 n 个顶点信息和 n^2 个弧信息的存储量。图 6.8 分别给出了无向图和有向图的邻接矩阵, 即左边是图, 右边是相应的邻接矩阵。若考虑无向图的邻接矩阵的对称性, 则可采用压缩存储的方式只存入矩阵的下三角 (或上三角) 元素。

借助邻接矩阵容易判定任意两个顶点之间是否有边 (或弧) 相连,并容易求得各个顶点的度。对于无向图,顶点 v_i 的度是邻接矩阵中第 i 行 (或第 i 列) 的元素之和,即

$$\mathrm{TD}(v_i) = \sum_{j=0}^{n-1} A[i][j] \quad (n = \mathrm{MAX\_VERTEX\_NUM})$$

对于有向图,第 i 行的元素之和为顶点 v_i 的出度 $\mathrm{OD}(v_i)$,第 j 列的元素之和为顶点 v_j 的入度 $\mathrm{ID}(v_j)$。

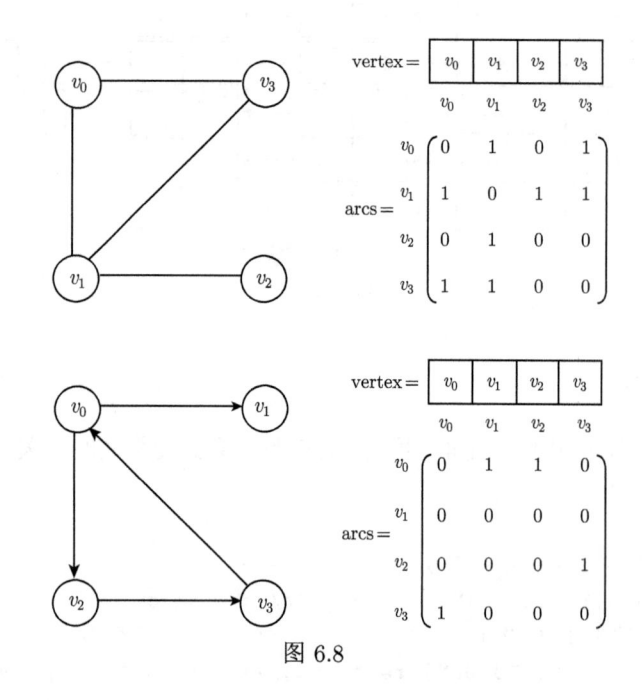

图 6.8

网的邻接矩阵可定义为

$$A[i][j] = \begin{cases} w_{i,j}, & \text{若 } \langle v_i, v_j \rangle \text{ 或 } (v_i, v_j) \in \mathrm{VR} \\ \infty, & \text{反之} \end{cases}$$

例如,图 6.9 列出了一个有向网和它的邻接矩阵。

图 6.9

6.2 图的存储结构

算法 6.1 是在邻接矩阵存储结构 MGraph 上对图的构造操作的实现框架,它根据图 G 的种类调用具体构造算法。如果 G 是无向网,则调用算法 6.2。构造一个具有 n 个顶点和 e 条边的无向网 G 的时间复杂度是 $O(n^2 + e \cdot n)$,其中对邻接矩阵 G.arcs 的初始化耗费了 $O(n^2)$ 的时间。

算法 6.1

```
Status CreateGraph(MGraph &G){
//采用数组(邻接矩阵)表示法,构造图G
scanf(&G.kind);
switch(G.kind){
        case  DG:    return CreateDG(G);     //构造有向图G
        case  DN:    return CreateDN(G);     //构造有向网G
        case  UDG:   return CreateUDG(G);    //构造无向图G
        case  UDN:   return CreateUDN(G);    //构造无向网G
        default:     return ERROR;
        }
}//CreateGraph
```

算法 6.2

```
Status CreateUDN(MGraph &G){
//采用数组(邻接矩阵)表示法,构造无向网G
scanf(&G.vexnum,&G.arcnum,&IncInfo);//IncInfo为0则各弧不含其他信息
for(i=0;i<G.vexnum;++)scanf (&G.vexs[i]); // 构造顶点向量
for(i=0;i<G.vexnum;++i)           // 初始化邻接矩阵
    for(j=0;j<G.vexnum;++j)
            G.arcs[i][j]={INFINITY,NULL}; //{adj, info}
for(k=0;k<G.arcnum;++k){// 构造邻接矩阵
    scanf(&v1,&v2,&w); // 输入一条边依附的顶点及权值
    i=LocateVex(G,v1);j=LocateVex(G,v2);//确定 v1和v2在G中位置

    G.arcs[i][j].adj=w; // 弧〈v1,v2〉的权值
    if(IncInfo)Input(*G.arcs[i][j].info);//若弧含有相关信息,则输入
    G.arcs[j][i]=G.arcs[i][j];    // 置〈v1,v2〉的对称弧〈v2,v1〉
    }
return OK;
} // CreateUDN
```

在这个存储结构上也易于实现 6.2 节所列的基本操作,如 FIRST_ADJ(G,v) 找 v 的第一个邻接点。首先,LOC_VERTEX(G,v) 找到 v 在图 G 中的位置,即 v 在一维数组 vexs 中的序号 i,则二维数组 arcs 中第 i 行上第一个 adj 域的值为 "1" 的分量所在列号 j,便为 v 的第一个邻接点在图 G 中的位置。同理,下一个邻接点在图 G 中的位置便为 j 列之后第一个 adj 域的值为 "1" 的分量所在列号。

6.2.2 邻接表

邻接表 (Adjacency List) 是图的一种链式存储结构。在邻接表中, 对图中每个顶点建立一个单链表, 第 i 个单链表中的节点表示依附于顶点 v_i 的边 (对有向图是以顶点 v_i 为尾的弧)。每个节点由 3 个域组成, 其中邻接点域 (adjvex) 指示与顶点 v_i 邻接的点在图中的位置, 链域 (nextarc) 指示下一条边或弧的节点; 数据域 (info) 存储和边或弧相关的信息, 如权值等。每个链表上附设一个表头节点。在表头节点中, 除了设有链域 (firstarc) 指向链表中第一个节点之外, 还设有存储顶点 v_i 的名或其他有关信息的数据域 (data), 如图 6.10 所示。

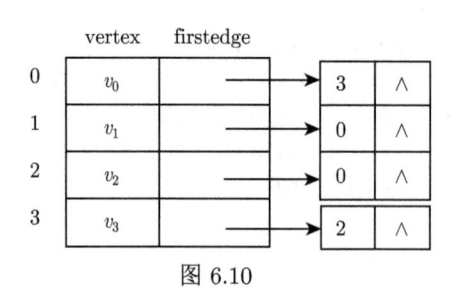

图 6.10

这些表头节点 (可以链相接) 通常以顺序结构的形式存储, 以便随机访问任一顶点的链表。一个图的邻接表存储结构可形式地说明如下:

```
//---------- 图的邻接表存储表示 ----------
#define MAX_VERTEX_NUM 20
typedef struct ArcNode{
int             adjvex;      // 该弧所指向的顶点的位置
struct ArcNode  *nextarc;    // 指向下一条弧的指针
InfoType        *info;       // 该弧相关信息的指针
}ArcNode;
typedef struct VNode
{VertexType    data;         // 顶点信息
ArcNode       *firstarc;     // 指向第一条依附该顶点的弧的指针
}VNode,AdjList[MAX_VERTEX_NUM];
typedef struct
{AdjList     vertices;
int         vexnum,arcnum;   // 图的当前顶点数和弧数
int         kind;            // 图的种类标志
}ALGraph;
```

若无向图中有 n 个顶点、e 条边, 则它的邻接表需 n 个头节点和 $2e$ 个表节点。显然, 在边稀疏 $\left(e \ll \dfrac{n(n-1)}{2}\right)$ 的情况下, 用邻接表表示图比邻接矩阵节省存储空间, 当和边相关的信息较多时更是如此。

在无向图的邻接表中, 顶点 v_i 的度恰为第 i 个链表中的节点数; 而在有向图中, 第 i 个链表中的节点个数只是顶点 v_i 的出度, 为求入度, 必须遍历整个邻接表。在所有链表

6.2 图的存储结构

中其邻接点域的值为 i 的节点的个数, 是顶点 v_i 的入度。有时, 为了便于确定顶点的入度或以顶点 v_i 为头的弧, 可以建立一个有向图的逆邻接表, 即对每个顶点 v_i 建立一个连接以 v_i 为头的弧的表, 例如图 6.10(c) 所示为有向图 G_1 的逆邻接表。

在建立邻接表或逆邻接表时, 若输入的顶点信息即为顶点的编号, 则建立邻接表的时间复杂度为 $O(n+e)$, 否则, 需要通过查找才能得到顶点在图中的位置, 则时间复杂度为 $O(n \cdot e)$。

在邻接表上容易找到任一顶点的第一个邻接点和下一个邻接点, 但要判定任意两个顶点 (v_i 和 v_j) 之间是否有边或弧相连, 则需搜索第 i 个或第 j 个链表, 因此, 不及邻接矩阵方便。

6.2.3 十字链表

十字链表 (Orthogonal List) 是有向图的另一种链式存储结构, 可以看成是将有向图的邻接表和逆邻接表结合起来得到的一种链表。在十字链表中, 对应于有向图中每一条弧有一个节点, 对应于每个顶点也有一个节点。这些弧头相同的弧在同一链表上, 弧尾相同的弧也在同一链表上。它们的头节点即为顶点节点, 它由 3 个域组成: 其中 data 域存储和顶点相关的信息, 如顶点的名称等; firstin 和 firstout 为两个链域, 分别指向以该顶点为弧头或弧尾的第一个弧节点。例如, 图 6.11(a) 中所示图的十字链表如图 6.11(b) 所示。若将有向图的邻接矩阵看成是稀疏矩阵的话, 则十字链表也可以看成是邻接矩阵的链表存储结构, 在图的十字链表中, 弧节点所在的链表非循环链表, 节点之间相对位置自然形成, 不一定按顶点序号有序, 表头节点即顶点节点, 它们之间不是链接, 而是顺序存储。

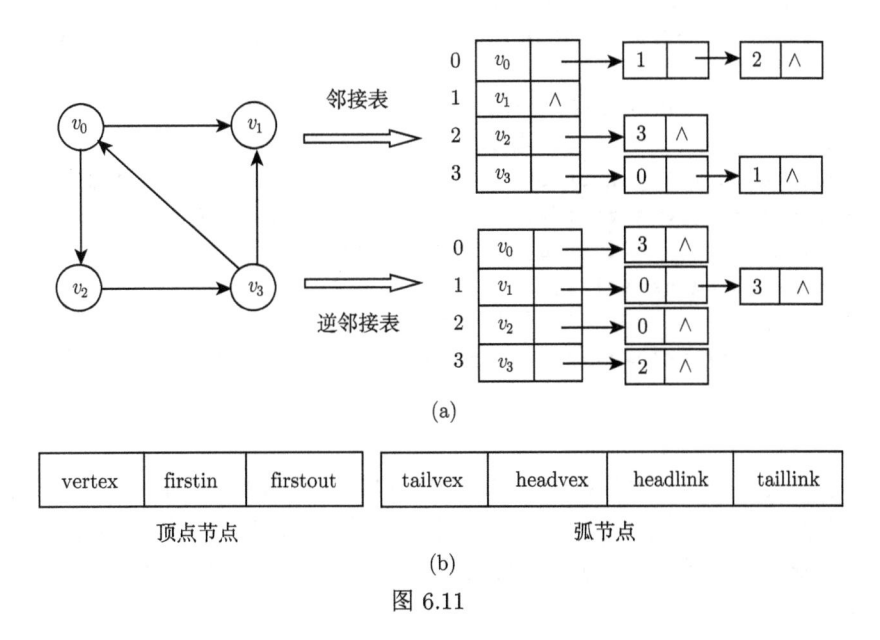

图 6.11

有向图的十字链表存储表示的形式说明如下:

```
//--------------有向图的十字链表存储表示--------------
#define MAX_VERTEX_NUM   20
typedef struct ArcBox{
int              tailvex,headvex;//该弧的尾和头顶点的位置
struct ArcBox    *hlink,*tlink;//分别为弧头相同和弧尾相同的弧的链域
InfoType         *info;           //该弧相关信息的指针
}ArcBox;
typedef struct VexNode{
VertexType   data;
ArcBox       *firstin,*firstout;//分别指向该顶点第一条入弧和出弧
}VexNode;
typedef struct{
VexNode      xlist[MAX_VERTEX_NUM];//  表头向量
int          vexnum,arcnum;            // 有向图的当前顶点数和弧数
}OLGraph;
```

只要输入 n 个顶点的信息和 e 条弧的信息,便可建立该有向图的十字链表,其算法如算法 6.3 所示。

算法 6.3

```
Status CreateDG(OLGraph &G){
//采用十字链表存储表示,构造有向图G(G.kind=DG)
scanf(&G.vexnum,&G.arcnum,&IncInfo);// IncInfo为 0 则各弧不含其他信息
for(i=0;i<G.vexnum;++i){// 构造表头向量
    scanf(&G.xlist[i].data); // 输入顶点值
    G.xlist[i].firstin=NULL;G.xlist[i].firstout=NULL; // 初始化指针
}
for(k=0;k<G.arcnum;++k){// 输入各弧并构造十字链表
scanf(&v1,&v2);            // 输入一条弧的始点和终点
i=LocateVex(G,v1);j=LocateVex(G,v2); // 确定v1和v2在G中位置
p=(ArcBox*)malloc(sizeof(ArcBox));     // 假定有足够空间
*p={i,j,G.xlist[j].firstin,G.xlist[i].firstout,NULL}  // 对弧节点赋值
//{tailvex,headvex,hlink,tlink,info}
G.xlist[j].firstin=G.xlist[i].firstout=p;//完成在入弧和出弧链头的插入
         if(IncInfo)Input(*p->info);      // 若弧含有相关信息,则输入
}
}
```

在十字链表中既容易找到以 v_i 为尾的弧,也容易找到以 v_i 为头的弧,因而容易求得顶点的出度和入度(或需要,可在建立十字链表的同时求出)。同时,由算法 6.3 可知,建立十字链表的时间复杂度和建立邻接表是相同的。在某些有向图的应用中,十字链表是很有用的工具。

6.2.4 邻接多重表

邻接多重表 (Adjacency Multilist) 是无向图的另一种链式存储结构。虽然邻接表是无向图的一种很有效的存储结构, 在邻接表中容易求得顶点和边的各种信息。但是, 在邻接表中每一条边 (v_i,v_j) 有两个节点, 分别在第 i 个和第 j 个链表中, 这给某些图的操作带来不便。例如在某些图的应用问题中需要对边进行某种操作, 如对已被搜索过的边作记号或删除一条边等, 此时需要找到表示同一条边的两个节点。因此, 在进行这一类操作的无向图的问题中采用邻接多重表作存储结构更为适宜。

邻接多重表的结构和十字链表类似。在邻接多重表中, 每一条边用一个节点表示, 它由图 6.12 所示的 6 个域组成。

ivex	ilink	jvex	jlink	info	mark

图 6.12

其中, mark 为标志域, 可用于标记该条边是否被搜索过; ivex 和 jvex 为该边依附的两个顶点在图中的位置; ilink 指向下一条依附于顶点 ivex 的边; jlink 指向下一条依附于顶点 jvex 的边, info 为指向和边相关的各种信息的指针域。每一个顶点也用一个节点表示, 它由图 6.13 所示的两个域组成。

data	firstedge

图 6.13

其中, data 域存储和该顶点相关的信息, firstedge 域指示第一条依附于该顶点的边。在邻接多重表中, 所有依附于同一顶点的边串联在同一链表中, 由于每条边依附于两个顶点, 则每个边节点同时链接在两个链表中。可见, 对无向图而言, 其邻接多重表和邻接表的差别, 仅仅在于同一条边在邻接表中用两个节点表示, 而在邻接多重表中只有一个节点。因此, 除了在边节点中增加一个标志域外, 邻接多重表所需的存储量和邻接表相同。在邻接多重表上, 各种基本操作的实现亦和邻接表相似。邻接多重表的类型说明如下:

```
//------无向图的邻接多重表存储表示------
#define MAX_VERTEX_NUM   20
typedef enum{unvisited,visited}VisitIf;
typedef struct EBox{
VisitIf mark;      // 访问标记
int ivex,jvex;               // 该边依附的两个顶点的位置
struct EBox *ilink,*jlink;// 分别指向依附这两个顶点的下一条边
InfoType *info;          // 该边信息指针
}EBox;
typedef struct VexBox{
VertexType data;
```

```
    Ebox *firstedge;     // 指向第一条依附该顶点的边
}VexBox;
typedef struct AMLGraph{
    VexBox adjmulist[MAX_VERTEX_NUM];
    int vexnum,edgenum;  // 无向图的当前顶点数和边数
}AMLGraph;
```

6.3 图的遍历

和树的遍历类似，在此，我们希望从图中某一顶点出发访遍图中其余顶点，且使每一个顶点仅被访问一次。这一过程就叫作**图的遍历** (Traversing Graph)，图的遍历算法是求解图的连通性问题、拓扑排序和求关键路径等算法的基础。

然而，图的遍历要比树的遍历复杂得多。因为图的任一顶点都可能和其余的顶点相邻接。所以在访问了某个顶点之后，可能沿着某条路径搜索之后，又回到该顶点上。例如图 6.1(b) 中的 G_2，由于图中存在回路，因此在访问了 v_1,v_2,v_3,v_4 之后，沿着边 $\langle v_4,v_1 \rangle$ 又可访问到 v_1。为了避免同一顶点被访问多次，在遍历图的过程中，必须记下每个已访问过的顶点。为此，我们可以设一个辅助数组 visited$[0..n-1]$，它的初值置为"假"或者零，一旦访问了顶点 v_i，便置 visited$[i]$ 为"真"或者为被访问时的次序号。

通常有两条遍历图的路径：深度优先搜索和广度优先搜索。它们对无向图和有向图都适用。

6.3.1 深度优先搜索

深度优先搜索 (Depth First Search) 遍历类似于树的先根遍历，是树的先根遍历的推广。

假设初始状态是图中所有顶点未曾被访问，则深度优先搜索可从图中某个顶点 v 出发，访问此顶点，然后依次从 v 的未被访问的邻接点出发深度优先搜索遍历图，直至图中所有和 v 有路径相通的顶点都被访问到；若此时图中尚有顶点未被访问，则另选图中一个未曾被访问的顶点作起始点，重复上述过程，直至图中所有顶点都被访问到为止。

以图 6.14 中无向图为例，假设从顶点 v_1 出发进行搜索，在访问了顶点 v_1 之后，选择邻接点 v_2。因为 v_2 未曾访问，则从 v_2 出发进行搜索。依次类推，接着从 v_4,v_8,v_5 出发进行搜索。在访问了 v_5 之后，由于 v_5 的邻接点都已被访问，则搜索回到 v_8。由于同样的理由，搜索继续回到 v_4,v_2 直至 v_1，此时由于 v_1 的另一个邻接点未被访问，则搜索又从 v_1 到 v_3，再继续进行下去。由此，得到的顶点访问序列为

$$v_1 \to v_2 \to v_4 \to v_8 \to v_5 \to v_3 \to v_6 \to v_7$$

显然，这是一个递归的过程。为了在遍历过程中便于区分顶点是否已被访问，需附设访问标志数组 visited$[0..n-1]$，其初值为 "false"，一旦某个顶点被访问，则其相应的分量置为 "true"。整个图的遍历如算法 6.4 和算法 6.5 所示，其中 $\omega \geqslant 0$ 表示存在邻接点。

6.3 图的遍历

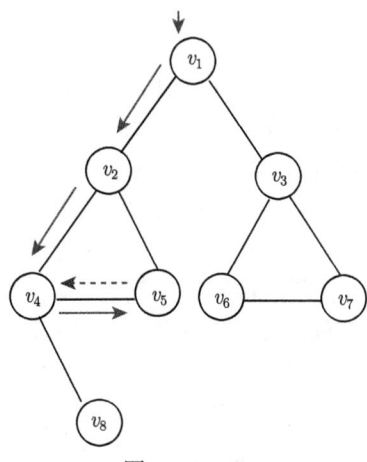

图 6.14 G_4

算法 6.4

```
//------算法6.4和算法6.5使用的全局变量------
boolean visited[MAX];          // 访问标志数组
Status(*VisitFunc)(int v);     // 函数变量
void DFSTraverse(Graph G,Status(*Visit)(int v)){
// 对图G作深度优先遍历
VisitFunc=Visit;   // 使用全局变量VisitFunc,使DFS不必设函数指针参数
for(v=0;v<G.vexnum;++v)visited[v]=FALSE;   //访问标志数组初始化
 for(v=0;v<G.vexnum;++v)
if(!visited[v])DFS(G,v);   //对尚未访问的顶点调用DFS
}
```

算法 6.5

```
void DFS(Graph G, int v){
//从第v个顶点出发递归的深度优先遍历图G
visited[v]=TRUE;VisitFunc(v);      // 访问第 v 个顶点
for(w=FirstAdjVex(G,v);w>=0;w=NextAdjVex(G,v,w))
if(!visited[w])DFS(G,w);// 对v的尚未访问的邻接顶点w递归调用DFS
}
```

分析上述算法,在遍历图时,对图中每个顶点至多调用一次 DFS 函数,因为一旦某个顶点被标志成已被访问,就不再从它出发进行搜索。因此,遍历图的过程实质上是对每个顶点查找其邻接点的过程。其耗费的时间则取决于所采用的存储结构。当用二维数组表示邻接矩阵作图的存储结构时,查找每个顶点的邻接点的时间复杂度为 $O(n^2)$,其中 n 为图中顶点数。而当以邻接表作图的存储结构时,找邻接点的时间复杂度为 $O(e)$,其中 e 为无向图中边的数或有向图中弧的数。由此,当以邻接表作存储结构时,深度优先搜索遍历图的时间复杂度为 $O(n+e)$。

6.3.2 广度优先搜索

广度优先搜索 (Broadth First Search) 遍历类似于树的按层序遍历的过程。

假设从图中某顶点 v 出发, 在访问了 v 之后依次访问 v 的各个未曾访问过的邻接点, 然后分别从这些邻接点出发依次访问它们的邻接点, 并使 "先被访问的顶点的邻接点" 先于 "后被访问的顶点的邻接点" 被访问, 直至图中所有已被访问的顶点的邻接点都被访问到。若此时图中尚有顶点未被访问, 则另选图中一个未曾被访问的顶点作起始点, 重复上述过程, 直至图中所有顶点都被访问到为止。换句话说, 广度优先搜索遍历图的过程是以 v 为起始点, 由近至远, 依次访问和 v 有路径相通且路径长度为 $1,2,\cdots$ 的顶点。例如, 对图 G_4 进行广度优先搜索遍历的过程如图 6.14 所示, 首先访问 v_1 和 v_1 的邻接点 v_2 和 v_3, 然后依次访问 v_2 的邻接点 v_4 和 v_5 及 v_3 的邻接点 v_6 和 v_7, 最后访问 v_4 的邻接点 v_8。由于这些顶点的邻接点均已被访问, 并且图中所有顶点都被访问, 由此完成了图的遍历。得到的顶点访问序列为

$$v_1 \to v_2 \to v_3 \to v_4 \to v_5 \to v_6 \to v_7 \to v_8$$

和深度优先搜索类似, 在遍历的过程中也需要一个访问标志数组。并且, 为了顺次访问路径长度为 $2,3,\cdots$ 的顶点, 需附设队列以存储已被访问的路径长度为 $1,2,\cdots$ 的顶点。广度优先遍历的算法如算法 6.6 所示。

算法 6.6

```
void BFSTraverse(Graph G,Status(*Visit)(int v)){
    // 按广度优先非递归遍历图G。使用辅助队列Q和访问标志数组visited
    for(v=0;v<G.vexnum;++v)visited[v]=FALSE;
    InitQueue(Q);                              // 置空的辅助队列Q
     for(v=0;v<G.vexnum;++v)
        if(!visited[v]){                       // v尚未访问
          visited[v]=TRUE;Visit(v);
          EnQueue(Q,v);                        // v入队列
          while(!QueueEmpty(Q)){
             DeQueue(Q,u);      // 队头元素出队并置为U
             for(w=FirstAdjVex(G,u);w>=0;w= NextAdjVex(G,u,w))
              if(!visited[w]){// w为u的尚未访问的邻接顶点
              visited[w]=TRUE;Visit(w); EnQueue(Q,W); }// if
               }// while
       }// if
}// BFSTraverse
```

分析上述算法, 每个顶点至多进一次队列。遍历图的过程实质上是通过边或弧找邻接点的过程, 因此广度优先搜索遍历图的时间复杂度和深度优先搜索遍历相同, 两者不同之处仅仅在于对顶点访问的顺序不同。

6.4 图的连通性问题

在这一节中,我们将利用遍历图的算法求解图的连通性问题,并讨论最小代价生成树以及重连通性与通信网络的经济性和可靠性的关系。

6.4.1 无向图的连通分量和生成树

在对无向图进行遍历时,对于连通图,仅需从图中任一顶点出发,进行深度优先搜索或广度优先搜索,便可访问到图中所有顶点。对非连通图,则需从多个顶点出发进行搜索,而每一次从一个新的起始点出发进行搜索过程中得到的顶点访问序列恰为其各个连通分量中的顶点集。图 6.15 分析了两种图的存储结构在空间性能、时间性能、适用范围以及唯一性方面的特点。

	空间性能	时间性能	适用范围	唯一性
邻接矩阵	$O(n^2)$	$O(n^2)$	稠密图	唯一
邻接表	$O(n+e)$	$O(n+e)$	稀疏图	不唯一

图 6.15

设 $E(G)$ 为连通图 G 中所有边的集合,则从图中任一顶点出发遍历图时,必定将 $E(G)$ 分成两个集合 $T(G)$ 和 $B(G)$,其中 $T(G)$ 是遍历图过程中历经的边的集合;$B(G)$ 是剩余的边的集合。显然,$T(G)$ 和图 G 中所有顶点一起构成连通图 G 的极小连通子图,按照 6.1 节的定义,它是连通图的一棵生成树,并且称由深度优先搜索得到的为深度优先生成树;由广度优先搜索得到的为广度优先生成树。例如,图 6.16(a) 和 (b) 所示分别为连通图 G_4 的深度优先生成树和广度优先生成树,图中线为集合 $B(G)$ 中的边。

对于非连通图,每个连通分量中的顶点集和遍历时走过的边一起构成若干棵生成树,这些连通分量的生成树组成非连通图的生成森林。例如,图 6.16(c) 所示为 G_3 的深度优先生成森林,它由 3 棵深度优先生成树组成。

假设以孩子兄弟链表作生成森林的存储结构,则算法 6.7 生成非连通图的深度优先生成森林,其中 DFSTree 函数如算法 6.8 所示。显然,算法 6.7 的时间复杂度和遍历相同。

图 6.16

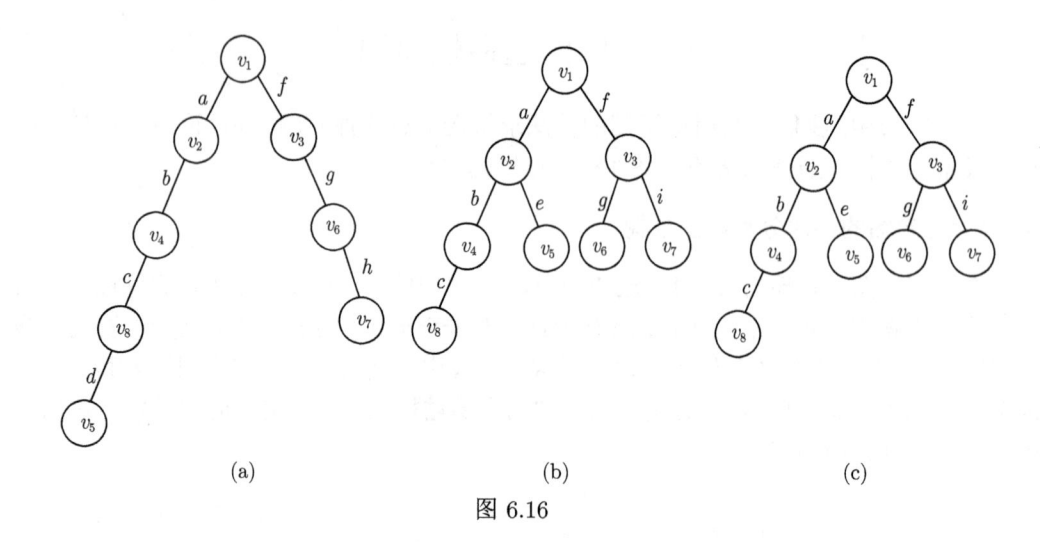

算法 6.7

```
void DFSForest(Graph G,CSTree &T){
// 建立无向图G的深度优先生成森林的(最左)孩子(右)兄弟链表T
T=NULL;
for(v=0;v<G.vexnum;++v)
    visited[v]=FALSE;
for(v=0;v<G.vexnum;++v)
    if(!visited[v]){            //第v个顶点为新的生成树的根节点
        p=(CSTree)malloc(sizeof(CSNode)); //分配根节点
        *p={GetVex(G,v),NULL,NULL};    //给该节点赋值
        if(!T)T=p;                     //是第一棵生成树的根(T的根)
        else q->nextsibling=p; //是其他生成树的根(前一棵的根的"兄弟")
        q=p;                   //q指示当前生成树的根
        DFSTree(G,v,p);        //建立以p为根的生成树
    }
}
```

算法 6.8

```
void DFSTree(Graph G,int v,CSTree &T){
//从第v个顶点出发深度优先遍历图G,建立以T为根的生成树
visited[v]=TRUE;first=TRUE;
for(w=FirstAdjVex(G,v);w>=0;w=NextAdjVex(G,v,w))
    if(!visited[w]){p=(CSTree)malloc(sizeof(CSNode)); //分配孩子节点
        *p={GetVex(G,w),NULL,NULL};
        if(first){          // w是v的第一个未被访问的邻接顶点
            T->lchild=p;first=FALSE;//是根的左孩子节点
            }// if
        else{               // w是v的其他未被访问的邻接顶点
            q->nextsibling=p;//是上一邻接顶点的右兄弟节点
```

```
        } // else
        q=p;
        DFSTree(G,w,q);//从第w个顶点出发深度优先遍历图G,建立子生成树q
    }//if
}
```

6.4.2 有向图的强连通分量

深度优先搜索是求有向图的强连通分量的一个新的有效方法。假设以十字链表作有向图的存储结构,则求强连通分量的步骤如下。

(1) 在有向图 G 上,从某个顶点出发沿以该顶点为尾的弧进行深度优先搜索遍历,并按其所有邻接点的搜索都完成 (即退出 DFS 函数) 的顺序将顶点排列起来。此时需对 6.3.1 节中的算法作如下两点修改: ① 在进入 DFS 函数时首先进行计数变量的初始化,即在入口处加上 count = 0 的语句; ② 在退出 DFS 函数之前将完成搜索的顶点号记录在另一个辅助数组 finished[vexnum] 中,即在 DFS 函数结束之前加上 finished[++count] = v 的语句。

(2) 在有向图 G 上,从最后完成搜索的顶点 (即 finished[vexnum−1] 中的顶点) 出发,沿着以该顶点为头的弧作逆向的深度优先搜索遍历,若此次遍历不能访问到有向图中所有顶点,则从余下的顶点中最后完成搜索的那个顶点出发,继续作逆向的深度优先搜索遍历,依次类推,直至有向图中所有顶点都被访问到为止。此时调用 DFS 函数时需作如下修改:函数中第二个循环语句的边界条件应改为 v 从 finished[vexnum−1] 至 finished[0]。

由此,每一次调用 DFS 函数作逆向深度优先遍历所访问到的顶点集便是有向图 G 中一个强连通分量的顶点集。

例如图 6.11 所示的有向图,假设从顶点 v_1 出发作深度优先搜索遍历,得到 finished 数组中的顶点号为 (1, 3, 2, 0);则再从顶点 v_1 出发作逆向的深度优先搜索遍历,得到两个顶点集 $\{v_1, v_3, v_4\}$ 和 $\{v_2\}$,这就是该有向图的两个强连通分量的顶点集。

上述求强连通分量的第二步,其实质为: ① 构造一个有向图 G, 设 $G = (V, \{A\})$,则 $G_r = (V, \{A_r\})$,对于所有 $\langle v_i, v_j \rangle \in A$,必有 $\langle v_j, v_i \rangle \in A_r$,即 G_r 中拥有和 G 方向相反的弧; ② 在有向图 G_r 上,从顶点 finished[vexnum−1] 出发作深度优先搜索遍历。可以证明,在 G_r 上所得深度优先生成森林中每一棵树的顶点集即为 G 的强连通分量的顶点集。

显然,利用遍历求强连通分量的时间复杂度亦和遍历相同。

6.4.3 最小生成树

假设要在 n 个城市之间建立通信联络网,则连通 n 个城市只需要 $n-1$ 条线路。这时,自然会考虑这样一个问题,如何在最节省经费的前提下建立这个通信网。

在每两个城市之间都可以设置一条线路,相应地都要付出一定的经济代价。n 个城市之间,最多可能设置 $n(n-1)/2$ 条线路,那么,如何在这些可能的线路中选择 $n-1$ 条,以使总的耗费最少呢?

可以用连通网来表示 n 个城市以及 n 个城市间可能设置的通信线路，其中网的顶点表示城市，边表示两城市之间的线路，赋予边的权值表示相应的代价。对于 n 个顶点的连通网可以建立许多不同的生成树，每一棵生成树都可以是一个通信网。现在，我们要选择这样一棵生成树，也就是使总的耗费最少。这个问题就是构造连通网的最小代价生成树 (Minimum Cost Spanning Tree, MST, 简称为**最小生成树**) 的问题。一棵生成树的代价就是树上各边的代价之和。

构造最小生成树可以有多种算法。其中多数算法利用了最小生成树的下列一种简称为 MST 的性质：假设 $N=(V,\{E\})$ 是一个连通网，U 是顶点集 V 的一个非空子集。若 (u,v) 是一条具有最小权值（代价）的边，其中 $u\in U$，$v\in V-U$，则必存在一棵包含边 (u,v) 的最小生成树。

可以用反证法证明之。假设网 N 的任何一棵最小生成树都不包含 (u,v)。设 T 是连通网上的一棵最小生成树，当将边 (u,v) 加入到 T 中时，由生成树的定义，T 中必存在一条包含 (u,v) 的回路。另一方面，由于 T 是生成树，则在 T 上必存在另一条边 (u',v')，其中 $u'\in U$，$v'\in V-U$，且 u 和 u' 之间，v 和 v' 之间均有路径相通。删去边 (u',v') 便可消除上述回路，同时得到另一棵生成树 T'。因为 (u,v) 的代价不高于 (u',v')，则 T' 的代价亦不高于 T，T' 是包含 (u,v) 的一棵最小生成树。由此和假设矛盾。

普里姆 (Prim) 算法和克鲁斯卡尔 (Kruskal) 算法是两个利用 MST 性质构造最小生成树的算法。

下面先介绍普里姆算法。

假设 $N=(V,\{E\})$ 是连通网，TE 是 N 上最小生成树中边的集合。算法从 $U=\{u_0\}(u_0\in V)$，$TE=\{\}$ 开始，重复执行下述操作：在所有 $u\in U$，$v\in V-U$ 的边 $(u,v)\in E$ 中找一条代价最小的边 (u_0,v_0) 并入集合 TE，同时 v_0 并入 U，直至 $U=V$ 为止。此时 TE 中必有 $n-1$ 条边，则 $T=(V,\{TE\})$ 为 N 的最小生成树。

为实现这个算法需附设一个辅助数组 closedge，以记录从 U 到 $V-U$ 具有最小代价的边。对每个顶点 $v_i\in V-U$，在辅助数组中存在一个相应分量 closedge$[i-1]$，它包括两个域，其中 lowcost 存储该边上的权。显然，

$$\text{closedge}[i-1].\text{lowcost} = \min\{\text{cost}(u,v_i)^{①}|u\in U\}$$

vex 域存储该边依附的在 U 中的顶点。例如，图 6.17 所示为按普里姆算法构造网的一棵最小生成树的过程，在构造过程中辅助数组中各分量值的变化如图 6.18 所示。初始状态时，由于 $U=\{v_1\}$，则到 $V-U$ 中各顶点的最小边，即为从依附于顶点 1 的各条边中，找到一条代价最小的边 $(u_0,v_0)=(1,3)$ 为生成树上的第一条边，同时将 $v_0(=v_3)$ 并入集合 U。然后修改辅助数组中的值。首先将 closedge[2].lowcost 改为 '0'，以示顶点 v_3 已并入 U。然后，由于边 (v_3,v_2) 上的权值小于 closedge[1].lowcost，则需修改 closedge[1] 为边 (v_3,v_2) 及其权值。同理修改 closedge[4] 和 closedge[5]。依次类推，直到 $U=V$。假设以二维数组表示网的邻接矩阵，且令两个顶点之间不存在的边的权值为机内允许的最大值 (INT_MAX)，则普里姆算法如算法 6.9 所示。

---

① $\text{cost}(u,v)$ 表示赋予边 (u,v) 的权。

6.4 图的连通性问题

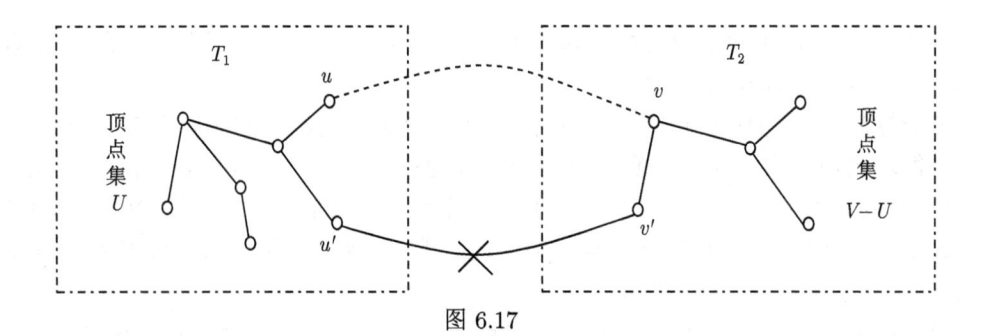

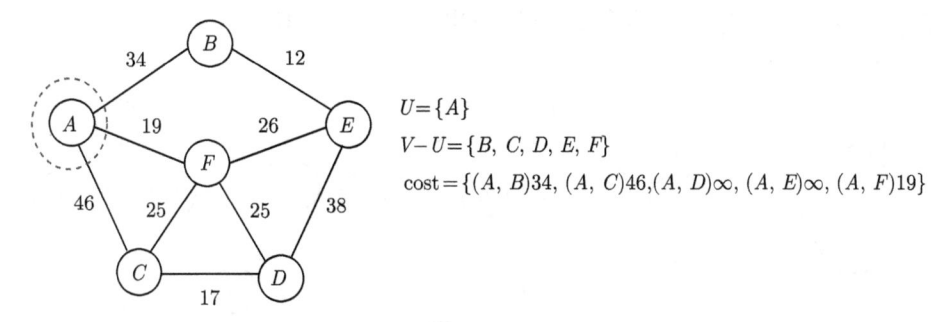

图 6.17

图 6.18

$U=\{A\}$
$V-U=\{B, C, D, E, F\}$
$\text{cost}=\{(A, B)34, (A, C)46, (A, D)\infty, (A, E)\infty, (A, F)19\}$

算法 6.9

```
void MiniSpanTree_PRIM(MGraph G,VertexType u){
//用普里姆算法从第u个顶点出发构造网G的最小生成树T,输出T的各条边
//记录从顶点集U到V-U的代价最小的边的辅助数组定义
// struct{
//     VertexType adjvex;
//     VRType lowcost;
// }closedge[MAX_VERTEX_NUM];
 k=LocateVex(G,u);
 for(j=0;j<G.vexnum;++j)     // 辅助数组初始化
if(j!=k)closedge[j]={u,G.arcs[k][j].adj};    // {adjvex, lowcost}
closedge[k].lowcost=0;       // 初始,U={u}
for(i=1;i<G.vexnum;++i){     // 选择其余G.vexnum - 1个顶点
    k=minimum(closedge);     // 求出T的下一个节点:第k个顶点
    // 此时 closedge[k].lowcost=
    //   MIN{closedge[v_i].lowcost|closedge[v_i].lowcost>0, v_i ∈V - U}
    printf(closedge[k].adjvex,G.vexs[k]);    // 输出生成树的边
    closedge[k].lowcost=0;   // 第k个顶点并入 U集
    for(j=0;j<G.vexnum;++j)
        if(G.arcs[k][j].adj<closedge[j].lowcost)
                             // 新顶点并入 U 后重新选择最小边
        closedge[j]={G.vexs[k],G.arcs[k][j].adj};
    }
}
```

例如，对图 6.18 中的网，利用算法 6.9，输出生成树上的 5 条边为 $\{(v_1,v_3),(v_3,v_6),(v_6,v_4),(v_3,v_2),(v_2,v_5)\}$。

分析算法 6.9，假设网中有 n 个顶点，则第一个进行初始化的循环语句的频度为 n，第二个循环语句的频度为 $n-1$。其中有两个内循环：一个是在 closedge[v].lowcost 中求最小值，其频度为 $n-1$；另一个是重新选择具有最小代价的边，其频度为 n。由此，普里姆算法的时间复杂度为 $O(n^2)$，与网中的边数无关，因此适用于求边稠密的网的最小生成树。

而克鲁斯卡尔算法恰恰相反，它的时间复杂度为 $O(e\log_2 e)$（e 为网中边的数目），因此它相对于普里姆算法而言，适合求边稀疏的网的最小生成树。

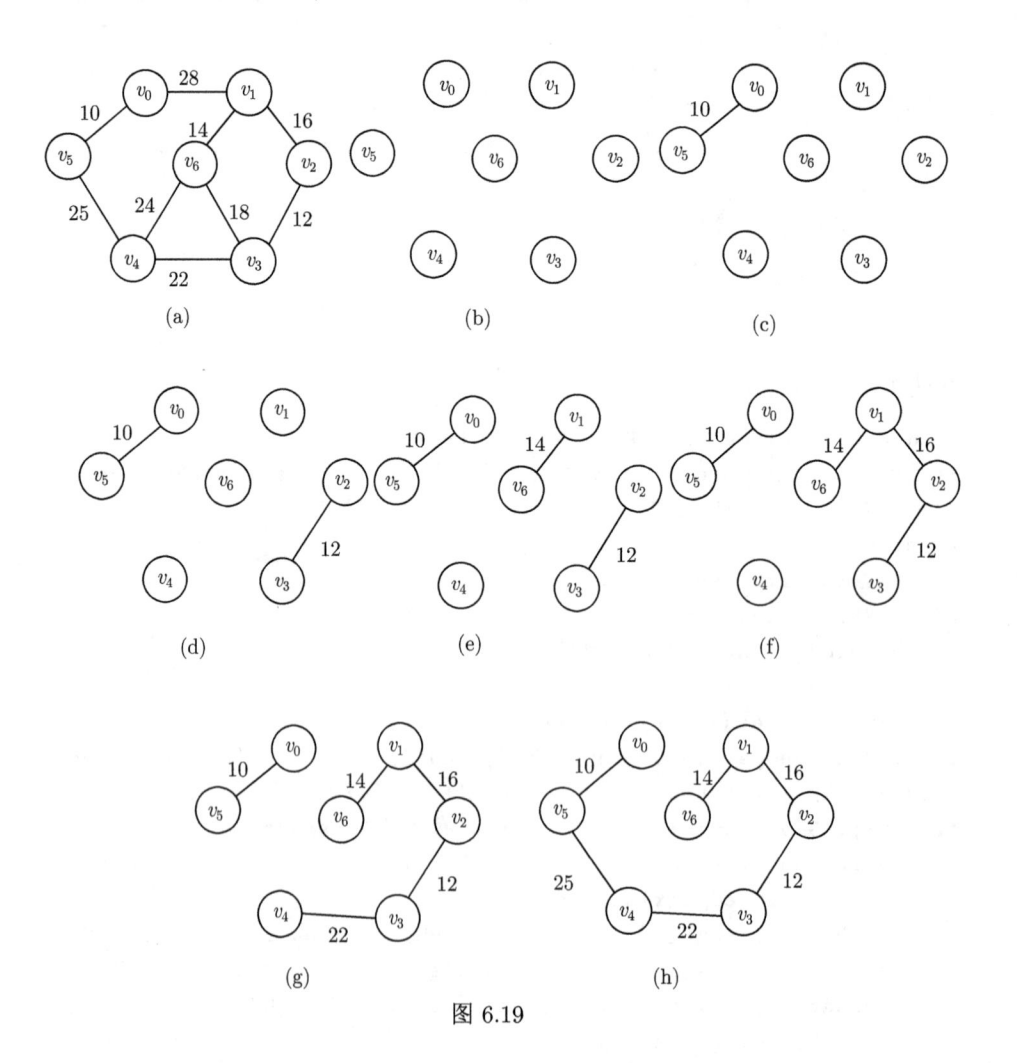

图 6.19

克鲁斯卡尔算法从另一途径求网的最小生成树。假设连通网 $N=(V,\{E\})$，则令最小生成树的初始状态为只有 n 个顶点而无边的非连通图 $T=(V,\{\})$，图中每个顶点自成一个连通分量。在 E 中选择代价最小的边，若该边依附的顶点落在 T 中不同的连通分量上，则将此边加入到 T 中，否则舍去此边而选择下一条代价最小的边。依次类推，

直至 T 中所有顶点都在同一连通分量上为止。例如, 图 6.19 所示为依照克鲁斯卡尔算法构造一棵最小生成树的过程。代价分别为 $10, 12, 14, 16$ 的 4 条边由于满足上述条件, 则先后被加入到 T 中, 代价为 18 的边 (v_3, v_6) 被舍去。因为它们依附的两顶点在同一连通分量上, 它们若加入 T 中, 则会使 T 中产生回路, 而下一条代价 $(= 5)$ 最小的边联结两个连通分量, 则可加入 T。由此, 构造成一棵最小生成树。

上述算法至多对 e 条边各扫描一次, 假若以 "堆" 来存放网中的边, 则每次选择最小代价的边仅需 $O(\log_2 e)$ 的时间 (第一次需 $O(e)$)。又生成树 T 的每个连通分量可看成是一个等价类, 则构造 T 加入新的边的过程类似于求等价类的过程, 由此可以以本节中介绍的最小生成树类型来描述 T, 使构造 T 的过程仅需 $O(e \log_2 e)$ 的时间, 由此, 克鲁斯卡尔算法的时间复杂度为 $O(e \log_2 e)$。

6.4.4 关节点和重连通分量

假若在删去顶点 v 以及和 v 相关联的各边之后, 将图的一个连通分量分割成两个或两个以上的连通分量, 则称顶点 v 为该图的一个**关节点** (Articulation Point)。一个没有关节点的连通图称为**重连通图** (Biconnected Graph)。在重连通图上, 任意一对顶点之间至少存在两条路径, 则在删去某个顶点以及依附于该顶点的各边时也不破坏图的连通性。若在连通图上至少删去 k 个顶点才能破坏图的连通性, 则称此图的连通度为 k。关节点和重连通在实际中有较多应用。显然, 一个表示通信网络的图的连通度越高, 其系统越可靠, 无论是哪一站点出现故障或遭到外界破坏, 都不影响系统的正常工作; 又如, 一个航空网若是重连通的, 则当某条航线因天气等某种原因关闭时, 旅客仍可从别的航线绕道而行; 再如, 若将大规模集成电路的关键线路设计成重连通的话, 则在某些元件失效的情况下, 整个片子的功能不受影响, 反之, 在战争中, 若要摧毁敌方的运输线, 仅需破坏其运输网中的关节点即可。

例如, 图 6.20 中图 G_5 是连通图, 但不是重连通图。图中有 4 个关节点 A, B, D 和 G。若删去顶点 B 以及所有依附点 B 的边, G_5 就被分割成 3 个连通分量。类似地, 若删去顶点 A 或 D 或 G 以及所有依附于它们的边, 则 G_5 被分割成两个连通分量, 由此, 关节点亦称割点。

利用深度优先搜索便可求得图的关节点, 并由此可判别图是否是重连通的。

图 6.21 所示为从顶点 A 出发深度优先搜索遍历图 6.20 中的图 G_5 所得深度优先生成树, 图中实线表示树边。对树中任一顶点 v 而言, 其孩子节点为在它之后搜索到的邻接点, 而其双亲节点和由回边联结的祖先节点是在它之前搜索到的邻接点。由深度优先生成树可得出两类关节点的特性。

(1) 若生成树的根有两棵或两棵以上的子树, 则此根顶点必为关节点。因为图中不存在联结不同子树中顶点的边。因此, 若删去根顶点, 生成树便变成生成森林, 如图 6.20 中的顶点 A。

(2) 若生成树中某个非叶子顶点 v, 其某棵子树的根和子树中的其他节点均没有指向 v 的祖先的回边, 则 v 为关节点。因为, 若删去 v, 则其子树和图的其他部分被分割开来, 如图 6.20 中的顶点 B。

图 6.20

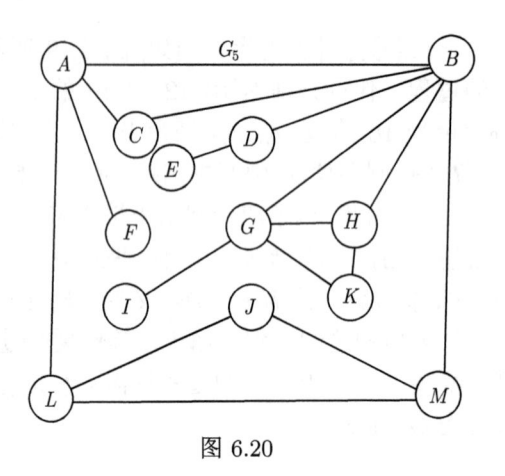

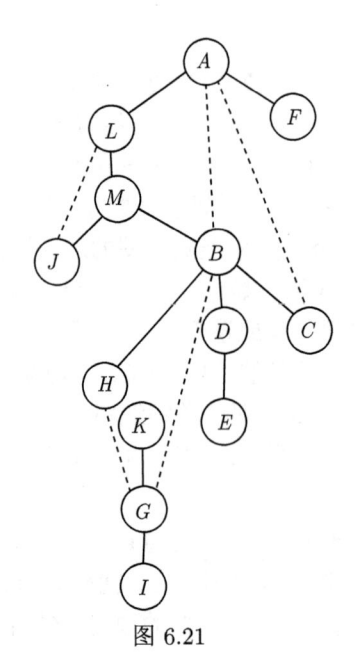

图 6.21

若对图 Graph = $(V, \{Edge\})$ 重新定义遍历时的访问函数 visited, 并引入一个新的函数 low, 则由一次深度优先搜索遍历便可求得连通图中存在的所有关节点。

若对于某个顶点 v 存在孩子节点 w 且 $low[w] \geqslant visited[v]$, 则该顶点 v 必为关节点。因为当 w 是 v 的孩子节点时, $low[w] \geqslant visited[v]$, 表明 w 及其子孙均无指向 v 的祖先的回边。

由定义可知, $visited[v]$ 值即为 v 在深度优先生成树的先序遍历序列中的序号, 只需将 DFS 函数中头两个语句改为 $visited[v_0] = ++count$(在 DFSTraverse 中设初值 count=1) 即可; $low[v]$ 可由后序遍历深度优先生成树求得, 而 v 在后序遍历序列中的次序和遍历时退出 DFS 函数的次序相同, 由此修改深度优先搜索遍历的算法便可得到求关节点的算法(见算法 6.10 和算法 6.11)。

算法 6.10

```
void FindArticul(ALGraph G){
    //连通图G以邻接表作存储结构,查找并输出G上全部关节点。全局变量
    //count计算访问次数
    count=1;visited[0]=1;//设定邻接表上0号顶点为生成树的根
    for(i=1;i<G.vexnum;++i)visited[i]=0;  // 其余顶点尚未访问
    p=G.vertices[0].firstarc;v=p->adjvex;
    DFSArticul(G,v);//从第v个顶点出发,深度优先查找关节点
    if(count<G.vexnum){          //生成树的根有至少两棵子树
        printf(0,G.vertices[0].data);// 根是关节点,输出
        while(p->nextarc){
            p=p->nextarc;v=p->adjvex;
            if(visited[v]==0)DFSArticul(g,v);
        } // while
    }// if
}
```

算法 6.11

```
void DFSArticul(ALGraph G,int v0) {
//从第v0个顶点出发深度优先遍历图G,查找并输出关节点
visited[v0]=min=++count;           // v0 是第 count个访问的顶点
for(p=G.vertices[v0].firstarc;p;p=p->nextarc){
                        //对v0的每个邻接顶点检查
    w=p->adjvex;              //w为v0的邻接顶点
    if(visited[w]==0){        // w未曾访问,是v0的孩子
    DFSArticul(G,w);          //返回前求得low[w]
    if(low[w]<min)min=low[w];
    if(low[w]>=visited[v0])printf(v0,G.vertices[v0].data); // 关节点
  }else if(visited[w]<min)min=visited[w];
    // w已访问,w是v0在生成树上的祖先
}// for
  low[v0]=min;
}
```

例如,图 6.20 G_5 中各顶点计算所得 visited 和 low 的函数值如表 6.1 所列。其中 J 是第一个求得 low 值的顶点, 由于存在回边 (J, L), 则 low$[J]$ = min{visited$[J]$,visited$[L]$} = 2。顺便提一句, 上述算法中将指向双亲的树边也看成是回边, 由于不影响关节点的判别, 因此, 为使算法简明起见, 在算法中没有区别。

由于上述算法的过程就是一个遍历的过程, 因此, 求关节点的时间复杂度仍为 $O(n+e)$。若尚需输出双连通分量, 仅需在算法中增加一些语句即可, 在此不再详述, 留给读者自己完成。

表 6.1

i	0	1	2	3	4	5	6	7	8	9	10	11	12
G. vertices[i]. data	A	B	C	D	E	F	G	H	I	J	K	L	M
visited[i]	1	5	12	10	11	13	8	6	9	4	7	2	3
low[i]	1	1	1	5	10	1	5	5	8	2	5	1	1
求得 low 值的顺序	13	9	8	7	6	12	3	5	2	1	4	11	10

6.5 有向无环图

一个无环的有向图称作**有向无环图** (Directed Acycline Graph, DAG)。DAG 是一类较有向树更一般的特殊有向图,如图 6.22 列示了有向树、DAG 和有向图的例子。

有向无环图是描述含有公共子式的表达式的有效工具。例如下述表达式

$$((a+b)*(b*(c+d))+(c+d)*e)*((c+d)*e)$$

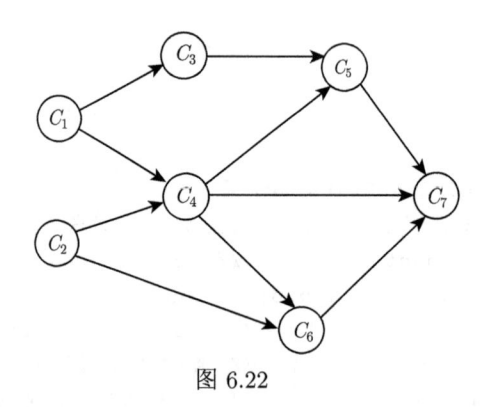

图 6.22

可以用第 5 章讨论的二叉树来表示,观察该表达式,可发现有一些相同的子表达式,如 $(c+d)$ 和 $(c+d)*e$ 等,在二叉树中,它们也重复出现。若利用有向无环图,则可实现对相同子式的共享,从而节省存储空间。例如图 6.23 所示为表示同一表达式的有向无环图。

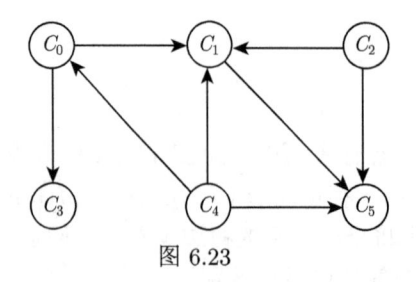

图 6.23

检查一个有向图是否存在环要比无向图复杂。对于无向图来说,若深度优先遍历过程中遇到回边 (即指向已访问过的顶点的边),则必定存在环;而对于有向图来说,这条回边有可能是指向深度优先生成森林中另一棵生成树上顶点的弧。但是,如果从有向图

6.5 有向无环图

上某个顶点 C_1 出发的遍历, 在 DFS(v) 结束之前出现一条从顶点 C_1 到顶点 C_6 的回边 (图 6.24), 由于 C_1 在生成树上是 C_6 的子孙, 则有向图中必定存在包含顶点 v 和 u 的环。

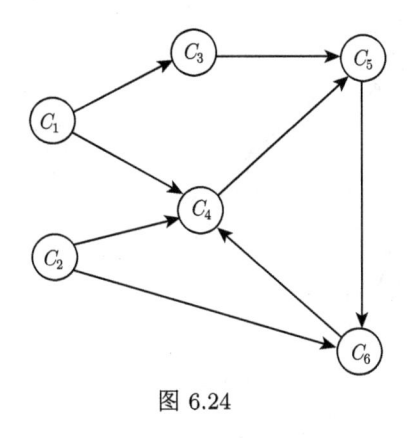

图 6.24

有向无环图也是描述一项工程或系统进行过程的有效工具。除最简单的情况之外, 几乎所有的工程 (Project) 都可分为若干个称作**活动** (Activity) 的子工程, 而这些子工程之间, 通常受着一定条件的约束, 如其中某些子工程的开始必须在另一些子工程完成之后。对整个工程和系统, 人们关心的是两个方面的问题: 一是工程能否顺利进行; 二是估算整个工程完成所必需的最短时间, 对应于有向图, 即为进行拓扑排序和求关键路径的操作。下面分别就这两个问题讨论之。

6.5.1 拓扑排序

什么是**拓扑排序** (Topological Sort)? 简单地说, 由某个集合上的一个偏序得到该集合上的一个全序, 这个操作称为拓扑排序。回顾离散数学中关于偏序和全序的定义。

若集合 X 上的关系 R 是自反的、反对称的和传递的, 则称 R 是集合 X 上的偏序关系。

设 R 是集合 X 上的**偏序** (Partial Order), 如果对每个 $x, y \in X$ 必有 xRy 或 yRz, 则称 R 是集合 X 上的全序关系。

直观地看, 偏序指集合中仅有部分成员之间可比较, 而全序指集合中全体成员之间均可比较。例如, 图 6.25 所示的两个有向图, 图中弧 $\langle A, B \rangle$ 表示 $A \preccurlyeq B$, 则 (a) 表示偏序, (b) 表示全序。若在 (a) 的有向图上人为地加一个表示 $v_2 \preccurlyeq v_3$ 的弧 (符号 "$\preccurlyeq$" 表示 v_2 领先于 v_3), 则 (a) 表示的亦为全序, 且这个全序称为**拓扑有序** (Topological Order), 而由偏序定义得到拓扑有序的操作便是拓扑排序。

一个表示偏序的有向图可用来表示一个流程图。它或者是一个施工流程图, 或者是一个产品生产的流程图, 再或是一个数据流图 (每个顶点表示一个过程)。图中每一条有向边表示两个子工程之间的次序关系 (领先关系)。

例如, 一个软件专业的学生必须学习一系列基本课程 (表 6.2), 其中有些课程是基础课, 它独立于其他课程, 如高等数学; 而另一些课程必须在学完作为它的基础的先修课程才能开始。如在程序设计基础和离散数学学完之前就不能开始学习数据结构。这些先决条件定义了课程之间的领先 (优先) 关系。这个关系可以用有向图更清楚地表示, 如图 6.26 所示。图中顶点表示课程, 有向边 (弧) 表示先决条件。若课程 i 是课程 j 的先决条件, 则图中有弧 $\langle i,j \rangle$。

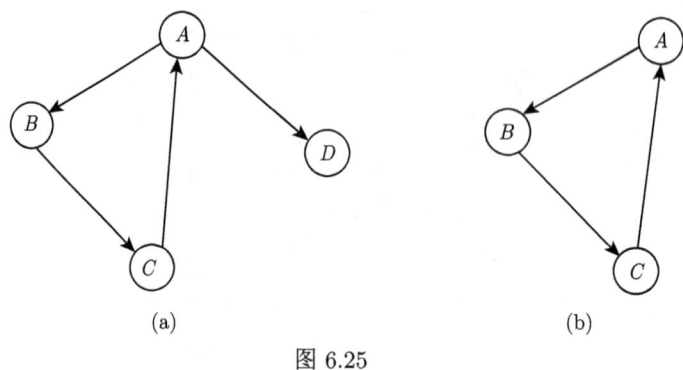

(a)   (b)

图 6.25

表 6.2

编号	课程名称	先修课
C_1	高等数学	无
C_2	计算机导论	无
C_3	离散数学	C_1
C_4	程序设计基础	C_1,C_2
C_5	数据结构	C_3,C_4
C_6	计算机原理	C_2,C_4
C_7	数据库原理	C_4,C_5,C_6

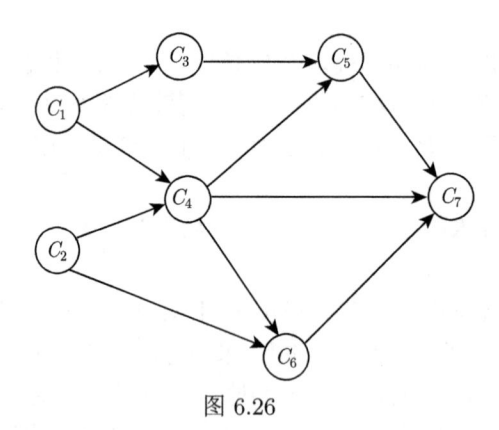

图 6.26

这种用顶点表示活动、用弧表示活动间的优先关系的有向图称为顶点表示活动的网 (Activity On Vertex Network), 简称 AOV-网。在网中, 若从顶点 i 到顶点 j 有一条有向路径, 则 i 是 j 的前驱; j 是 i 的后继。若 $\langle i,j \rangle$ 是网中一条弧, 则 i 是 j 的直接前驱, j 是 i 的直接后继。

在 AOV-网中, 不应该出现有向环, 因为存在环意味着某项活动应以自己为先决条件。显然, 这是荒谬的。若设计出这样的流程图, 工程便无法进行。而对程序的数据流程图来说, 则表明存在一个死循环。因此, 对给定的 AOV-网应首先判定网中是否存在

6.5 有向无环图

环。检测的办法是对有向图构造其顶点的拓扑有序序列,若网中所有顶点都在它的拓扑有序序列中,则该 AOV-网中必定不存在环。例如,图 6.26 的有向图有如下两个拓扑有序序列:

$$(C_1, C_2, C_3, C_4, C_5, C_6, C_7)$$

和

$$(C_2, C_1, C_4, C_6, C_3, C_5, C_7)$$

(当然,对此图也可构造得到其他的拓扑有序序列)。若某个学生每学期只学一门课程的话,则他必须按拓扑有序的顺序来安排学习计划。

如何进行拓扑排序?解决的方法很简单:
(1) 在有向图中选一个没有前驱的顶点且输出之。
(2) 从图中删除该顶点和所有以它为尾的弧。

重复上述两步,直至全部顶点均已输出,或者当前图中不存在无前驱的顶点为止。后一种情况则说明有向图中存在环。

以图 6.27(a) 中的有向图为例,图中 C_0 和 C_4 没有前驱,则可先输出 C_4,在删除 C_4 及弧 $<C_0, C_4>$、$<G_1, G_4>$、$<C_4, C_5>$ 之后,顶点 C_0 没有前驱,则输出 C_0 且删去 C_0 及弧 $<C_0, C_1>$、$<C_0, C_3>$,之后 C_3 和 C_2 都没有前驱。依次类推,可从中任选一个继续进行。整个拓扑排序的过程如图 6.27 所示。最后得到该有向图的拓扑有序序列为

$$C_4 \to C_0 \to C_3 \to C_2 \to C_1 \to C_5$$

如何在计算机中实现?针对上述两步操作,我们可采用邻接表作有向图的存储结构,且在头节点中增加一个存放顶点入度的数组 (indegree)。入度为零的顶点即为没有前驱的顶点,删除顶点及以它为尾的弧的操作,则可换以弧头顶点的入度减 1 来实现。

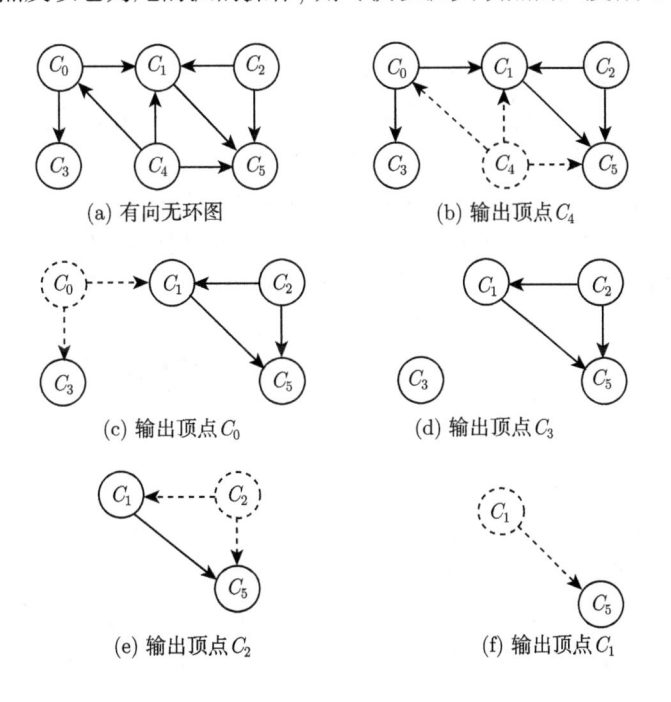

(a) 有向无环图

(b) 输出顶点 C_4

(c) 输出顶点 C_0

(d) 输出顶点 C_3

(e) 输出顶点 C_2

(f) 输出顶点 C_1

C_5

(g) 输出顶点 C_5 (h) 拓扑排序完成

图 6.27

为了避免重复检测入度为零的顶点，可另设一栈暂存所有入度为零的顶点，由此可得拓扑排序的算法如算法 6.12 所示。

算法 6.12

```
Status TopologicalSort(ALGraph G){
//有向图G采用邻接表存储结构
//若G无回路,则输出G的顶点的一个拓扑序列并返回OK,否则ERROR
FindInDegree(G,indegree);   // 对各顶点求入度indegree[0..vernum-1]
InitStack(S);
   for(i=0;i<G.vexnum;++i)            // 建零入度顶点栈S
       if(!indegree[i])Push(S,i)    // 入度为0者进栈
   count=0;                          // 对输出顶点计数
while(!StackEmpty(S)){
   Pop(S,i);printf(i,G.vertices[i].data);++count;  //输出i号顶点并计数
   for(p=G.vertices[i].firstarc;p;p=p->nextarc){
      k=p->adjvex;       //对i号顶点的每个邻接点的入度减1
      if(!(--indegree[k]))Push(S,k); // 若入度减为 0,则入栈
   }// for
} // while
    if(count<G.vexnum)return ERROR;    //该有向图有回路
      else return OK;
}
```

分析算法 6.12，对有 n 个顶点和 e 条弧的有向图而言，建立求各顶点的入度的时间复杂度为 $O(e)$；建零入度顶点栈的时间复杂度为 $O(n)$；在拓扑排序过程中，若有向图无环，则每个顶点进一次栈，出一次栈，入度减 1 的操作在 while 语句中总共执行 e 次，所以总的时间复杂度为 $O(n+e)$。上述拓扑排序的算法亦是下节讨论的求关键路径的基础。当有向图中无环时，也可利用深度优先遍历进行拓扑排序，因为图中无环，则由图中某点出发进行深度优先搜索遍历时，最先退出 DFS 函数的顶点即出度为零的顶点，是拓扑有序序列中最后一个顶点。由此，按退出 DFS 函数的先后记录下来的顶点序列 (如同求强连通分量时 finished 数组中的顶点序列) 即为逆向的拓扑有序序列。

6.5.2 关键路径

与 AOV-网相对应的是 AOE-网 (Activity On Edge Network) 即边表示活动的网。AOE-网是一个带权的有向无环图，其中，顶点表示事件 (Event)，弧表示活动，权表示活动持续的时间。通常，AOE-网可用来估算工程的完成时间。

例如，图 6.28 是一个假想的有 11 项活动的 AOE-网。其中有 9 个事件 $v_1, v_2, v_3, \cdots, v_9$，每个事件表示在它之前的活动已经完成，在它之后的活动可以开始。如 v_1 表示整个

6.5 有向无环图

工程开始, v_9 表示整个工程结束, v_5 表示 a_4 和 a_5 已经完成, a_7 和 a_8 可以开始。与每个活动相联系的数是执行该活动所需的时间。比如, 活动 a_1 需要 6 天, a_2 需要 4 天等。

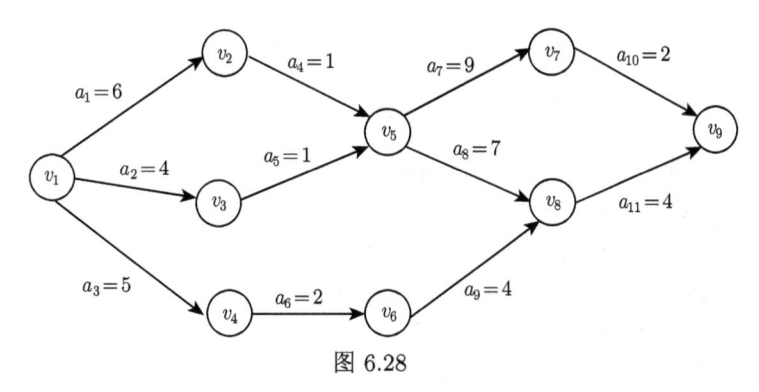

图 6.28

由于整个工程只有一个开始点和一个完成点, 故在正常的情况 (无环) 下, 网中只有一个入度为零的点 (称作源点) 和一个出度为零的点 (叫作汇点)。

和 AOV-网不同, 对 AOE-网有待研究的问题是: ① 完成整项工程至少需要多少时间? ② 哪些活动是影响工程进度的关键?

由于在 AOE-网中有些活动可以并行地进行, 所以完成工程的最短时间是从开始点到完成点的最长路径的长度 (这里所说的路径长度是指路径上各活动持续时间之和, 不是路径上弧的数目)。路径长度最长的路径叫作**关键路径** (Critical Path)。假设开始点是 v_1, 从 v_1 到 v_i 的最长路径长度叫作事件 v_i 的最早发生时间。这个时间决定了所有以 v_i 为尾的弧所表示的活动的最早开始时间。用 $e(i)$ 表示活动 a_i 的最早开始时间。还可以定义一个活动的最迟开始时间 $l(i)$, 这是在不推迟整个工程完成的前提下, 活动 a_i 最迟必须开始进行的时间。两者之差 $l(i) - e(i)$ 意味着完成活动 a_i 的时间余量。我们把 $l(i) = e(i)$ 的活动叫作关键活动。显然, 关键路径上的所有活动都是关键活动, 因此提前完成非关键活动并不能加快工程的进度。例如图 6.28 中的网, 从 v_1 到 v_9 的最长路径是 $(v_1, v_2, v_5, v_8, v_9)$, 路径长度是 18, 即 v_9 的最早发生时间是 18。而活动 a_6 的最早开始时间是 5, 最迟开始时间是 8, 这意味着: 如果 a_6 推迟 3 天开始或者延迟 3 天完成, 都不会影响整个工程的完成。因此, 分析关键路径的目的是辨别哪些是关键活动, 以便争取提高关键活动的工效, 缩短整个工期。

由上分析可知, 辨别关键活动就是要找 $e(i) = l(i)$ 的活动。为了求得 AOE-网中活动的 $e(i)$ 和 $l(i)$, 首先应求得事件的最早发生时间 $\text{ve}(j)$ 和最迟发生时间 $\text{vl}(j)$。如果活动 a_i 由弧 $\langle j, k \rangle$ 表示, 其持续时间记 $\text{dut}(\langle j, k \rangle)$, 则有如下关系

$$\begin{aligned} e(i) &= \text{ve}(j) \\ l(i) &= \text{vl}(k) - \text{dut}(\langle j, k \rangle) \end{aligned} \quad (6.1)$$

求 $\text{ve}(j)$ 和 $\text{vl}(j)$ 需分两步进行。

(1) 从 $\text{ve}(0) = 0$ 开始向前递推

$$\begin{aligned} \text{ve}(j) &= \max_i \{\text{ve}(i) + \text{dut}(\langle i, j \rangle)\} \\ \langle i, j \rangle &\in T, \quad j = 1, 2, \cdots, n-1 \end{aligned} \quad (6.2)$$

其中，T 是所有以第 j 个顶点为头的弧的集合。

(2) 从 $\text{vl}(n-1) = \text{ve}(n-1)$ 起向后递推

$$\begin{aligned} \text{vl}(i) &= \min_j\{\text{vl}(j) - \text{dut}(\langle i,j\rangle)\} \\ \langle i,j\rangle &\in S, \quad i = n-2, \cdots, 0 \end{aligned} \tag{6.3}$$

其中，S 是所有以第 i 个顶点为尾的弧的集合。

这两个递推公式的计算必须分别在拓扑有序和逆拓扑有序的前提下进行。也就是说，$\text{ve}(j-1)$ 必须在 v_j 的所有前驱的最早发生时间求得之后才能确定，而 $\text{vl}(j-1)$ 则必须在 v_j 所有后继的最迟发生时间求得之后才能确定。因此，可以在拓扑排序的基础上计算 $\text{ve}(j-1)$ 和 $\text{vl}(j-1)$。

由此得到如下所述求关键路径的算法。

(1) 输入 e 条弧 $\langle j, k\rangle$，建立 AOE-网的存储结构。

(2) 从源点 v_0 出发，令 $\text{ve}[0]=0$，按拓扑有序求其余各顶点的最早发生时间 $\text{ve}[i]$ $(1 \leqslant i \leqslant n-1)$。如果得到的拓扑有序序列中顶点个数小于网中顶点数 n，则说明网中存在环，不能求关键路径，算法终止；否则执行步骤 (3)。

(3) 从汇点 v_n 出发，令 $\text{vl}[n-1] = \text{ve}[n-1]$，按逆拓扑有序求其余各顶点的最迟发生时间 $\text{vl}[i]$ $(n-2 \geqslant i \geqslant 2)$。

(4) 根据各顶点的 ve 和 vl 值，求每条弧 s 的最早开始时间 $e(s)$ 和最迟开始时间 $l(s)$。若某条弧满足条件 $e(s) = l(s)$，则为关键活动。

如上所述，计算各顶点的 ve 值是在拓扑排序的过程中进行的，需对拓扑排序的算法作如下修改：① 在拓扑排序之前设初值，令 $\text{ve}[i] = 0$ $(0 \leqslant i \leqslant n-1)$；② 在算法中增加一个计算 v_j 的直接后继 v_k 的最早发生时间的操作，若 $\text{ve}[j] + \text{dut}(\langle j,k\rangle) > \text{ve}[k]$，则 $\text{ve}[k] = \text{ve}[j] + \text{dut}(\langle j,k\rangle)$；③ 为了能按逆拓扑有序序列的顺序计算各顶点的 vl 值，需记下在拓扑排序的过程中求得的拓扑有序序列，这需要在拓扑排序算法中，增设一个栈以记录拓扑有序序列，则在计算求得各顶点的 ve 值之后，从栈顶至栈底便为逆拓扑有序序列。

先将算法 6.12 改写成算法 6.13，则算法 6.14 便为求关键路径的算法。

算法 6.13

```
Status TopologicalOrder(ALGraph G,Stack &T){
//有向网G采用邻接表存储结构,求各顶点事件的最早发生时间ve(全局变量)
//T为拓扑序列顶点栈,S为零入度顶点栈
//若G无回路,则用栈T返回G的一个拓扑序列,且函数值为OK,否则为ERROR
//FindInDegree(G,indegree);  // 对各顶点求入度 indegree[0..vernum-1]
                             // 建零入度顶点栈S
InitStack(T);count=0;ve[0..G.vexnum-1]=0;      // 初始化
while(!StackEmpty(S)){
    Pop(S,j);Push(T,j);++count;  // j号顶点入T栈并计数
    for(p=G.vertices[j].firstarc;p;p=p->nextarc){
       k=p->adjvex;         //对j号顶点的每个邻接点的入度减1
       if(--indegree[k]==0)Push(S,k); //若入度减为 0,则入栈
```

6.5 有向无环图

```
            if(ve[j]+*(p->info)>ve[k])ve[k]=ve[j]+*(p->info);
      } // for*(p->info)=dut(<j,k>)
} // while
if(count<G.vexnum)return ERROR;   // 该有向网有回路
else return OK;
}
```

算法 6.14

```
Status CriticalPath(ALGraph G){
//G为有向网，输出G的各项关键活动
if(!TopologicalOrder(G,T))return ERROR;
vl[0..G.vexnum-1]=ve[G.vexnum-1];   //初始化顶点事件的最迟发生时间
while(!StackEmpty(T))     //按拓扑逆序求各顶点的vl值
   for(Pop(T,j),p=G.vertices[j].firstarc;p;p=p->nextarc){
      k=p->adjvex;dut=*(p->info);       // dut<j,k>
      if(vl[k]-dut<vl[j])vl[j]=vl[k]-dut;
   for(j=0;j<G.vexnum;++j)    //求ee,el和关键活动
      for(p=G.vertices[j].firstarc;p;p=p->nextarc){
         k=p->adjvex;dut=*(p->info);
         ee=ve[j];el=vl[k]-dut;
         tag=(ee==el)?'*':' ';
         printf(j,k,dut,ee,el,tag);      // 输出关键活动
      }
}
```

由于逆拓扑排序必定在网中无环的前提下进行，则亦可利用 DFS 函数，在退出 DFS 函数之前按式 (6.3) 计算顶点 v 的 vl 值 (因为此时 v 的所有直接后继的 vl 值都已求出)。

这两种算法的时间复杂度均为 $O(n+e)$，显然，前一种算法的常数因子要小些。由于计算弧的活动最早开始时间和最迟开始时间的复杂度为 $O(e)$，所以总的求关键路径的时间复杂度为 $O(n+e)$。

例如，对图 6.29 所示网的计算结果如图 6.30 所示，可见 a_2, a_5 和 a_7 为关键活动，组成一条从源点到汇点的关键路径。

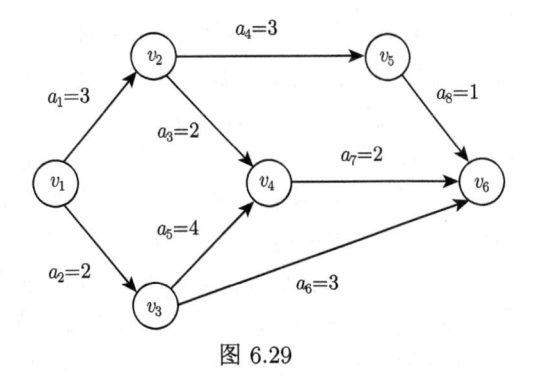

图 6.29

图 6.30

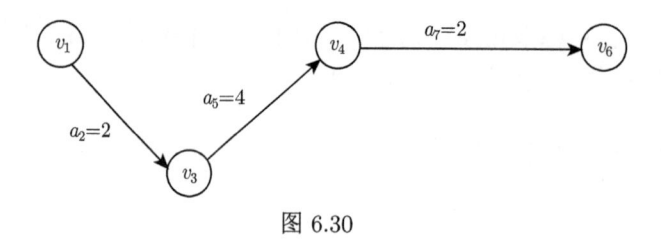

对于图 6.31 所示的网,可计算求得关键活动为 a_0, a_3, a_6, a_9 和 a_0, a_3, a_7, a_{10},它们构成两条关键路径:$(v_0, v_1, v_4, v_6, v_8)$ 和 $(v_0, v_1, v_4, v_7, v_8)$。

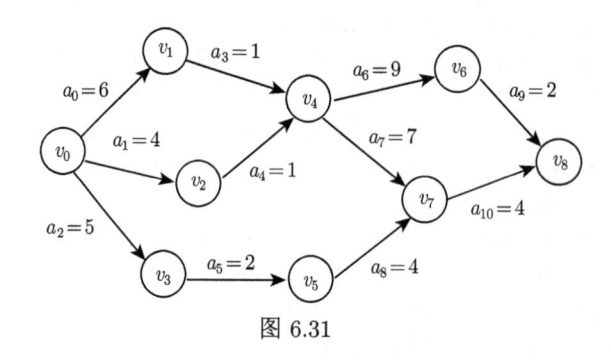

图 6.31

实践已经证明:用 AOE-网来估算某些工程完成的时间是非常有用的。实际上,求关键路径的方法本身最初就是与维修和建造工程一起发展的。但是,由于网中各项活动是互相牵涉的,因此,影响关键活动的因素亦是多方面的,任何一项活动持续时间的改变都会影响关键路径的改变。例如,对于图 6.29 所示的网来说,若 a_5 的持续时间改为 3,则可发现,关键活动数量增加,关键路径也增加。若同时将 a_4 的时间改成 4,则 (v_1, v_3, v_4, v_6) 不再是关键路径。由此可见,关键活动的速度提高是有限度的。只有在不改变网的关键路径的情况下,提高关键活动的速度才有效。

另外,若网中有几条关键路径,那么,单是提高一条关键路径上的关键活动的速度,还不能导致整个工程缩短工期,而必须提高同时在几条关键路径上的活动的速度。

6.6 最 短 路 径

假若要在计算机上建立一个交通咨询系统则可以采用图的结构来表示实际的交通网络。如图 6.32 所示,图中顶点表示城市,边表示城市间的交通联系。这个咨询系统可以回答旅客提出的各种问题。例如,一位旅客要从 A 城到 B 城,他希望选择一条途中中转次数最少的路线。假设图中每一站都需要换车,则这个问题反映到图上就是要找一条从顶点 A 到 B 所含边的数目最少的路径。我们只需从顶点 A 出发对图作广度优先搜索,一旦遇到顶点 B 就终止。由此所得广度优先生成树上,从根顶点 A 到顶点 B 的路径就是中转次数最少的路径,路径上 A 与 B 之间的顶点就是途经的中转站数,但是,这只是一类最简单的图的最短路径问题。有时,对于旅客来说,可能更关心的是节省交通费用;而对于司机来说,里程和速度则是他们感兴趣的信息。为了在图上表示有关信息,可对边赋以权,权的值

6.6 最短路径

表示两城市间的距离，或途中所需时间，或交通费用等。此时路径长度的度量就不再是路径上边的数目，而是路径上边的权值之和。考虑到交通图的有向性 (如航运、逆水和顺水时的船速就不一样)，本节将讨论带权有向图，并称路径上的第一个顶点为**源点** (Sourse)，最后一个顶点为**终点** (Destination)。下面讨论两种最常见的最短路径问题。

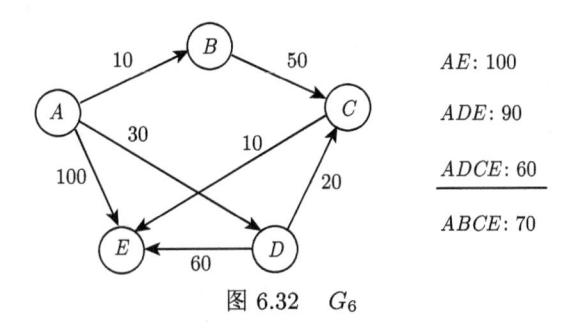

图 6.32 G_6

6.6.1 从某个源点到其余各顶点的最短路径

我们先来讨论单源点的最短路径问题：给定带权有向图 G 和源点 v，求从 v 到 G 中其余各顶点的最短路径。

例如，图 6.32 所示带权有向图 G_6 中从源点到其余各顶点之间的最短路径。从图中可见，从 A 到 E 有两条不同的路径：$(A,B,C,E),(A,D,E),(A,D,C,E),(A,E)$，路径分别为 70, 90, 60, 100。因此，最短路径为 (A,D,C,E)。

如何求得这些路径？迪杰斯特拉 (Dijkstra) 提出了一个按路径长度递增的次序产生最短路径的算法。

首先，引进一个辅助向量 D，它的每个分量 $D[i]$ 表示当前所找到的从始点 v 到每个终点 v_i 的最短路径的长度。它的初始状态为若从 v 到 v_i 有弧，则 $D[i]$ 为弧上的权值；否则置 $D[i]$ 为 ∞。显然，长度为

$$D[j] = \min_i \{D[i] | v_i \in V\}$$

的路径就是从 v 出发的长度最短的一条最短路径。此路径为 (v, v_j)。那么，下一条长度次短的最短路径是哪一条呢？假设该次短路径的终点是 v_k，则可想而知，这条路径或者是 (v, v_k)，或者是 (v, v_j, v_k)。它的长度或者是从 v 到 v_k 的弧上的权值，或者是 $D[j]$ 和从 v_j 到 v_k 的弧上的权值之和。

一般情况下，假设 S 为已求得最短路径的终点的集合，则可证明：下一条最短路径 (设其终点为 x) 或者是弧 (v, x)，或者是中间只经过 S 中的顶点而最后到达顶点 x 的路径。这可用反证法来证明。假设此路径上有一个顶点不在 S 中，则说明存在一条终点不在 S 而长度比此路径短的路径。但是，这是不可能的。因为我们是按路径长度递增的次序来产生各最短路径的，故长度比此路径短的所有路径均已产生，它们的终点必定在 S 中，即假设不成立。

因此，在一般情况下，下一条长度次短的最短路径的长度必是

$$D[j] = \min_i \{D[i] \mid v_i \in V - S\}$$

其中，$D[i]$ 或者是弧 (v,v_i) 上的权值，或者是 $D[k](v_k \in S)$ 和弧 (v_k,v_i) 上的权值之和。

根据以上分析，可以得到如下描述的算法。

(1) 假设用带权的邻接矩阵 arcs 来表示带权有向图，$\text{arcs}[i][j]$ 表示弧 $\langle v_i, v_j \rangle$ 上的权值。若 $\langle v_i, v_j \rangle$ 不存在，则置 $\text{arcs}[i][j]$ 为 ∞（在计算机上可用允许的最大值代替）。S 为已找到从 v 出发的最短路径的终点的集合，它的初始状态为空集。那么，从 v 出发到图上其余各顶点（终点）v_i 可能达到的最短路径长度的初值为

$$D[i] = \text{arcs}[\text{Locate Vex}(G,v)][i] \mid v_i \in V。$$

(2) 选择 v_j 使得

$$D[j] = \min_i \{D[i] \mid v_i \in V - S\}$$

v_j 就是当前求得的一条从 v 出发的最短路径的终点。令

$$S = S \cup \{j\}$$

(3) 修改从 v 出发到集合 $V - S$ 上任一顶点 v_k 可达的最短路径长度。如果

$$D[j] + \text{arcs}[j][k] < D[k]$$

则修改 $D[k]$ 为

$$D[k] = D[j] + \text{arcs}[j][k]$$

(4) 重复操作 (2) 和 (3) 共 $n-1$ 次。由此求得从 v 到图上其余各顶点的最短路径是依路径长度递增的序列。

算法 6.15 为用 C++ 语言描述的迪杰斯特拉算法。

算法 6.15

```
void ShortestPath_DIJ(MGraph G,int v0,PathMatrix &P,
    ShortPathTable &D){
//用 Dijkstra 算法求有向网G的v0顶点到其余顶点v的最短路径P[v]及其带权长度D[v]
//若P[v][w]为TRUE,则w是从v0到v当前求得最短路径上的顶点
// final[v]为TRUE当且仅当v∈S,即已经求得从v0到v的最短路径
for(v=0;v<G.vexnum;++v){
    final[v]=FALSE;D[v]=G.arcs[v0][v];
    for(w=0;w<G.vexnum;++w)P[v][w]=FALSE;  // 设空路径
    if(D[v]<INFINITY){P[v][v0]=TRUE;P[v][v]=TRUE;}
}//for
D[v0]=0;final[v0]=TRUE;  //初始化,v0顶点属于S集
           //开始主循环,每次求得v0到某个v顶点的最短路径，并加v到S集
for(i=1;i<G.vexnum;++i){          // 其余 G.vexnum-1个顶点
    min=INFINITY;         //当前所知离v0顶点的最近距离
    for(w=0;w<G.vexnum;++w)
        if(!final[w])  //w顶点在V-S中
            if(D[w]<min){v=w; min=D[w];}//w顶点离v0顶点更近
```

```
                final[v]=TRUE;        //离v0顶点最近的v加入S集
                for(w=0; w<G.vexnum;++w)  //更新当前最短路径及距离
                    if(!final[w]&&(min+G.arcs[v][w]<D[w])){
                                         //修改 D[w]和 P[w],w∈V-S
                        D[w]=min+G.arcs[v][w];
                        P[w]=P[v];P[w][w]=TRUE;  // P[w]=P[v]+[w]
                    }// if
            }// for
        }
```

例如, 图 6.32 所示有向网 G_6 的带权邻接矩阵为

$$\begin{bmatrix} \infty & 10 & \infty & 30 & 100 \\ \infty & \infty & 50 & \infty & \infty \\ \infty & \infty & \infty & \infty & 10 \\ \infty & \infty & 20 & \infty & 60 \\ \infty & \infty & \infty & \infty & \infty \end{bmatrix}$$

若对 G_6 施行迪杰斯特拉算法, 则所得从 A 到其余各顶点的最短路径, 我们分析这个算法的运行时间。第一个 for 循环的时间复杂度是 $O(n)$, 第二个 for 循环共进行 $n-1$ 次, 每次执行的时间复杂度是 $O(n)$。所以总的时间复杂度是 $O(n^2)$。如果用带权的邻接表作为有向图的存储结构, 则虽然修改 D 的时间可以减少, 但由于在 D 向量中选择最小分量的时间不变, 所以总的时间复杂度仍为 $O(n^2)$。

人们可能只希望找到从源点到某一个特定的终点的最短路径, 但是, 这个问题和求源点到其他所有顶点的最短路径一样复杂, 其时间复杂度也是 $O(n^2)$ 的。

6.6.2 每一对顶点之间的最短路径

解决这个问题的一个办法是: 每次以一个顶点为源点, 重复执行迪杰斯特拉算法 n 次。这样, 便可求得每一对顶点之间的最短路径。总的执行时间复杂度为 $O(n^2)$。

这里要介绍由弗洛伊德 (Floyd) 提出的另一个算法。这个算法的时间复杂度也是 $O(n^2)$, 但形式上简单些。

弗洛伊德算法仍从图的带权邻接矩阵 cost 出发, 其基本思想是:

假设求从顶点 v_i 到 v_j 的最短路径。如果从 v_i 到 v_j 有弧, 则从 v_i 到 v_j 存在一条长度为 arcs[i][j] 的路径, 该路径不一定是最短路径, 尚需进行 n 次试探。首先考虑路径 (v_i, v_0, v_j) 是否存在 (即判别弧 (v_i, v_0) 和 (v_0, v_j) 是否存在)。如果存在, 则比较 (v_i, v_j) 和 (v_i, v_0, v_j) 的路径长度, 取长度较短者为从 v_i 到 v_j 的中间顶点的序号不大于 0 的最短路径。假如在路径上再增加一个顶点 v_1, 也就是说, 如果 $(v_i, \cdots, v_1)$ 和 $(v_1, \cdots, v_j)$ 分别是当前找到的中间顶点的序号不大于 0 的最短路径, 那么 $(v_i, \cdots, v_1, \cdots, v_j)$ 就有可能是从 v_i 到 v_j 的中间顶点的序号不大于 1 的最短路径。将它和已经得到的从 v_i 到 v_j 中间顶点序号不大于 0 的最短路径相比较, 从中选出中间顶点的序号不大于 1 的最短路径之后, 再增加一个顶点 v_2, 继续进行试探。依次类推。在一般情况下, 若 $(v_i, \cdots, v_k)$

和 $(v_k,\cdots,v_j)$ 分别是从 v_i 到 v_k 和从 v_k 到 v_j 的中间顶点的序号不大于 $k-1$ 的最短路径，则将 $(v_i,\cdots,v_k,\cdots,v_j)$ 和已经得到的从 v_i 到 v_j 且中间顶点序号不大于 $k-1$ 的最短路径相比较，其长度较短者便是从 v_i 到 v_j 的中间顶点的序号不大于 k 的最短路径。这样，在经过 n 次比较后，最后求得的必是从 v_i 到 v_j 的最短路径。按此方法，可以同时求得各对顶点间的最短路径。

现定义一个 n 阶方阵序列

$$D^{(-1)}, D^{(0)}, D^{(1)}, \cdots, D^{(k)}, \cdots, D^{(n-1)}$$

其中

$$D^{(-1)}[i][j] = G.\text{arcs}[i][j]$$

$$D^{(k)}[i][j] = \min\{D^{(k-1)}[i][j], D^{(k-1)}[i][k] + D^{(k-1)}[k][j]\}, \quad 0 \leqslant k \leqslant n-1$$

从上述计算公式可见，$D^{(1)}[i][j]$ 是从 v_i 到 v_j 的中间顶点的序号不大于 1 的最短路径的长度；$D^{(k)}[i][j]$ 是从 v_i 到 v_j 的中间顶点的序号不大于 k 的最短路径的长度；$D^{(n-1)}[i][j]$ 就是从 v_i 到 v_j 的最短路径的长度。

由此可得算法 6.16。

算法 6.16

```
void ShortestPath_FLOYD(MGraph G,PathMatrix &P[],DistancMatrix &D){
//用Floyd算法求有向网G中各对顶点v和w之间的最短路径P[v][w]及其
//带权长度D[v][w]。若P[v][w][u]为TRUE,则u是从v到w当前求得最
//短路径上的顶点
for(v=0;v<G.vexnum;++v) //各对节点之间初始已知路径及距离
 for(w=0;w<G.vexnum;++w){
         D[v][w]=G.arcs[v][w];
         for(u=0;u<G.vexnum;++u)P[v][w][u]=FALSE;
         if(D[v][w]<INFINITY){ //从 v 到 w 有直接路径
             P[v][w][v]=TRUE;p[v][w][w]=TRUE;
         }// if
     }// for
for(u=0;u<G.vexnum;++u)
    for(v=0;v<G.vexnum;++v)
        for(w=0;w<G.vexnum;++w)
            if(D[v][u]+D[u][w]<D[v][w]) {//从v经u到w的一条路径更短
               D[v][w]=D[v][u]+D[u][w];
                for(i=0;i<G.vexnum;++i)
                    P[v][w][i]=P[v][u][i]|| P[u][w][i];
            }// if
}
```

例如,利用上述算法,可求得图 6.33 所示带权有向图 G_7 的每一对顶点之间的最短路径及其路径长度如下:

$$\text{dist}_1 = \begin{pmatrix} 0 & 4 & 6 \\ 6 & 0 & 2 \\ 3 & 7 & 0 \end{pmatrix}, \quad \text{dist}_2 = \begin{pmatrix} 0 & 4 & 6 \\ 5 & 0 & 2 \\ 3 & 7 & 0 \end{pmatrix}$$

$$\text{path}_1 = \begin{pmatrix} & ab & abc \\ ba & & bc \\ ca & cab & \end{pmatrix}, \quad \text{path}_2 = \begin{pmatrix} & ab & abc \\ bca & & bc \\ ca & cab & \end{pmatrix}$$

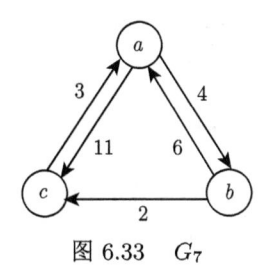

图 6.33　G_7

习　题　6

一、填空题

1. 判断一个无向图是一棵树的条件是_____。
2. 有向图 G 的强连通分量是指_____。
3. 一个连通图的_____是一个极小连通子图。
4. 具有 10 个顶点的无向图,边的总数最多为_____。
5. 若用 n 表示图中顶点数目,则有_____条边的无向图成为完全图。
6. 设无向图 G 有 n 个顶点和 e 条边,每个顶点 V_i 的度为 $d_i(1 \leqslant i \leqslant n)$,则 $e =$_____。
7. G 是一个非连通无向图,共有 28 条边,则该图至少有_____个顶点。
8. 在有 n 个顶点的有向图中,若要使任意两点间可以互相到达,则至少需要_____条弧。
9. 在有 n 个顶点的有向图中,每个顶点的度最大可达_____。
10. 设 G 为具有 N 个顶点的无向连通图,则 G 中至少有_____条边。
11. n 个顶点的连通无向图,其边的条数至少为_____。
12. 如果含 n 个顶点的图形形成一个环,则它有_____棵生成树。
13. N 个顶点的连通图的生成树含有_____条边。
14. 构造 n 个节点的强连通图,至少有_____条弧。
15. 有 N 个顶点的有向图,至少需要_____条弧才能保证是连通的。

二、选择题

1. 图中有关路径的定义是(　　)。

A. 由顶点和相邻顶点序偶构成的边所形成的序列;

B. 由不同顶点所形成的序列;

C. 由不同边所形成的序列;

D. 上述定义都不是。

2. 设无向图的顶点个数为 n，则该图最多有（　　）条边。
A. $n-1$；　　　　B. $n(n-1)/2$；　　　　C. $n(n+1)/2$；　　　　D. 0；
E. n。

3. 一个 n 个顶点的连通无向图，其边的个数至少为（　　）。
A. $n-1$；　　　　B. n；　　　　C. $n+1$；　　　　D. $n\log n$。

4. 要连通具有 n 个顶点的有向图，至少需要（　　）条边。
A. $n-1$；　　　　B. n；　　　　C. $n+1$；　　　　D. $2n$。

5. n 个节点的完全有向图含有边的数目为（　　）。
A. nn；　　　　B. $n(n+1)$；　　　　C. $n/2$；　　　　D. $n(n-1)$。

6. 一个有 n 个节点的图，最少有（　　）个连通分量，最多有（　　）个连通分量。
A. 0；　　　　B. 1；　　　　C. $n-1$；　　　　D. n。

7. 在一个无向图中，所有顶点的度数之和等于所有边数（　　）倍，在一个有向图中，所有顶点的入度之和等于所有顶点出度之和的（　　）倍。
A. 1/2；　　　　B. 2；　　　　C. 1；　　　　D. 4。

8. 用有向无环图描述表达式 $(A+B)*((A+B)/A)$，至少需要顶点的数目为（　　）。
A. 5；　　　　B. 6；　　　　C. 8；　　　　D. 9。

9. 用 DFS 遍历一个无环有向图，并在 DFS 算法退栈返回时打印相应的顶点，则输出的顶点序列是（　　）。
A. 逆拓扑有序；　　　　B. 拓扑有序；　　　　C. 无序的。

10. 下面结构中最适于表示稀疏无向图的是（　　），适于表示稀疏有向图的是（　　）。
A. 邻接矩阵；　　　　B. 逆邻接表；　　　　C. 邻接多重表；　　　　D. 十字链表；
E. 邻接表。

11. 下列哪一种图的邻接矩阵是对称矩阵？（　　）
A. 有向图；　　　　B. 无向图；　　　　C. AOV 网；　　　　D. AOE 网。

12. 用相邻矩阵 A 表示图，判定任意两个顶点 v_i 和 v_j 之间是否有长度为 m 的路径相连，则只要检查（　　）的第 i 行第 j 列的元素是否为零即可。
A. mA；　　　　B. A；　　　　C. A^m；　　　　D. Am^{-1}。

13. 下列说法不正确的是（　　）。
A. 图的遍历是从给定的源点出发每一个顶点仅被访问一次；
B. 遍历的基本算法有两种：深度遍历和广度遍历；
C. 图的深度遍历不适用于有向图；
D. 图的深度遍历是一个递归过程。

14. 无向图 $G=(V,E)$，其中 $V=\{a,b,c,d,e,f\}$，$E=\{(a,b),(a,e),(a,c),(b,e),(c,f),(f,d),(e,d)\}$，对该图进行深度优先遍历，得到的顶点序列正确的是（　　）。
A. $abecdf$；　　　　B. $acfebd$；　　　　C. $aebcfd$；　　　　D. $aedfcb$。

15. 当各边上的权值（　　）时，BFS 算法可用来解决单源最短路径问题。
A. 均相等；　　　　B. 均互不相等；　　　　C. 不一定相等；　　　　D. 以上都不对。

16. 在有向图 G 的拓扑序列中，若顶点 v_i 在顶点 v_j 之前，则下列情形不可能出现的是（　　）。
A. G 中有弧 $<V_i,V_j>$；　　　　B. G 中有一条从 V_i 到 V_j 的路径；
C. G 中没有弧 $<V_i,V_j>$；　　　　D. G 中有一条从 V_j 到 V_i 的路径。

17. 在用邻接表表示图时，拓扑排序算法时间复杂度为（　　）。
A. $O(n)$；　　　　B. $O(n+e)$；　　　　C. $O(nn)$；　　　　D. $O(nnn)$。

18. 下列关于 AOE-网的叙述中，不正确的是（　　）。
A. 关键活动不按期完成就会影响整个工程的完成时间；

B. 任何一个关键活动提前完成，那么整个工程将会提前完成；

C. 所有的关键活动提前完成，那么整个工程将会提前完成；

D. 某些关键活动提前完成，那么整个工程将会提前完成。

三、判断题

1. 树中的节点和图中的顶点就是指数据结构中的数据元素。（　）
2. 在 n 个节点的无向图中，若边数大于 $n-1$，则该图必是连通图。（　）
3. 对有 n 个顶点的无向图，其边数 e 与各顶点度数间满足下列等式 $e = \sum_{i=1}^{n} \text{TD}(V_i)$。（　）
4. 有 e 条边的无向图，在邻接表中有 e 个节点。（　）
5. 有向图中顶点 V 的度等于其邻接矩阵中第 V 行中的 1 的个数。（　）
6. 强连通图的各顶点间均可到达。（　）
7. 强连通分量是无向图的极大强连通子图。（　）
8. 连通分量指的是有向图中的极大连通子图。（　）
9. 邻接多重表是无向图和有向图的链式存储结构。（　）
10. 十字链表是无向图的一种存储结构。（　）
11. 无向图的邻接矩阵可用一维数组存储。（　）
12. 用邻接矩阵法存储一个图所需的存储单元数目与图的边数有关。（　）
13. 有 n 个顶点的无向图，采用邻接矩阵表示，图中的边数等于邻接矩阵中非零元素之和的一半。（　）
14. 有向图的邻接矩阵是对称的。（　）
15. 无向图的邻接矩阵一定是对称矩阵，有向图的邻接矩阵一定是非对称矩阵。（　）
16. 邻接矩阵适用于有向图和无向图的存储，但不能存储带权的有向图和无向图，而只能使用邻接表存储形式来存储它。（　）
17. 用邻接矩阵存储一个图时，在不考虑压缩存储的情况下，所占用的存储空间大小与图中节点个数有关，而与图的边数无关。（　）
18. 一个有向图的邻接表和逆邻接表中节点的个数可能不等。（　）
19. 需要借助于一个队列来实现 DFS 算法。（　）
20. 广度遍历生成树描述了从起点到各顶点的最短路径。（　）
21. 任何无向图都存在生成树。（　）
22. 不同的求最小生成树的方法最后得到的生成树是相同的。（　）

四、应用题

1. 证明：具有 n 个顶点和多于 $n-1$ 条边的无向连通图 G 一定不是树。
2. 证明：对有向图的顶点适当地编号，可使其邻接矩阵为下三角形且主对角线为全 0 的充要条件是该图为无环图。
3. 试用下列三种表示法画出网 G 的存储结构，并评述这三种表示法的优、缺点：
(1) 邻接矩阵表示法；(2) 邻接表表示法；(3) 其他表示法。

五、算法设计题

1. 设无向图 G 有 n 个顶点，m 条边。试编写用邻接表存储该图的算法（设顶点值用 $1 \sim n$ 或 $0 \sim n-1$ 编号）。
2. 给出以十字链表作存储结构，建立图的算法，输入 (i,j,v)，其中 i, j 为顶点号，v 为权值。
3. 设有向图 G 有 n 个点（用 $1, 2, \cdots, n$ 表示）、e 条边，写一算法根据其邻接表生成其反向邻接表，要求算法时间复杂度为 $O(n+e)$。

第 7 章 查 找

本书在第 2 章至第 6 章中已经介绍了各种线性或非线性的数据结构，本章将讨论另一种在实际应用中大量使用的数据结构——查找表。

查找表 (Search Table) 是由同一类型的数据元素 (或记录) 构成的集合。由于"集合"中的数据元素之间存在着完全松散的关系，因此查找表是一种非常重要的数据结构。

对查找表经常进行的操作有：① 查询某个"特定的"数据元素是否在查找表中；② 检索某个"特定的"数据元素的各种属性；③ 在查找表中插入一个数据元素；④ 从查找表中删去某个数据元素。若对查找表只作前两种统称为"查找"的操作，则称此类查找表为**静态查找表** (Static Search Table)。若在查找过程中同时插入查找表中不存在的数据元素，或者从查找表中删除已存在的某个数据元素，则称此类表为**动态查找表** (Dynamic Search Table)。

在日常生活中，人们几乎每天都要进行"查找"工作。例如，在电话号码簿中查阅"某单位"或"某人"的电话号码；在字典中查阅"某个词"的读音和含义；等等。其中"电话号码簿"和"字典"都可视作一张查找表。

在各种系统软件或应用软件中，查找表也是最常见的结构之一。如编译程序中符号表、信息处理系统中信息表等等。

由上述可见，所谓"查找"即为在一个含有众多的数据元素 (或记录) 的查找表中找出某个"特定的"数据元素 (或记录)。

为了便于讨论，必须给出这个"特定的"词的确切含义。首先需引入一个"关键字"的概念。

关键字 (Key) 是数据元素 (或记录) 中某个数据项的值，用它可以标识 (识别) 一个数据元素 (或记录)。若此关键字可以唯一地标识一个记录，则称此关键字为**主关键字** (Primary Key, 对不同的记录，其主关键字均不同)。反之，称用于识别若干记录的关键字为**次关键字** (Secondary Key)。当数据元素只有一个数据项时，其关键字即为该数据元素的值。

查找 (Searching) 根据给定的某个值，在查找表中确定一个其关键字等于给定值的记录或数据元素。若表中存在这样的一个记录，则称**查找是成功**的，此时查找的结果为给出整个记录的信息，或指示该记录在查找表中的位置；若表中不存在关键字等于给定值的记录，则称**查找不成功**，此时查找的结果可给出一个"空"记录或"空"指针。

例如，当用计算机处理职工工作时长时，全部职工的工作时间可以用图 7.1 所示表的结构储存在计算机中，表中每一行为一个记录，职工的职工号为记录的关键字。假设给定值为 1990.4，则通过查找可得职工王刚的年龄和工作时间，此时查找为成功。若给定值为 1793.8，则由于表中没有关键字为 1793.8 的记录，则查找不成功。

职工号	姓名	性别	年龄	工作时间
0001	王刚	男	38	1990.4
0002	张亮	男	25	2003.7
0003	刘楠	女	47	1979.9
0004	齐梅	女	25	2003.7
0005	李爽	女	50	1972.9

图 7.1

如何进行查找？显然，在一个结构中查找某个数据元素的过程依赖于这个数据元素在结构中所处的地位。因此，对表进行查找的方法取决于表中数据元素是依何种关系(这个关系是人为地加上的) 组织在一起的。例如查电话号码时，由于电话号码簿按用户(集体或个人) 的名称 (或姓名) 分类且依笔画顺序编排，则查找的方法就是先顺序查找待查用户的所属类别，然后在此类中顺序查找，直到找到该用户的电话号码为止。又如，查阅英文单词时，由于字典是按单词的字母在字母表中的次序编排的，因此查找时不需要从字典中第一个单词比较起，而只要根据待查单词中每个字母在字母表中的位置查到该单词。

同样，在计算机中进行查找的方法也随数据结构不同而不同。正如前所述，本章讨论的查找表是一种非常灵便的数据结构。但也正是由于表中数据元素之间仅存在着"同属一个集合"的松散关系，给查找带来不便。为此，需在数据元素之间人为地加上一些关系，以便按某种规则进行查找，即以另一种数据结构来表示查找表。本章将分别就静态查找表和动态查找表两种抽象数据类型讨论其表示和操作实现的方法。

在本章以后各节的讨论中，涉及的关键字类型和数据元素类型统一说明如下。

典型的关键字类型说明可以是

```
typedef float    KeyType;     //实型
typedef int      KeyType;     //整型
typedef char     *KeyType;    //字符串型
```

数据元素类型定义：

```
typedef struct {
KeyType key;        //关键字域
…                   //其他域
}SElemType;
```

对两个关键字的比较约定为如下的宏定义：

```
// --对数值型关键字
#define EQ(a, b)  ((a)==(b))
#define LT(a, b)  ((a)<(b))
#define LQ(a, b)  ((a)<=(b))
…
// --对字符串型关键字
```

```
#define EQ(a,b)    (!strcmp((a),(b)))
#define LT(a,b)    (strcmp((a),(b))<0)
#define LQ(a,b)    (strcmp((a),(b))<=0)
```

7.1 静态查找表

抽象数据类型静态查找表的定义为

ADT StaticSearchTable {

数据对象 D：D 是具有相同特性的数据元素的集合。各个数据元素均含有类型相同，可唯一标识数据元素的关键字。

数据关系 R：数据元素同属一个集合。

基本操作 P：

 Create(&ST, n);

  操作结果：构造一个含 n 个数据元素的静态查找表 ST。

 Destroy(&ST);

  初始条件：静态查找表 ST 存在。

  操作结果：销毁表 ST。

 Search(ST, key);

  初始条件：静态查找表 ST 存在, key 为和关键字类型相同的给定值。

  操作结果：若 ST 中存在其关键字等于 key 的数据元素，则函数值为该元素的值在表中的位置，否则为"空"。

 Traverse (ST, Visit());

  初始条件：静态查找表 ST 存在,Visit 是对元素操作的应用函数。

  操作结果：按某种次序对 ST 的每个元素调用函数 Visit() 一次且仅一次。一旦 Visit() 失败，则操作失败。

}

  静态查找表可以有不同的表示方法，在不同的表示方法中，实现查找操作的方法也不同。

7.1.1 顺序表的查找

  以顺序表或线性链表表示静态查找表，则 Search 函数可用顺序查找来实现。本节中只讨论它在顺序存储结构模块中的实现，在线性链表模块中实现的情况留给读者去完成。

```
//-----------静态查找表的顺序存储结构-----------
typedef struct{
    ElemType *elem;//数据元素存储空间基址,建表时按实际长度分配,0 号单元留空
    int length;    //表长度
}SSTable;
```

7.1 静态查找表

下面讨论顺序查找的实现。

顺序查找 (Sequential Search) 的查找过程为: 从表中最后一个记录开始, 逐个进行记录的关键字和给定值的比较, 若某个记录的关键字和给定值比较相等, 则查找成功, 找到所查记录; 反之, 若直至第一个记录, 其关键字和给定值比较都不等, 则表明表中没有所查记录, 查找不成功。此查找过程可用算法 7.1 描述。

算法 7.1

```
int Search_Seq(SSTable ST, KeyType key){
//在顺序表ST中顺序查找其关键字等于key的数据元素。若找到,则函数值为
//该元素在表中的位置,否则为0
ST.elem[0].key=key;      // "哨兵"
        for (i=ST.length;!EQ(ST.elem[i].key, key);--i);
                    // 从后往前找
        return i;        // 找不到时,i为0
}
```

只是在 Search_Seq 中, 查找之前先对 ST.elem[0] 的关键字赋值 key, 目的在于免去查找过程中每一步都要检测整个表是否查找完毕。在此, ST.elem[0] 起到了监视哨的作用。这仅是一个程序设计技巧上的改进, 然而实践证明, 这个改进能使顺序查找在 ST.length $\geqslant$ 1000 时, 进行一次查找所需的平均时间几乎减少一半。当然, 监视哨也可设在高下标处。

查找操作的**性能分析**如下。

在第 1 章中曾提及, 衡量一个算法好坏的量度有 3 条: 时间复杂度 (衡量算法执行的时间量级)、空间复杂度 (衡量算法的数据结构所占存储以及大量的附加存储) 和算法的其他性能。对于查找算法来说, 通常只需要一个或几个辅助空间。另外, 查找算法中的基本操作是 "将记录的关键字和给定值进行比较", 因此, 通常以 "其关键字和给定值进行过比较的记录个数的平均值" 作为衡量查找算法好坏的依据。

定义 7.1.1 为确定记录在查找表中的位置, 需和给定值进行比较的关键字个数的期望值称为查找算法在查找成功时的**平均查找长度** (Average Search Length)。

对于含有 n 个记录的表, 查找成功时的平均查找长度为

$$\mathrm{ASL} = \sum_{i=1}^{n} P_i C_i \tag{7.1}$$

其中 P_i 为查找表中第 i 个记录的概率, 且 $\sum_{i=1}^{n} P_i = 1$; C_i 为在查找表中找到关键字与给定值相等的第 i 个记录时, 已经和给定值已进行过比较的关键字个数。显然, C_i 随查找过程不同而不同。

从顺序查找的过程可见, C_i 取决于所查记录在表中的位置。例如查找表中最后一个记录时, 仅需比较一次; 而查找表中第一个记录时, 则需比较 n 次。一般情况下 C_i 等于 $n-i+1$。

假设 $n = $ ST.length, 则顺序查找的平均查找长度为

$$\text{ASL} = nP_1 + (n-1)P_2 + \cdots + 2P_{n-1} + P_n \tag{7.2}$$

假设每个记录的查找概率相等, 即

$$P_i = 1/n$$

则在等概率情况下顺序查找的平均查找长度为

$$\text{ASL}_{ss} = \sum_{i=1}^{n} P_i C_i = \frac{1}{n} \sum_{i=1}^{n} (n-i+1) = \frac{n+1}{2} \tag{7.3}$$

有时, 表中各个记录的查找概率并不相等。由于式 (7.2) 中的 ASL 在 $P_n \geqslant P_{n-1} \geqslant \cdots \geqslant P_2 \geqslant P_1$ 时达到极小值。因此, 对记录的查找概率不等的查找表, 若能预先得知每个记录的查找概率, 则应先对记录的查找概率进行排序, 使表中记录按查找概率由小至大重新排列, 以便提高查找效率。

然而, 在一般情况下, 记录的查找概率预先无法测定。为了提高查找效率, 我们可以在每个记录中附设一个访问频度域, 并使顺序表中的记录始终保持按访问频度非递减有序的次序排列, 使得查找概率大的记录在查找过程中不断往后移, 以便在以后的逐次查找中减少比较次数; 或者在每次查找之后都将刚查找到的记录直接移至表尾。

顺序查找和我们后面将要讨论到的其他查找算法相比, 其缺点是平均查找长度较大, 特别是当 n 很大时, 查找效率较低。然而, 它有很大的优点: 算法简单且适应面广。它对表的结构无任何要求, 无论记录是否按关键字有序均可应用, 而且上述所有讨论对线性链表也同样适用。

容易看出, 上述对平均查找长度的讨论是在 $\sum_{i=1}^{n} P_i = 1$ 的前提下进行的, 换句话说, 我们认为每次查找都是 "成功" 的。在本章开始时曾提到, 查找可能产生 "成功" 与 "不成功" 两种结果, 但在实际应用的大多数情况下, 查找成功的可能性比不成功的可能性大得多, 特别是在表中记录数 n 很大时, 查找不成功的概率可以忽略不计。当查找不成功的情形不能忽视时, 查找算法的平均查找长度应是查找成功时的平均查找长度与查找不成功时的平均查找长度之和。

对于顺序查找, 不论给定值 key 为何值, 查找不成功时与给定值进行比较的关键字个数均为 $n+1$。假设查找成功与不成功的可能性相同, 对每个记录的查找概率也相等, 则 $P_i = 1/(2n)$, 此时顺序查找的平均查找长度为

$$\text{ASL}'_{ss} = \frac{1}{2n} \sum_{i=1}^{n} (n-i+1) + \frac{1}{2}(n+1) = \frac{3}{4}(n+1) \tag{7.4}$$

在本章的以后各节中, 仅讨论查找成功时的平均查找长度和查找不成功时的比较次数, 但哈希表例外。

7.1.2 有序表的查找

以有序表表示静态查找表时,Search 函数可用折半查找来实现。

折半查找 (Binary Search) 的查找过程是:先确定待查记录所在的范围 (区间),然后逐步缩小范围直到找到或找不到该记录为止。

例如,已知如下 11 个数据元素的有序表 (关键字即为数据元素的值):

$$(05, 13, 19, 21, 37, 56, 64, 75, 80, 88, 92)$$

现要查找关键字为 21 和 85 的数据元素。

假设指针 low 和 high 分别指示待查元素所在范围的下界和上界,指针 mid 指示区间的中间位置,即 $\text{mid} = \lfloor (\text{low} + \text{high})/2 \rfloor$。在此例中,low 和 high 的初值分别为 1 和 11,即 [1, 11] 为待查范围。

下面先看给定值 key = 21 的查找过程:

```
   05   13   19   21   37   56   64   75   80   88   92
   ↑ low                ↑ mid                ↑ high
```

首先令查找范围中间位置的数据元素的关键字 ST.elem[mid].key 与给定值 key 相比较,因为 ST.elem[mid].key > key,说明待查元素若存在,必在区间 [low, mid − 1] 的范围内,则令指针 high 指向第 mid − 1 个元素,重新求得 $\text{mid} = \lfloor (1+5)/2 \rfloor = 3$,

```
   05   13   19   21   37   56   64   75   80   88   92
   ↑ low  ↑ mid  ↑ high
```

仍以 ST.elem[mid].key 和 key 相比,因为 ST.elem[mid].key < key,说明待查元素若存在,必在 [mid + 1, high] 范围内,则令指针 low 指向第 mid + 1 个元素,求得 mid 的新值为 4,比较 ST.elem[mid].key 和 key,因为相等,则查找成功,所查元素在表中序号等于指针 mid 的值。

```
   05   13   19   21   37   56   64   75   80   88   92
                 ↑ low ↑ high
                 ↑ mid
```

再看 key = 85 的查找过程:

```
     05  13  19  21  37  56  64  75  80  88  92
     ↑low                ↑mid              ↑high
    ST.elem[mid].key<key  令low = mid + 1
                          ↑low   ↑mid    ↑high
    ST.elem[mid].key<key  令low = mid + 1
                                  ↑low ↑high
                                  ↑mid
    ST.elem[mid].key>key  令high = mid − 1
                                 ↑high ↑low
```

此时因为下界 low > 上界 high，则说明表中没有关键字等于 key 的元素，查找不成功。

从上述例子可见，折半查找过程是以处于区间中间位置记录的关键字和给定值比较，若相等，则查找成功；若不等，则缩小范围，直至新的区间中间位置记录的关键字等于给定值或者查找区间的大小小于零时（表明查找不成功）为止。

上述折半查找过程如算法 7.2 描述所示。

算法 7.2

```
int Search_Bin(SSTable ST,KeyType key){
  //在有序表 ST 中折半查找其关键字等于 key 的数据元素。若找到，则函数值为
  //该元素在表中的位置，否则为0
  low=1;high=ST.length;  //置区间初值
  while(low<=high){
    mid=(low+high)/2;
    if(EQ (key,ST.elem[mid].key)) return mid;  //找到待查元素
    else if(LT(key,ST.elem[mid].key))high=mid-1;//继续在前半区间进行查找
    else low=mid+1;  //继续在后半区间进行查找

  }
  return 0;//顺序表中不存在待查元素
}
```

折半查找的性能分析如下。

先看上述含 11 个数据元素的有序表的具体例子。从上述查找过程可知：找到第 ⑥ 个元素仅需比较 1 次；找到第 ③ 和第 ⑨ 个元素需比较 2 次；找到第 ①、④、⑦ 和 ⑩ 个元素需比较 3 次；找到第 ②、⑤、⑧ 和 ⑪ 个元素需比较 4 次。

这个查找过程可用图 7.2 所示的二叉树来描述。树中每个节点表示表中一个记录，节点中的值为该记录在表中的位置，通常称这个描述查找过程的二叉树为判定树，从判定树上可见，查找 ④ 的过程恰好是走了一条从根到节点 ④ 的路径，和给定值进行比较的关键字个数为该路径上的节点数或节点 ④ 在判定树上的层次数。类似地，找到有序表中任一记录的过程就是走了一条从根节点到与该记录相应的节点的路径，和给定值进行比较的关键字个数恰为该节点在判定树上的层次数。因此，折半查找法在查找成功时进行

7.1 静态查找表

比较的关键字个数最多不超过树的深度,而具有 n 个节点的判定树的深度为 $\lfloor \log_2 n \rfloor + 1$,所以,折半查找法在查找成功时和给定值进行比较的关键字个数至多为 $\lfloor \log_2 n \rfloor + 1$。

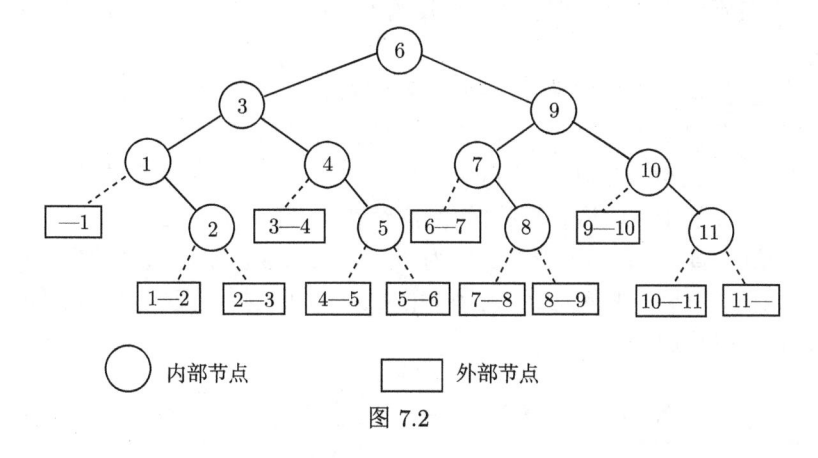

图 7.2

图 7.2 所示在判定树中所有节点的空指针域上加一个指向方形节点的指针,并且称这些方形节点为判定树的外部节点 (与之相对,称那些圆形节点为内部节点),那么折半查找时查找不成功的过程就是走了一条从根节点到外部节点的路径,查找不成功的节点和给定值进行比较的关键字个数等于该路径上内部节点个数,例如:查找 85 的过程即走了一条从根到外部节点 9—10 的路径,此时查找不成功,因节点 85 不存在。因此,折半查找在查找不成功时和给定值进行比较的关键字个数最多也不超过 $\lfloor \log_2 n \rfloor + 1$。

那么,折半查找的平均查找长度是多少呢?

为讨论方便起见,假定有序表的长度 $n = 2^h - 1$ (反之, $h = \log_2(n+1)$),则描述折半查找的判定树是深度为 h 的满二叉树。树中层次为 1 的节点有 1 个,层次为 2 的节点有 2 个,$\cdots$,层次为 h 的节点有 2^{h-1} 个。假设表中每个记录的查找概率相等 $\left(P_i = \dfrac{1}{n}\right)$,则查找成功时折半查找的平均查找长度为

$$\mathrm{ASL}_{bs} = \sum_{i=1}^{n} P_i C_i$$

$$= \frac{1}{n} \sum_{j=1}^{n} j \cdot 2^{j-1}\text{①}$$

$$= \frac{n+1}{n} \log_2(n+1) - 1 \tag{7.5}$$

对任意的 n,当 n 较大 $(n > 50)$ 时,可有下列近似结果

$$\mathrm{ASL}_{bs} = \log_2(n+1) - 1 \tag{7.6}$$

---

① $= \dfrac{1}{n} t[h \cdot 2^h - (2^0 + 2^1 + \cdots + 2^{h-1})] = \dfrac{1}{n}[(h-1)2^h + 1]$
$= \dfrac{1}{n}[(n+1)(\log_2(n+1) - 1) + 1] = \dfrac{n+1}{n} \log_2(n+1) - 1$

可见，折半查找的效率比顺序查找高，但折半查找只适用于有序表，且限于顺序存储结构 (对线性链表无法有效地进行折半查找)。

以有序表表示静态查找表时，进行查找的方法除折半查找之外，还有斐波那契查找和插值查找。

斐波那契查找是根据斐波那契序列[①]的特点对表进行分割的。假设开始时表中记录个数比某个斐波那契数小 1，即 $n = F_u - 1$，然后将给定值 key 和 ST.elem$[F_{u-1}]$.key 进行比较，若相等，则查找成功；若 key < ST.elem$[F_{u-1}]$.key，则继续在自 ST.elem[1] 至 ST.elem $[F_{u-1}-1]$ 的子表中进行查找，否则继续在自 ST.elem$[F_{u-1}+1]$ 至 ST.elem$[F_{u-1}-1]$ 的子表中进行查找，后一子表的长度为 $F_{u-2} - 1$。斐波那契查找的平均性能比折半查找好，但最坏情况下的性能 (虽然仍是 $O(\log_2 n)$) 却比折半查找差。它还有一个优点就是分割时只需进行加、减运算。

$$\text{ASL}_{ns} = \sum_{i=1}^{n} P_i C_i = \frac{1}{n}\sum_{i=1}^{n} C_i = \frac{1}{n}\sum_{j=1}^{h} j \cdot 2^{j-1} = \frac{1}{n}\left(\sum_{i=0}^{h-1} 2^i + 2\sum_{i=0}^{h-2} 2^i + \cdots + 2^{h-1}\sum_{i=0}^{0} 2^i\right)$$

插值查找是根据给定值 key 来确定进行比较的关键字 ST.elem$[i]$.key 的查找方法。令 $i = \dfrac{\text{key}-\text{ST.elem[1].key}}{\text{ST. elem}[h].\text{key}-\text{ST. elem[1].key}}(h-1+1)$，其中 ST.elem[1] 和 ST.elem[h] 分别为有序表中具有最小关键字和最大关键字的记录。显然，这种插值查找只适于关键字均匀分布的表，在这种情况下，对表长较大的顺序表，其平均性能比折半查找好。

7.1.3 静态树表的查找

上一小节对有序表的查找性能的讨论是在"等概率"的前提下进行的，即当有序表中各记录的查找概率相等时，按图 7.2 所示判定树描述的查找过程来进行折半查找，其性能最优。如果有序表中各记录的查找概率不相等，情况又如何呢？

先看一个具体例子。假设有序表中含 5 个记录，并且已知各记录的查找概率不相等，分别为 $p_1 = 0.1, p_2 = 0.2, p_3 = 0.1, p_4 = 0.4$ 和 $p_5 = 0.2$。则按式 (7.1) 的定义，对该有序表进行折半查找，查找成功时的平均查找长度为

$$\sum_{i=1}^{5} P_i C_i = 0.1 \times 2 + 0.2 \times 3 + 0.1 \times 1 + 0.4 \times 2 + 0.2 \times 3 = 2.3$$

但是，如果在查找时令给定值先和第 4 个记录的关键字进行比较，比较不相等时再继续在左子序列或右子序列中进行折半查找，则查找成功时的平均查找长度为

$$\sum_{i=1}^{5} P_i C_i = 0.1 \times 3 + 0.2 \times 2 + 0.1 \times 3 + 0.4 \times 1 + 0.2 \times 2 = 1.8$$

这就说明，当有序表中各记录的查找概率不相等时，按图 7.2 所示判定树进行折半查找，其性能未必是最优的。那么此时应如何进行查找呢？换句话说，描述查找过程的判定树为哪种类二叉树时，其查找性能最佳？

---

① 这种序列可定义为 $F_0 = 0, F_1 = 1, F_i = F_{i-1} + F_{i-2}, i \geqslant 2$。

7.1 静态查找表

如果只考虑查找成功的情况，则使查找性能达最佳的判定树是其带权内路径长度之和 PH 值，

$$\text{PH} = \sum_{i=1}^{n} w_i h_i \tag{7.7}$$

取最小值的二叉树，其中，n 为二叉树上节点的个数 (即有序表的长度)；h_i 为第 i 个节点在二叉树上的层次数；节点的权 $w_i = cp_i$ $(i = 1, 2, \cdots, n)$，其中 p_i 为节点的查找概率，c 为某个常量。称 PH 值取最小的二叉树为**静态最优查找树** (Static Optimal Search Tree)。由于构造静态最优查找树花费的时间代价较高，因此在本书中不作详细讨论，有兴趣的读者可查阅参考文献 (李冬梅等，2015)。在此向读者介绍一种构造近似最优查找树的有效算法。

已知一个按关键字有序的记录序列

$$(r_l, r_{l+1}, \cdots, r_h) \tag{7.8}$$

其中

$$r_l.\text{key} < r_{l+1}.\text{key} < \cdots < r_h.\text{key}$$

与每个记录相应的权值为

$$w_l, w_{l+1}, \cdots, w_h \tag{7.9}$$

现构造一棵二叉树，使这棵二叉树的带权内路径长度 PH 值在所有具有同样权值的二叉树中近似为最小，称这类二叉树为**次优查找树** (Nearly Optimal Search Tree)。

构造次优查找树的方法是：首先在式 (7.8) 所示的记录序列中取第 i $(l \leqslant i \leqslant h)$ 个记录构造根节点 r_i，使得

$$\Delta P_i = \left| \sum_{j=i+1}^{h} w_j - \sum_{j=l}^{i-1} w_j \right| \tag{7.10}$$

取最小值 $\left(\Delta P_i = \min_{l < j \leqslant h} \{\Delta P_j\} \right)$，然后分别对子序列 $\{r_l, r_{l+1}, \cdots, r_{i-1}\}$ 和 $\{r_{i+1}, \cdots, r_h\}$ 构造两棵次优查找树，并分别设为根节点 r_i 的左子树和右子树。

为便于计算 ΔP，引入累计权值和

$$\text{sw}_i = \sum_{j=l}^{i} w_j \tag{7.11}$$

并设 $w_{l-1} = 0$ 和 $\text{sw}_{l-1} = 0$，则

$$\begin{cases} \text{sw}_{i-1} - \text{sw}_{l-1} = \sum_{j=l}^{i-1} w_j \\ \text{sw}_h - \text{sw}_i = \sum_{j=i+1}^{h} w_j \end{cases} \tag{7.12}$$

$$\Delta P_i = |(\mathrm{sw}_h - \mathrm{sw}_i) - (\mathrm{sw}_{i-1} - \mathrm{sw}_{l-1})|$$
$$= |(\mathrm{sw}_h + \mathrm{sw}_{l-1}) - \mathrm{sw}_i - \mathrm{sw}_{i-1}| \tag{7.13}$$

由此可得构造次优查找树的递归算法如算法 7.3 所示。

算法 7.3

```
void SecondOptimal(BiTree &T,ElemType R[], float sw[], int low,
   int high){
   //由有序表R[low..high]及其累计权值表sw(其中sw[0]==0)递归构造次优
   //查找树T
   i=low; min=abs(sw[high]-sw[low]);dw=sw[high]+sw[low-1];
   for(j=low+1;j<=high;++j)//选择最小的ΔPi值
     if(abs(dw-sw[j]-sw[j-1])<min){
         i=j;min=abs(dw-sw[j]-sw[j-1]);
   }
   T=(BiTree)malloc(sizeof(BiTNode));
   T->data=R[i];        //生成节点
   if(i==low)T->lchild=NULL;      //左子树空
   else SecondOptimal(T->lchild,R,sw,low,i-1);    //构造左子树
   if(i==high)T->rchild=NULL;    //右子树空
   else SecondOptimal(T->rchild,R,sw,i+1,high);   //构造右子树
}
```

例 7.1.1 已知含 9 个关键字的有序表及其相应权值为

关键字	A	B	C	D	E	F	G	H	I
权值	1	1	2	5	3	4	4	3	5

则按算法 7.3 构造次优查找树的过程中累计权值 SW 和 ΔP 的值如图 7.3(a) 所示, 构造所得次优二叉查找树如图 7.3(b) 所示。

由于在构造次优查找树的过程中, 没有考察单个关键字的相应权值, 则有可能出现被选为根的关键字的权值比与它相邻的关键字的权值小。此时应作适当调整: 选取邻近的权值较大的关键字作次优查找树的根节点。

例 7.1.2 已知含 12 个关键字的有序表及其相应权值为

关键字	A	B	C	D	E	F	G	H	I	J	K	L
权值	8	2	3	4	9	3	2	6	7	1	1	4

试按次优查找树的构造算法并加适当调整, 画出由这 12 个关键字构造所得的次优查找树, 并计算它的 PH 值, 如图 7.4 所示。

7.1 静态查找表

关键字		A	B	C	D	E	F	G	H	I
权值	0	1	1	2	5	3	4	4	3	5
j	0	1	2	3	4	5	6	7	8	9
sw$_j$	0	1	2	4	9	12	16	20	23	28
ΔP_j		27	25	22	15	7	0	8	15	23
(根)							↑i			
ΔP_j		11	9	6	1	9		8	1	7
(根)					↑i				↑i	
ΔP_j		3	1	2		0		0		0
(根)			↑i			↑i		↑i		↑i
ΔP_j		0		0						
(根)		↑i		↑i						

(a)

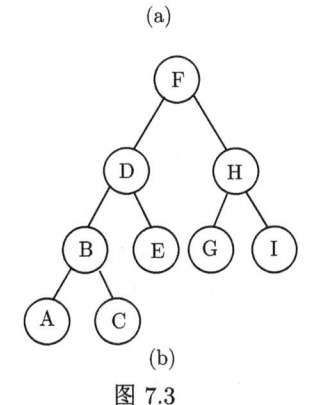

(b)

图 7.3

(1) 次优查找树如下，其 PH=133

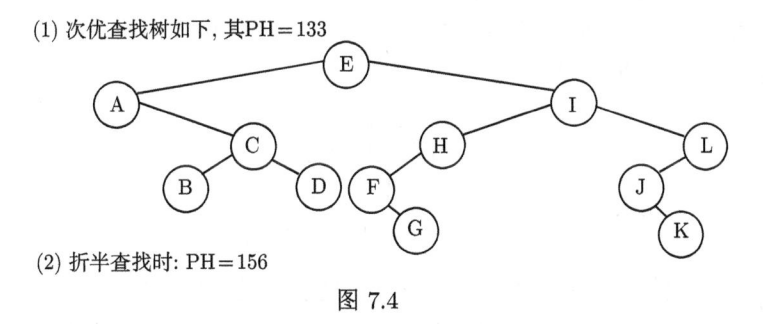

(2) 折半查找时：PH=156

图 7.4

大量的实验研究表明，次优查找树和最优查找树的查找性能之差仅为 1%～2%，很少超过 3%，而且构造次优查找树的算法的时间复杂度为 $O(n\log_2 n)$，因此算法 7.3 是构造近似最优二叉查找树的有效算法。

从次优查找树的结构特点可见，其查找过程类似于折半查找。若次优查找树为空，则查找不成功，否则，首先将给定值 key 和其根节点的关键字相比，若相等，则查找成功，该根节点的记录即为所求；否则将根据给定值 key 小于或大于根节点的关键字而分别在左子树或右子树中继续查找直至查找成功或不成功为止 (算法描述和下节讨论的二叉排序树的查找算法类似，在此省略)。由于查找过程恰是走了一条从根到待查记录所在节点 (或叶子节点) 的一条路径，进行过比较的关键字个数不超过树的深度，因此，次优查找树的平均查找长度和 $\log_2 n$ 成正比。可见，在记录的查找概率不等时，可用次优查找树表示静态查找树，故又称静态树表，按有序表构造次优查找树的算法如算法 7.4 所示。

算法 7.4

```
typedef BiTree SOSTree;  //次优查找树采用二叉链表的存储结构
 status CreateSOSTree(SOSTree &T,SSTable ST){
 //通过有序表ST构造一棵次优查找树T。ST的数据元素含有权域weight
 if(ST.length==0)T=NULL;
 else{
  FindSW(sw,ST);  //按照有序表 ST 中各数据元素的 weight 域求累计权值表 sw
  SecondOpiamal(T,ST.elem,sw,1,ST.length);
  }
    return OK;
 }
```

7.1.4 索引顺序表的查找

若以索引顺序表表示静态查找表，则 Search 函数可用分块查找来实现。

分块查找又称索引顺序查找，这是顺序查找的一种改进方法。在此查找法中，除表本身以外，尚需建立一个"索引表"。例如，图 7.5 所示为一个表及其索引表，表中含有 15 个记录，可分成 3 个子表 $R_1,R_2,\cdots,R_5$；$R_6,R_7,\cdots,R_{10}$；$R_{11},R_{12},\cdots,R_{15}$，对每个子表 (或称块) 建立一个索引项，其中包括两项内容：关键字 (key) 项 (其值为该子表内的最大关键字) 和指针 (link) 项 (指示该子表的第一个记录在表中位置)。索引表按关键字有序，则表或者有序或者分块有序。所谓"分块有序"指的是第二个子表中所有记录的关键字均大于第一个子表中的最大关键字，第三个子表中的所有关键字均大于第二个子表中的最大关键字，依次类推。

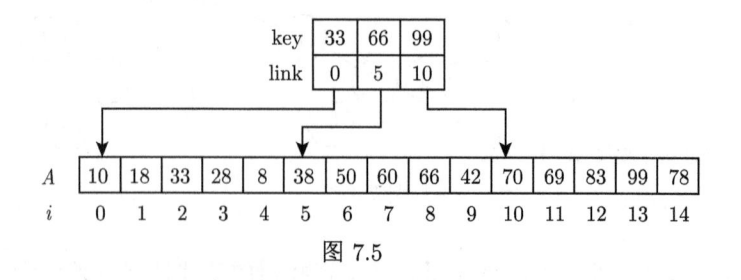

key	33	66	99
link	0	5	10

A	10	18	33	28	8	38	50	60	66	42	70	69	83	99	78
i	0	1	2	3	4	5	6	7	8	9	10	11	12	13	14

图 7.5

因此，分块查找过程需分两步进行。先确定待查记录所在的块 (子表)，然后在块中顺序查找。假设给定值 key = 38，则先将 key 依次和索引表中各最大关键字进行比较，因为 22 < key < 48, 则关键字为 38 的记录若存在, 必定在第二个子表中, 由于同一索引项中的指针指示第二个子表中的第一个记录是表中第 6 个记录, 则自第 6 个记录起进行顺序查找, 直到 ST.elem[10].key = key 为止。假如此子表中没有关键字等于 key 的记录 (例如当 key = 29 时自第 6 个记录起至第 11 个记录的关键字和 key 比较都不等), 则查找不成功。

由于由索引项组成的索引表按关键字有序, 则确定块的查找可以用顺序查找, 亦可用折半查找, 而块中记录是任意排列的, 则在块中只能是顺序查找。

由此, 分块查找的算法即为这两种查找算法的简单合成。分块查找的平均查找长度为

$$\text{ASL}_{bs} = L_b + L_w \tag{7.14}$$

其中, L_b 为查找索引表确定所在块的平均查找长度, L_w 为在块中查找元素的平均查找长度。

一般情况下, 为进行分块查找, 可以将长度为 n 的表均匀地分成 b 块, 每块含有 s 个记录, 即 $b = \lceil n/s \rceil$; 又假定表中每个记录的查找概率相等, 则每块查找的概率为 $1/b$, 块中每个记录的查找概率为 $1/s$。

若用顺序查找确定所在块, 则分块查找的平均查找长度为

$$\text{ASL}_{bs} = L_b + L_w = \frac{1}{b}\sum_{j=1}^{b}j + \frac{1}{s}\sum_{i=1}^{s}i = \frac{b+1}{2} + \frac{s+1}{2}$$
$$= \frac{1}{2}\left(\frac{n}{s} + s\right) + 1 \tag{7.15}$$

可见, 此时的平均查找长度不仅和表长 n 有关, 而且和每一块中的记录个数 s 有关。在给定 n 的前提下, s 是可以选择的。容易证明, 当 s 取 $\sqrt{n}$ 时, ASL_{bs} 取最小值 $\sqrt{n} + 1$。这个值比顺序查找有了很大改进, 但远不及折半查找。

若用折半查找确定所在块, 则分块查找的平均查找长度为

$$\text{ASL}'_{bs} \approx \log_2\left(\frac{n}{s} + 1\right) + \frac{s}{2} \tag{7.16}$$

7.2 动态查找表

在这一节和下一节中, 我们将讨论动态查找表的表示和实现。动态查找表的特点是: 表结构本身是在查找过程中动态生成的, 即对于给定值 key, 若表中存在其关键字等于 key 的记录, 则查找成功返回, 否则插入关键字等于 key 的记录。以下是动态查找表的定义。

抽象数据类型动态查找表的定义如下:
ADT DynamicSearchTable {
数据对象 D: D 是具有相同特性的数据元素的集合。各个数据元素均含有类型相同, 可唯一标识数据元素的关键字。
数据关系 R: 数据元素同属一个集合。

基本操作 P：
  InitDSTable(&DT);
    操作结果：构造一个空的动态查找表 DT。
  DestroyDSTable(&DT);
    初始条件：动态查找表 DT 存在。
    操作结果：销毁动态查找表 DT。
  SearchDSTable(DT, key);
    初始条件：动态查找表 DT 存在，key 为和关键字类型相同的给定值。
    操作结果：若 DT 中存在其关键字等于 key 的数据元素，则函数值为该元素的值或在表中的位置，否则为"空"。
  InsertDSTable(&DT, *e*);
    初始条件：动态查找表 DT 存在，*e* 为待插入的数据元素。
    操作结果：若 DT 中不存在其关键字等于 *e*.key 的数据元素，则插入 *e* 到 DT。
  DeleteDSTable(&DT, key);
    初始条件：动态查找表 DT 存在，key 为和关键字类型相同的给定值。
    操作结果：若 DT 中存在其关键字等于 key 的数据元素，则删除之。
  TraverseDSTable(DT, Visit);
    初始条件：动态查找表 DT 存在，Visit 是对节点操作的应用函数。
    操作结果：按某种次序对 DT 的每个节点调用函数 Visit() 一次且至多一次。一旦 Visit() 失败，则操作失败。
}ADT DynamicSearchTable

动态查找表亦可有不同的表示方法。在本节中将讨论以各种树形结构表示时的实现方法。

7.2.1 二叉排序树和平衡二叉树

1. 二叉排序树及其查找过程

什么是二叉排序树？

二叉排序树 (Binary Sort Tree) 或者是一棵空树；或者是具有下列性质的二叉树：① 若它的左子树不空，则左子树上**所有**节点的值**均小于**它的根节点的值；② 若它的右子树不空，则右子树上**所有**节点的值**均大于**它的根节点的值；③ 它的左、右子树也分别为二叉排序树。

例如图 7.6 所示为一棵二叉排序树。

二叉排序树又称二叉查找树，根据上述定义的结构特点可见，它的查找过程和次优二叉树类似。即当二叉排序树不空时，首先将给定值和根节点的关键字比较，若相等，则查找成功，否则将依据给定值和根节点的关键字之间的大小关系，分别在左子树或右子树上继续进行查找。通常，可取二叉链表作为二叉排序树的存储结构，则上述查找过程如算法 7.5(a) 所描述。

7.2 动态查找表

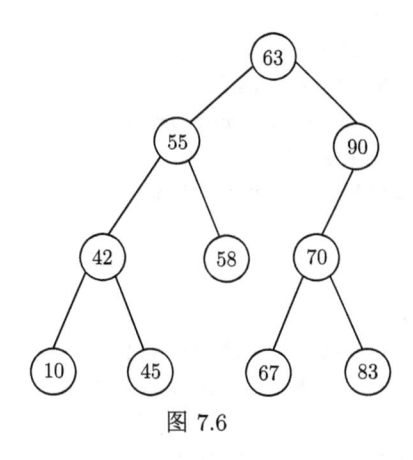

```
             63
           /    \
         55      90
        /  \    /
       42  58  70
      /  \    /  \
     10  45  67  83
```

图 7.6

算法 7.5(a)

```
BiTree SearchBST(BiTree T,KeyType key){
  //在根指针T所指二叉排序树中递归地查找某关键字等于key的数据元素,
  //若查找成功,则返回指向该数据元素节点的指针,否则返回空指针
  if(!T||EQ(key,T->data,key))return (T); //查找结束
  else if LT(key,T->data.key)return(SearchBST(T->lchild,key));
         //在左子树中继续查找
  else return(SearchBST(T->rchild,key));   //在右子树中继续查找
}
```

例如, 在图 7.6 所示的二叉排序树中查找关键字等于 90 的记录 (树中节点内的数均为记录的关键字)。首先以 key = 90 和根节点的关键字作比较, 因为 90 > 63, 则查找以 key = 63 为根的右子树, 此时右子树不空, 且根节点的值为 90, 与待查关键值相等, 因此查找成功, 返回指向节点 90 的指针值。又如在图 7.6 中查找关键字等于 40 的记录, 和上述过程类似, 在给定值 key 与关键字 63, 55 及 42 相继比较之后, 继续查找以节点 10 为根的右子树, 此时右子树为空, 则说明该树中没有待查记录, 故查找不成功, 返回指针值为 "NULL"。

2. 二叉排序树的插入和删除

和次优二叉树相对, 二叉排序树是一种动态树表。其特点是: 树的结构通常不是一次生成的, 而是在查找过程中, 当树中不存在关键字等于给定值的节点时再进行插入。新插入的节点一定是一个新添加的叶子节点, 并且当查找不成功时查找路径上访问的最后一个节点的左孩子或右孩子节点。为此, 需将上一小节的二叉排序树的查找算法改写成算法 7.5(b), 以便能在查找不成功时返回插入位置。插入算法如算法 7.6 所示。

算法 7.5(b)

```
Status SearchBST(BiTree T,KeyType key,BiTree f, BiTree &p){
  //在根指针T所指二叉排序树中递归地查找其关键字等于key的数据元素,若查找
  //成功,则指针p指向该数据元素节点,并返回TRUE,否则指针p指向查找路径上访
  //问的最后一个节点并返回FALSE,指针f指向T的双亲,其初始调用值为 NULL
```

```
    if(!T){p=f;return FALSE;}  // 查找不成功
    else EQ(key,T->data.key){p=T;return TRUE;}   //查找成功
        else if LT(key,T->data.key)return SearchBST(T->lchild,key,T,p);
            //在左子树中继续查找
        else return SearchBST(T->rchild,key,T,p); //在右子树中继续查找
}
```

算法 7.6

```
Status InsertBST(BiTree &T,ElemType e){
//当二叉排序树T中不存在关键字等于e.key的数据元素时,插入e并返回TRUE,
//否则返回FALSE
if(!SearchBST(T,e.key,NULL,p)){  //查找不成功
s=(BiTree)malloc(sizeof(BiNode));
s->data=e;s->lchild=s->rchild=NULL;
if(!p)T=s;         //被插节点*s为新的根节点
        else if LT(e.key,p->data,key)p->lchild=s; //被插节点*s为左孩子
        else p->rchild=s; //被插节点*s为右孩子
return TRUE;
}
    else return FALSE;         //树中已有关键字相同的节点,不再插入
}
```

若从空树出发,经过一系列的查找插入操作之后,可生成一棵二叉树。设查找的关键字序列为 {10, 45, 67, 83, 42, 58, 70, 55, 90, 63},则生成的二叉排序树如图 7.6 所示。

容易看出,中序遍历二叉排序树可得到一个关键字的有序序列 (这个性质是由二叉排序树的定义决定的,读者可以自己证明之)。这就是说,一个无序序列可以通过构造一棵二叉排序树而变成一个有序序列,构造树的过程即为对无序序列进行排序的过程。不仅如此,从上面的插入过程还可以看到,每次插入的新节点都是二叉排序树上新的叶子节点,则在进行插入操作时,不必移动其他节点,仅需改动某个节点的指针,由空变为非空即可。这就相当于在一个有序序列上插入一个记录而不需要移动其他记录。它表明,二叉排序树既拥有类似于折半查找的特性,又采用了链表作存储结构,因此是动态查找表的一种适宜表示。

同样,在二叉排序树上删去一个节点也很方便。对于一般的二叉树来说,删去树中一个节点是没有意义的。因为它将使以被删节点为根的子树成为森林,破坏了整棵树的结构。然而,对于二叉排序树,删去树上一个节点相当于删去有序序列中的一个记录,只要在删除某个节点之后依旧保持二叉排序树的特性即可。

那么,如何在二叉排序树上删去一个节点呢?假设在二叉排序树上被删节点为 *p[①] (指向节点的指针为 p),其双亲节点为 *f (节点指针为 f),且不失一般性,可设 *p 是 *f 的左孩子。

下面分 3 种情况进行讨论:

[①] 以下均简称指针 p (或 f 等) 所指节点为 *p (或 *f 等) 节点,P_L 和 P_R 分别表示其左子树和右子树。

(1) 若 *p 节点为叶子节点，即 P_L 和 P_R 均为空树。由于删去叶子节点不破坏整棵树的结构，则只需修改其双亲节点的指针即可，如图 7.7(a) 所示。

(2) 若 *p 节点只有左子树 P_L 或者只有右子树 P_R，此时只要令 P_L 或 P_R 直接成为其双亲节点 *f 的左子树即可。显然，作此修改也不破坏二叉排序树的特性。

(3) 若 *p 节点的左子树和右子树均不空。显然，此时不能如上简单处理。从图 7.7(a) 可知，在删去 *p 节点之前，中序遍历该二叉树得到的序列为 $\{\cdots C_L C \cdots Q_L Q S_L S P P_R F \cdots\}$，在删去 *p 之后，为保持其他元素之间的相对位置不变，可以有两种做法：其一是令 *p 的左子树为 *f 的左子树，而 *p 的右子树为 *s 的右子树，如图 7.7(b) 所示；其二是令 *p 的直接前驱（或直接后继）替代 *p，然后再从二叉排序树中删去它的直接前驱（或直接后继）。当以直接前驱 *s 替代 *p 时，由于 *s 只有左子树 S_L，则在删去 *s 之后，只要令 S_L 为 *s 的双亲 *q 的右子树即可。

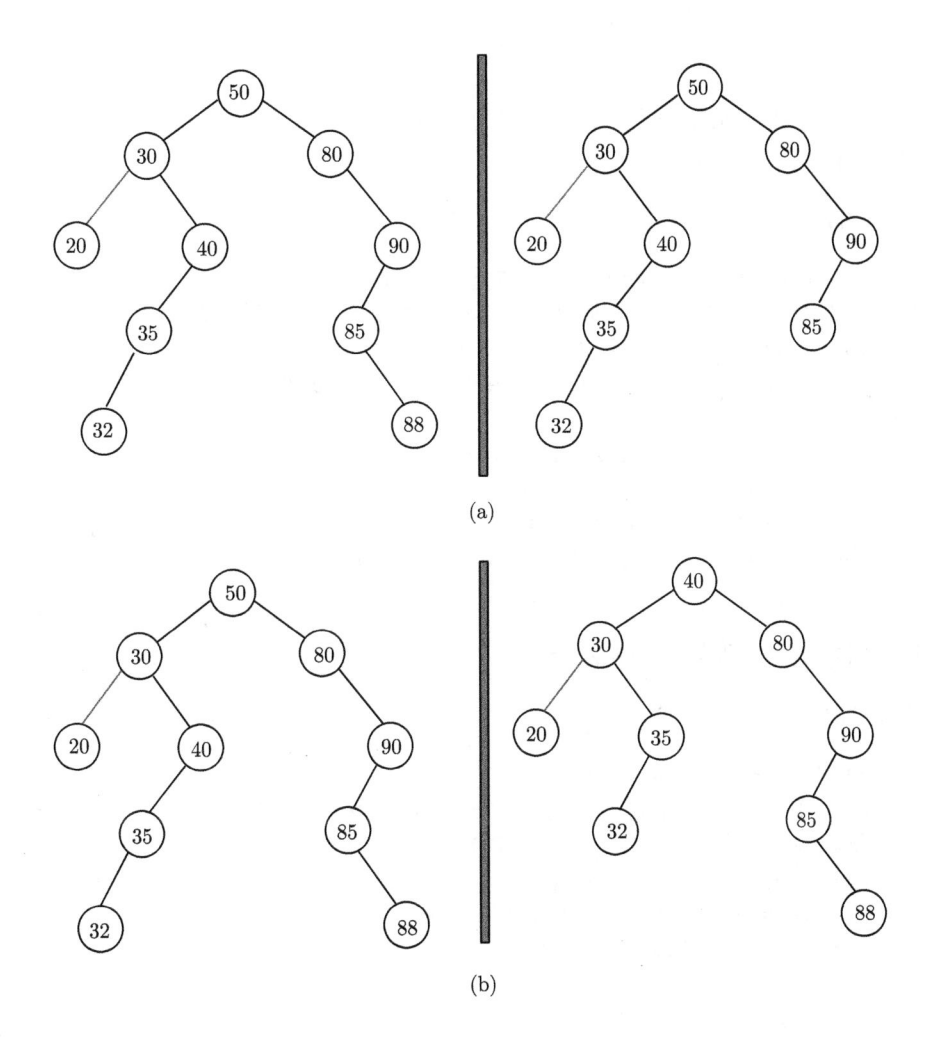

(a)

(b)

(c)

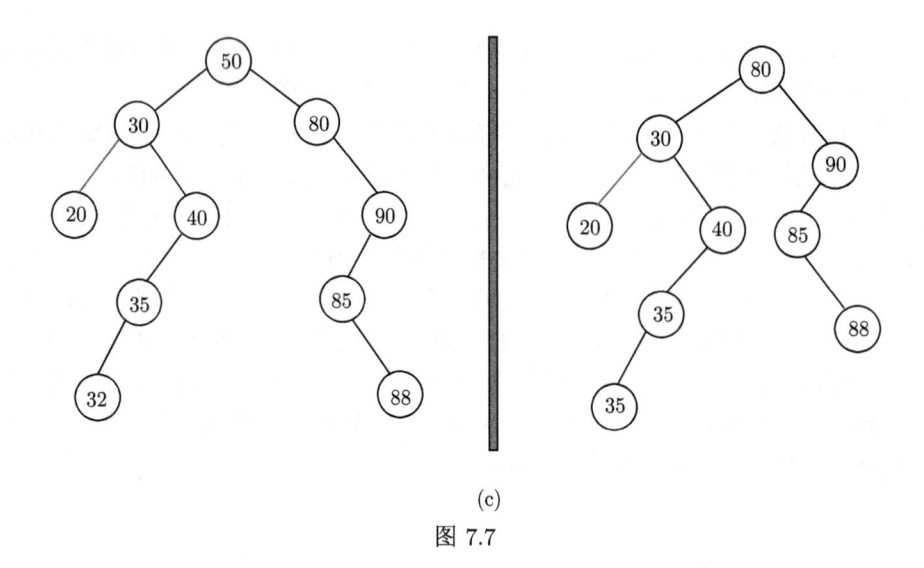

图 7.7

在二叉排序树上删除一个节点的算法如算法 7.7 所示,其中由前述 3 种情况综合所得的删除操作如算法 7.8 所示。

算法 7.7

```
Status DeleteBST(BiTree &T,KeyType key){
//若二叉排序树T中存在关键字等于key的数据元素时,则删除该数据元素结
//点,并返回TRUE;否则返回FALSE
if(!T)return FALSE;       //不存在关键字等于key的数据元素
else
    if(EQ(key,T->data.key)){return Delete(T)};
        // 找到关键字等于 key 的数据元素
    else if(LT(key,T->data.key))return DeleteBST(T->lchild,key);
        else return DeleteBST(T->rchild,key);
}
```

其中删除操作过程如算法 7.8 所描述:

算法 7.8

```
Status Delete(BiTree &p){
  //从二叉排序树中删除节点p,并重接它的左或右子树
  if(!p->rchild){         //右子树空则只需重接它的左子树
    q=p;p=p->lchild;free(q);}
  else if(!p->lchild){ //只需重接它的右子树
    q=p;p=p->rchild;free(q);
  }
  else{    //左右子树均不空
    q=p;s=p->lchild; //转左,然后向右到尽头
    p->data=s->data;    //s指向被删节点的"前驱"
    if(q!=p)q->rchild=s->lchild;   //重接*q的右子树
```

```
       else q->lchild=s->lchild;    //重接*q的左子树
       delete s;
       return TRUE;
    }
}
```

3. 二叉排序树的查找分析

从前述的两个查找例子 (key = 100 和 key = 40) 可见, 在二叉排序树上查找其关键字等于给定值的节点的过程, 恰是走了一条从根节点到该节点的路径的过程, 和给定值比较的关键字个数等于路径长度加 1 (或节点所在层次数), 因此, 和折半查找类似, 与给定值比较的关键字个数不超过树的深度。然而, 折半查找长度为 n 的表的判定树是唯一的, 而含有 n 个节点的二叉排序树却不唯一。图 7.8(a) 和 (b) 的两棵二叉排序树中节点的值都相同, 前者由关键字序列 (1, 2, 3, 4, 5) 构成, 而后者由关键字序列 (2, 1, 3, 5, 4) 构成。图 7.8(a) 树的深度为 5, 而图 7.8(b) 树的深度为 3。再从平均查找长度来看, 假设 5 个记录的查找概率相等, 为 1/5, 则图 7.8(a) 树的平均查找长度为

$$ASL = (1+2+3+4+5)/5 = 3$$

而图 7.8(b) 树的平均查找长度为

$$ASL = (1+2+3+2+3)/5 = 2.2$$

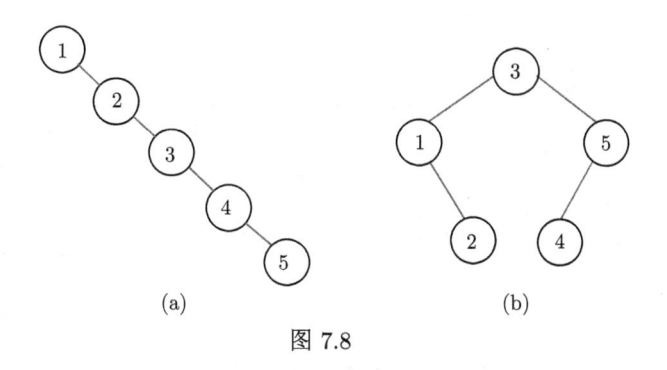

图 7.8

因此, 含有 n 个节点的二叉排序树的平均查找长度和树的形态有关。当先后插入的关键字有序时, 构成的二叉排序树蜕变为单支树。树的深度为 n, 其平均查找长度为 $\dfrac{n+1}{2}$ (和顺序查找相同), 这是最差的情况。显然, 最好的情况是二叉排序树的形态和折半查找的判定树相同, 其平均查找长度和 $\log_2 n$ 成正比。那么, 它的平均性能如何呢?

假设在含有 $n(n \geqslant 1)$ 个关键字的序列中, 第 i 个关键字小于第一个关键字, 第 $n-i-1$ 个关键字大于第一个关键字, 则由此构造而得的二叉排序树在 n 个记录的查找概率相等的情况下, 其平均查找长度为

$$P(n,i) = \frac{1}{n}[1 + i(P(i)+1) + (n-i-1)(P(n-i-1)+1)] \quad (7.17)$$

其中 $P(i)$ 为含有 i 个节点的二叉排序树的平均查找长度,则 $P(i)+1$ 为查找左子树中每个关键字时所用比较次数的平均值,$P(n-i-1)+1$ 为查找右子树中每个关键字时所用比较次数的平均值。又假设表中 n 个关键字的排列是"随机"的,即任一个关键字在序列中将与第 1 个,或第 2 个,$\cdots$,或第 n 个的概率相同,则可对 (7.17) 式从 $i=0,\cdots,n-1$ 取平均值

$$P(n) = \frac{1}{n}\sum_{i=0}^{n-1}P(n,i)$$

$$= 1 + \frac{1}{n^2}\sum_{i=0}^{n-1}[iP(i)+(n-i-1)P(n-i-1)]$$

容易看出上式括弧中的第一项和第二项对称。又当 $i=0$ 时 $iP(i)=0$,则上式可改写为

$$P(n) = 1 + \frac{2}{n^2}\sum_{i=1}^{n-1}iP(i), \quad n \geqslant 2 \tag{7.18}$$

显然,$P(0)=0, P(1)=1$。
由式 (7.18) 可推得

$$\sum_{j=0}^{n-1}jP(j) = \frac{n^2}{2}[P(n)-1]$$

又

$$\sum_{j=0}^{n-1}jP(j) = (n-1)P(n-1) + \sum_{j=0}^{n-2}jP(j)$$

由此可得

$$\frac{n^2}{2}[P(n)-1] = (n-1)P(n-1) + \frac{(n-1)^2}{2}[P(n-1)-1]$$

即

$$P(n) = \left(1-\frac{1}{n^2}\right)P(n-1) + \frac{2}{n} - \frac{1}{n^2} \tag{7.19}$$

由递推公式 (7.19) 和初始条件 $P(1)=1$ 可推得

$$P(n) = 2\frac{n+1}{n}\left(\frac{1}{2}+\frac{1}{3}+\cdots+\frac{1}{n+1}\right) - 1$$

$$= 2\left(1+\frac{1}{n}\right)\left(\frac{1}{2}+\frac{1}{3}+\cdots+\frac{1}{n}\right) + \frac{2}{n} - 1$$

则当 $n \geqslant 2$ 时

$$P(n) \leqslant 2\left(1+\frac{1}{n}\right)\ln n \tag{7.20}$$

由此可见, 在随机的情况下, 二叉排序树的平均查找长度和 $\log_2 n$ 是等数量级的。然而, 在某些情况下 (有人研究证明, 这种情况出现的概率约为 46.5%) (李冬梅等, 2015), 尚需在构成二叉排序树的过程中进行 "平衡化" 处理, 称为二叉平衡树。

4. 平衡二叉树

平衡二叉树 (Balanced Binary Tree 或 Height-Balanced Tree) 又称 AVL 树。它或者是一棵空树, 或者是具有下列性质的二叉树: 它的左子树和右子树都是平衡二叉树, 且左子树和右子树的深度之差的绝对值不超过 1。若将二叉树上节点的**平衡因子** (Balance Factor, BF) 定义为该节点的左子树的深度减去它的右子树的深度, 则平衡二叉树上所有节点的平衡因子只可能是 −1, 0 和 1。只要二叉树上有一个节点的平衡因子的绝对值大于 1, 则该二叉树就是不平衡的。如图 7.9(a) 所示为平衡二叉树, 而图 7.9(b) 所示为不平衡的二叉树, 节点中的值为该节点的平衡因子。

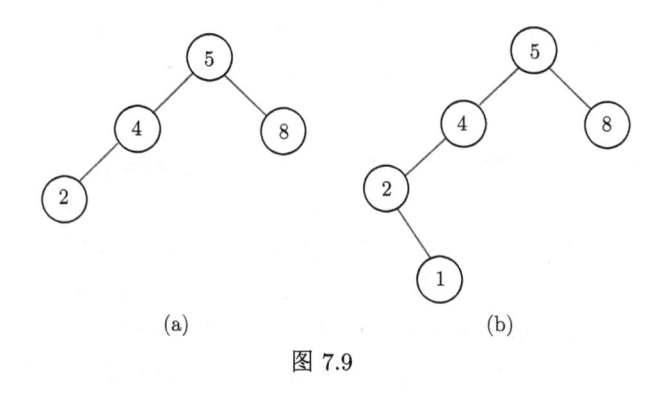

图 7.9

我们希望由任何初始序列构成的二叉排序树都是 AVL 树。因为 AVL 树上任何节点的左右子树的深度之差都不超过 1, 则可以证明它的深度和 $\log_2 n$ 是同数量级的 (其中 n 为节点个数)。由此, 它的平均查找长度也和 $\log_2 n$ 同数量级。

如何使构成的二叉排序树成为平衡树呢? 先看一个具体例子 (参见图 7.10), 假设表中关键字序列为 (8, 9, 6, 7, 5, 4)。空树和 1 个节点的树显然都是平衡的二叉树。将该二叉排序树采用右旋转转换为平衡二叉树: 首先创建一个新的节点值等于当前节点值; 把当前节点的右子树设置为新节点的右子树; 把新节点的右子树设置为当前节点的左子树的右子树; 把当前节点的值换为左子树节点的值; 把当前节点的右节点设置为新节点。

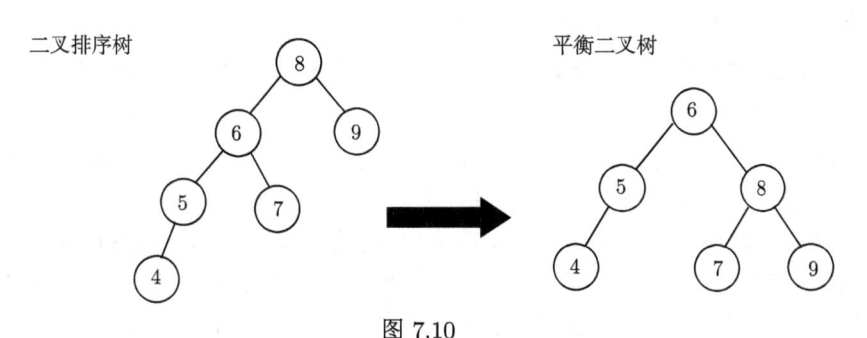

图 7.10

一般情况下，假设由于在二叉排序树上插入节点而失去平衡的最小子树根节点的指针为 a (即 a 是离插入节点最近，且平衡因子绝对值超过 1 的祖先节点)，则失去平衡后进行调整的规律可归纳为下列 4 种情况。

(1) 单向右旋平衡处理：由于在 A 的左子树根节点的左子树上插入节点，A 的平衡因子由 -1 减至 -2，致使以 A 为根的子树失去平衡，则需进行一次向右的顺时针旋转操作，如图 7.11(a) 所示。

(2) 单向左旋平衡处理：由于在 A 的右子树根节点的右子树上插入节点，A 的平衡因子由 1 变为 2，致使以 A 为根节点的子树失去平衡，则需进行一次向左的逆时针旋转操作。如图 7.11(b) 所示。

(3) 双向旋转 (先左后右) 平衡处理：由于在 A 的左子树根节点的右子树上插入节点，A 的平衡因子由 1 增至 2，致使以 A 为根节点的子树失去平衡，则需进行两次旋转 (先左旋后右旋) 操作。如图 7.11(c) 所示。

(4) 双向旋转 (先右后左) 平衡处理：由于在 A 的右子树根节点的左子树上插入节点，A 的平衡因子由 -1 变为 -2，致使以 A 为根节点的子树失去平衡，则需进行两次旋转 (先右旋后左旋) 操作。如图 7.11(d) 所示。

上述 4 种情况中，(1) 和 (2) 对称，(3) 和 (4) 对称。旋转操作的正确性容易由 "保持二叉排序树的特性：中序遍历所得关键字序列自小至大有序" 证明之。同时，从图 7.11 可见，无论哪一种情况，在经过平衡旋转处理之后，以 B 或 C 为根的新子树为平衡二叉树，而且它的深度和插入之前以 A 为根的子树相同。因此，当平衡的二叉排序树因插入节点而失去平衡时，仅需对最小不平衡子树进行平衡旋转处理即可。因为经过旋转处理之后的子树深度和插入之前相同，因而不影响插入路径上所有祖先节点的平衡度。

在平衡的二叉排序树 BBST 上插入一个新的数据元素为 e 的递归算法可描述如下。

(1) 若 BBST 为空树，则插入一个数据元素为 e 的新节点作为 BBST 的根节点，树的深度增 1。

(2) 若 e 的关键字和 BBST 的根节点的关键字相等，则不进行插入。

(3) 若 e 的关键字小于 BBST 的根节点的关键字，而且在 BBST 的左子树中不存在和 e 有相同关键字的节点，则将 e 插入在 BBST 的左子树上，并且当插入之后的左子树深度增加 (+1) 时，分别就下列不同情况处理之：

(i) BBST 的根节点的平衡因子为 -1 (右子树的深度大于左子树的深度)，则将根节点的平衡因子更改为 0，BBST 的深度不变；

(ii) BBST 的根节点的平衡因子为 0 (左、右子树的深度相等)，则将根节点的平衡因子更改为 1，BBST 的深度增 1；

(iii) BBST 的根节点的平衡因子为 1 (左子树的深度大于右子树的深度)，若 BBST 的左子树根节点的平衡因子为 1，则需进行单向右旋平衡处理，并且在右旋处理之后，将根节点和其右子树根节点的平衡因子更改为 0，树的深度不变；若 BBST 的左子树根节点的平衡因子为 -1，则需进行先向左、后向右的双向旋转平衡处理，并且在旋转处理之后，修改根节点和其左、右子树根节点的平衡因子，树的深度不变。

图 7.11

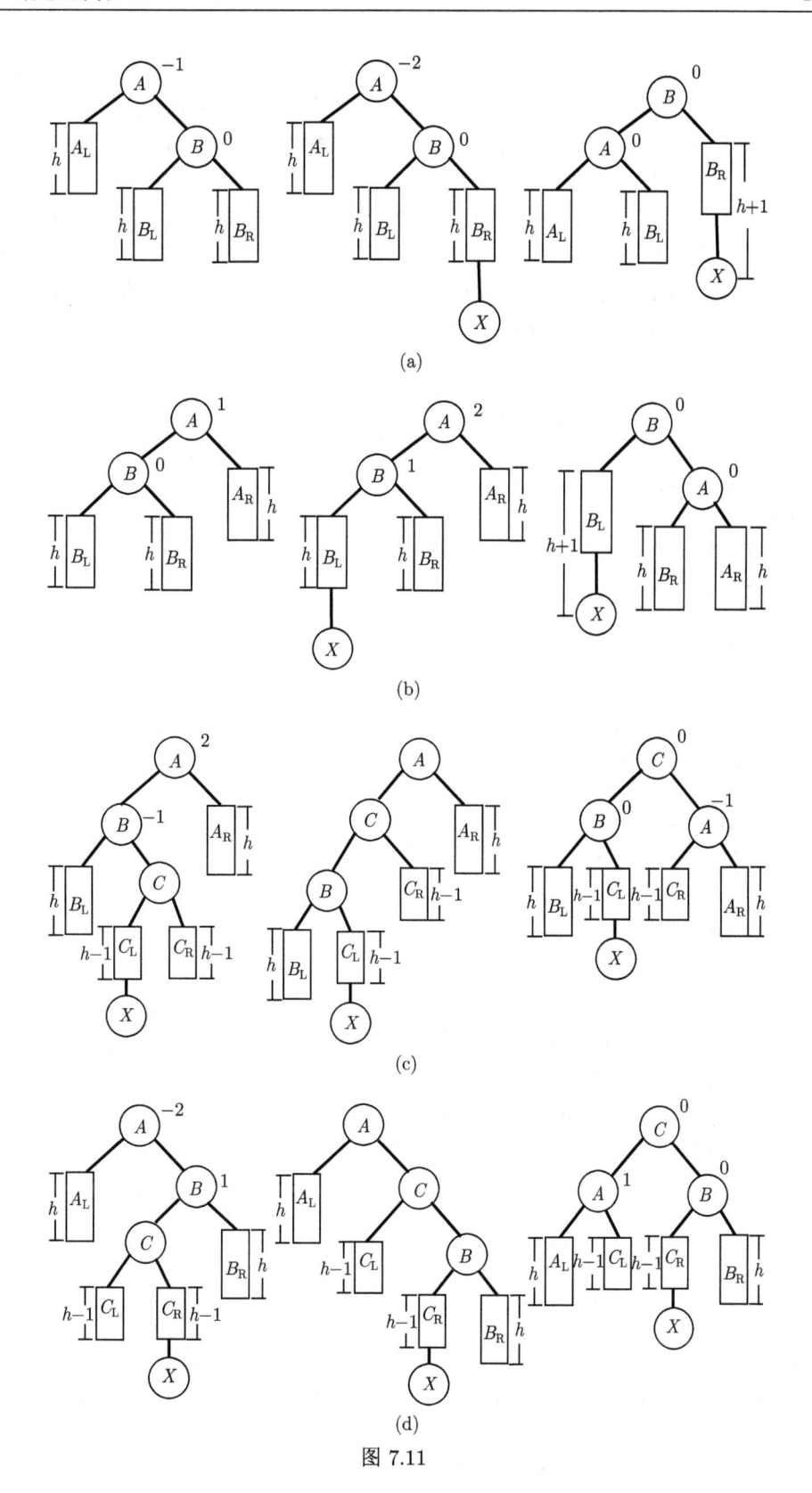

(4) 若 e 的关键字大于 BBST 的根节点的关键字,而且在 BBST 的右子树中不存在和 e 有相同关键字的节点,则将 e 插入在 BBST 的右子树上,并且当插入之后的右子树深度增加 (+1) 时,分别就不同情况处理之。其处理操作和 (3) 中所述相对称,读者可自行补充。

算法 7.9 和算法 7.10 分别描述了在平衡处理中进行右旋操作和左旋操作时修改指针的情况。假设在 5.2.3 节中定义的二叉链表的节点中增加一个存储节点平衡因子的域 bf,则上述在平衡的二叉排序树 BBST 上插入一个新的数据元素 e 的递归算法如算法 7.11 所示,其中,左平衡处理的算法如算法 7.12 所示。右平衡处理的算法和左平衡处理的算法类似,读者可自己补充。

二叉排序树的类型定义为

```
typedef struct BSTNode{
 ElemType data;
 int      bf;//节点的平衡因子
 struct BSTNode *lchild,*rchild; //左、右孩子指针
}BSTNode,*BSTree;
```

算法 7.9

```
void R_Rotate(BSTree &p){
//对以*p为根的二叉排序树作右旋处理,处理之后p指向新的树根节点,即
//旋转处理之前的左子树的根节点
 lc=p->lchild;   // lc指向的*p的左子树根节点
 p->lchild=lc->rchild;    //lc的右子树挂接为*p的左子树
  lc->rchild=p;p=lc;    //p指向新的根节点
 }
```

算法 7.10

```
void L_Rotate(BSTree &p){
    //对以*p为根的二叉排序树作左旋处理,处理之后p指向新的树根节点,即
    //旋转处理之前的右子树的根节点
    rc=p->rchild;         //rc指向的*p的右子树根节点
    p->rchild=rc->lchild; //rc的左子树挂接为*p的右子树
    rc->lchild=p;p=rc;    //p指向新的根节点
}
```

算法 7.11

```
#define LH  +1  //左高
#define EH   0  //等高
#define RH  -1  //右高
Status InsertAVL(BSTree &T,ElemType e,boolean &taller){
    //若在平衡的二叉排序树T中不存在和e有相同关键字的节点,则插入一个
    //数据元素为e的新节点,并返回1,否则返回0。若因插入而使二叉排序树
    //失去平衡,则作平衡旋转处理,布尔变量taller反映T长高与否
```

7.2 动态查找表

```
        if(!T){  //插入新节点,树"长高",置taller为TRUE
          T=(BSTree)malloc(sizeof(BSTNode));T->data=e;
          T->lchild=T->rchild=NULL;T->bf=EH;taller=TRUE;
        }
        else{
          if(EQ(e.key,T->data.key))//树中已存在和e有相同关键字的节点
            {taller=FALSE;return 0;}    //则不再插入
          if(LT(e.key,T->data.key)){//应继续在*T的左子树中进行搜索
            if(!InsertAVL(T->lchild,e,taller))return 0;   //未插入
             if(taller)          //已插入到*T的左子树中且左子树"长高"
                switch(T->bf){          //检查*T的平衡度
                    case LH:    //原本左子树比右子树高,需要作左平衡处理
                       LeftBalance(T);taller=FALSE;break;
                    case EH:  //原本左、右子树等高,现因左子树增高而使树增高
                       T->bf=LH;taller=TRUE;break;
                    case RH:    //原本右子树比左子树高,现左、右子树等高
                       T->bf=EH;taller=FALSE;break;
                } // switch(T->bf)
           }//if
           else{   //应继续在*T的右子树中进行搜索
                if(!InsertAVL(T->rchild,e,taller))return 0;//未插入
                if(taller)   //已插入到*T的右子树中且右子树"长高"
                   switch(T->bf){   //检查*T的平衡度
                      case LH:   //原本左子树比右子树高,现左、右子树等高
                         T->bf=EH;taller=FALSE;break;
                      case EH:  //原本左、右子树等高,因右子树增高而使树增高
                         T->bf=RH;taller=TRUE;break;
                      case RH:   //原本右子树比左子树高,需要作右平衡处理
                         RightBalance(T);taller=FALSE;break;
                   } // switch(T->bf)
             } // else
         } // else
         return 1;
    }
```

算法 7.12

```
void LeftBalance(BSTree &T){
   //对以指针T所指节点为根的二叉树作左平衡旋转处理,本算法结束时,指针T
   //指向新的根节点
   lc=T->lchild;   //lc指向*T的左子树根节点
   switch(lc->bf){ //检查*T的左子树的平衡度,并作相应平衡处理
        case LH:   //新节点插入在*T的左孩子的左子树上,要作单右旋处理
            T->bf=lc->bf=EH;
          R_Rotate(T);break;
       case RH:     //新节点插入在*T的左孩子的右子树上,要作双旋处理
```

```
            rd=lc->rchild;      //rd指向*T的左孩子的右子树根
         switch(rd->bf){       //修改*T及其左孩子的平衡因子
            case LH: T->bf=RH;lc->bf=EH;break;
            case EH: T->bf=lc->bf=EH;break;
            case RH: T->bf=EH;lc->bf=LH;break;
         }//switch(rd->bf)
         rd->bf=EH;
         L_Rotate(T->lchild);  //对*T的左子树作左旋平衡处理
         R_Rotate(T);          //对*T作右旋平衡处理
    } // switch(lc->bf)
}
```

5. 平衡树查找的分析

在平衡树上进行查找的过程和排序树相同，因此，在查找过程中和给定值进行比较的关键字个数不超过树的深度。那么，含有 n 个关键字的平衡树的最大深度是多少呢？为解答这个问题，我们先分析深度为 h 的平衡树所具有的最少节点数。

假设以 N_h 表示深度为 h 的平衡树中含有的最少节点数。显然，$N_0 = 0$, $N_1 = 1$, $N_2 = 2$，并且 $N_h = N_{h-1} + N_{h-2} + 1$。这个关系和斐波那契数列极为相似。利用归纳法容易证明：当 $h \geqslant 0$ 时，$N_h = F_{h+2} - 1$，而 F_h 约等于 $\varphi^h/\sqrt{5}$，其中 $\varphi = \dfrac{1+\sqrt{5}}{2}$ (李冬梅等, 2022)，则 N_h 约等于 $\varphi^{h+2}/\sqrt{5} - 1$。反之，含有 n 个节点的平衡树的最大深度为 $\log_\varphi(\sqrt{5}(n+1)) - 2$。因此，在平衡树上进行查找的时间复杂度为 $O(\log_2 n)$。

上述对二叉排序树和二叉平衡树的查找性能的讨论都是在等概率的前提下进行的，若查找概率不等，则类似于 7.1.3 节中的讨论。为了提高查找效率，需要对待查记录序列先进行排序，使其按关键字递增 (或递减) 有序，然后再按算法 7.4 构造一棵次优查找树。显然，次优查找树也是一棵二叉排序树，但次优查找树不能在查找过程中插入节点生成。二叉排序树 (或称二叉查找树) 是动态树表，最优或次优查找树是静态树表。

7.2.2 B− 树和 B+ 树

1. B− 树及其查找

B− 树是一种平衡的多路查找树，它在文件系统中很有用。在此先介绍这种树的结构及其查找算法。

一棵 m 阶的 B− 树，或为空树，或为满足下列特性的 m 叉树。

(1) 树中每个节点至多有 m 棵子树。
(2) 若根节点不是叶子节点，则至少有两棵子树。
(3) 除根之外的所有非终端节点至少有 $\lceil m/2 \rceil$ 棵子树。
(4) 所有的非终端节点中包含下列信息数据

$$(n, A_0, K_1, A_1, K_2, A_2, \cdots, K_n, A_n)[①]$$

---

① 实际上在 B− 树的每个节点中还应包含 n 个指向每个关键字的记录的指针。

7.2 动态查找表

其中, $K_i(i=1,\cdots,n)$ 为关键字, 且 $K_i < K_{i+1}(i=1,\cdots,n-1)$; $A_i(i=0,\cdots,n)$ 为指向子树根节点的指针, 且指针 A_{i-1} 所指子树中所有节点的关键字均小于 $K_i(i=1,\cdots,n)$, A_n 所指子树中所有节点的关键字均大于 K_n, $n(\lceil m/2 \rceil - 1 \leqslant n \leqslant m-1)$ 为关键字的个数 (或 $n+1$ 为子树个数)。

(5) 所有的叶子节点都出现在同一层次上, 并且不带信息 (可以看作是外部节点或查找失败的节点, 实际上这些节点不存在, 指向这些节点的指针为空)。

例如图 7.12 所示为一棵 3 阶的 B- 树, 其深度为 3。

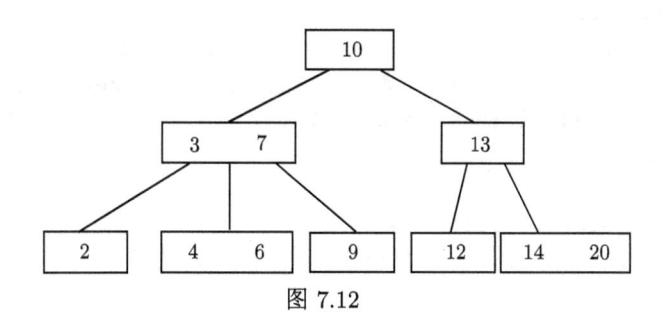

图 7.12

由 B- 树的定义可知, 在 B- 树上进行查找和二叉排序树的查找类似。例如, 在图 7.12 的 B- 树上查找关键字 12 的过程如下: 首先从根开始, 由于给定值 12 大于根节点的关键字 10, 则沿着根节点的右指针下滑到关键字 13 所在的节点, 由于 12 < 13, 则需要沿着 13 所在的节点的左指针下滑到关键字 12 所在的节点, 查找成功。再如, 在图 7.12 的 B- 树上查找关键字 23 的过程如下: 首先从根节点开始, 由于给定值 23 大于根节点的关键字 10, 则沿着根节点的右指针下滑到关键字 13 所在的节点, 由于 23 > 13, 则需要沿着 13 所在的节点的右指针下滑到关键字 14 和 20 所在的节点, 查找不成功。

由此可见, 在 B- 树上进行查找的过程是一个顺指针查找节点和在节点的关键字中进行查找交叉进行的过程。

由于 B- 树主要用作文件的索引, 因此它的查找涉及外存的存取, 在此略去外存的读写, 只作示意性的描述。假设节点类型如下说明:

```
#define m3    // B-树的阶,暂设为3
typedef struct BTNode{
    int             keynum;    //节点中关键字个数,即节点的大小
    struct BTNode *parent;     //指向双亲节点
    KeyType         key[m+1];  //关键字向量,0号单元未用
    struct BTNode *ptr[m+1];   //子树指针向量
    record *recptr[m+1];       //记录指针向量,0号单元未用
}BTNode,*BTree; // B-树节点和B-树的类型
typedef struct{
    BTNode *pt;   //指向找到的节点
    int     i;    // 1,…,m,在节点中的关键字序号
    int     tag;  // 1:查找成功;0:查找失败
}Result;   // B-树的查找结果类型
```

则算法 7.13 简要地描述了 B– 树的查找操作的实现。

算法 7.13

```
Result SearchBTree(BTree T,KeyType K){
   //在m阶B-树T上查找关键字K,返回结果(pt,i,tag)。若查找成功,则特征
   //值tag=1,指针pt所指节点中第i个关键字等于K;否则特征值tag=0,等于
   //K的关键字应插入在指针pt所指节点中第i个和第i+1个关键字之间
   p=T;q=NULL;found=FALSE;i=0;//初始化,p指向待查节点,q指向p的双亲
   while(p&&!found){
     i=Search(p,K);     //在p->key[1..keynum]中查找,
                        // i使得p->key[i]<=K<p->key[i+1]
     if(i>0&&p->key[i]==K)found=TRUE;    //找到待查关键字
     else{q=p;p=p->ptr[i];}
   }
   if(found)return(p,i,1);//查找成功
   else return(q,i,0);      //查找不成功,返回K的插入位置信息
}
```

2. B– 树查找分析

从算法 7.11 可见, 在 B– 树上进行查找, 包含两种基本操作: ① 在 B– 树中找节点; ② 在节点中找关键字。由于 B– 树通常存储在磁盘上, 则前一查找操作是在磁盘上进行的 (在算法 7.11 中没有体现), 而后一查找操作是在内存中进行的, 即在磁盘上找到指针 p 所指节点后, 先将节点中的信息读入内存, 然后再利用顺序查找或折半查找查询等于 K 的关键字。显然, 在磁盘上进行一次查找比在内存中进行一次查找耗费时间多得多, 因此, 在磁盘上进行查找的次数, 即待查关键字所在节点在 B– 树上的层次数, 是决定 B– 树查找效率的首要因素。

现考虑最坏的情况, 即待查节点在 B– 树上的最大层次数。也就是, 含 N 个关键字的 m 阶 B– 树的最大深度是多少?

先看一棵 3 阶的 B– 树。按 B– 树的定义, 3 阶的 B– 树上所有非终端节点至多可有两个关键字, 至少有一个关键字 (即子树个数为 2 或 3, 故又称 2-3 树)。因此, 若关键字个数 ≤ 2 时, 树的深度为 2 (即叶子节点层次为 2); 若关键字个数 ≤ 6 时, 树的深度不超过 3。反之, 若 B– 树的深度为 4, 则关键字的个数必须 ≥ 7 (参见图 7.13), 此时, 每个节点都含有可能的关键字的最小数目。

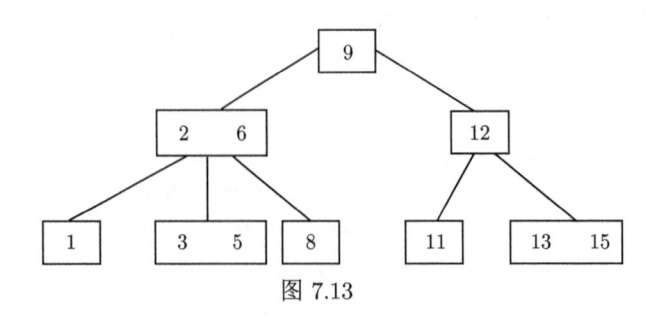

图 7.13

7.2 动态查找表

一般情况的分析可类似二叉平衡树进行，先讨论深度为 $l+1$ 的 m 阶 B- 树所具有的最少节点数。

根据 B- 树的定义，第一层至少有 1 个节点；第二层至少有 2 个节点；由于除根之外的每个非终端节点至少有 $\lceil m/2 \rceil$ 棵子树，则第三层至少有 $2(\lceil m/2 \rceil)$ 个节点；$\cdots$；依次类推，第 $l+1$ 层至少有 $2(\lceil m/2 \rceil)^{l-1}$ 个节点。而 $l+1$ 层的节点为叶子节点。若 m 阶 B- 树中具有 N 个关键字，则叶子节点即查找不成功的节点为 $N+1$，由此有

$$N + 1 \geqslant 2(\lceil m/2 \rceil)^{l-1}$$

反之

$$l \leqslant \log_{\lceil m/2 \rceil}\left(\frac{N+1}{2}\right) + 1 \tag{7.21}$$

这就是说，在含有 N 个关键字的 B- 树上进行查找时，从根节点到关键字所在节点的路径上涉及的节点数不超过 $\log_{\lceil m/2 \rceil}\left(\frac{N+1}{2}\right) + 1$。

3. B- 树的插入和删除

B- 树的生成也是从空树起，逐个插入关键字而得。但由于 B- 树节点中的关键字个数必须 $\geqslant \lceil m/2 \rceil - 1$，因此，每次插入一个关键字不是在树中添加一个叶子节点，而是首先在最底层的某个非终端节点中添加一个关键字，若该节点的关键字个数不超过 $m-1$，则插入完成，否则要产生节点的"分裂"，如图 7.14 所示。

例如，图 7.14(a) 所示为 3 阶的 B- 树 (图中略去 F 节点，即叶子节点)，假设需插入关键字 F。首先通过查找确定应插入的位置。由根 *a 起进行查找，确定 F 应插入在 D 节点中，由于 D 中关键字数目不超过 2 (即 $m-1$)，故第一个关键字插入完成。插入 F 后的 B- 树如图 7.14(b) 所示。最后经过调整并生成一个新的 B- 树，如图 7.14(c) 所示。

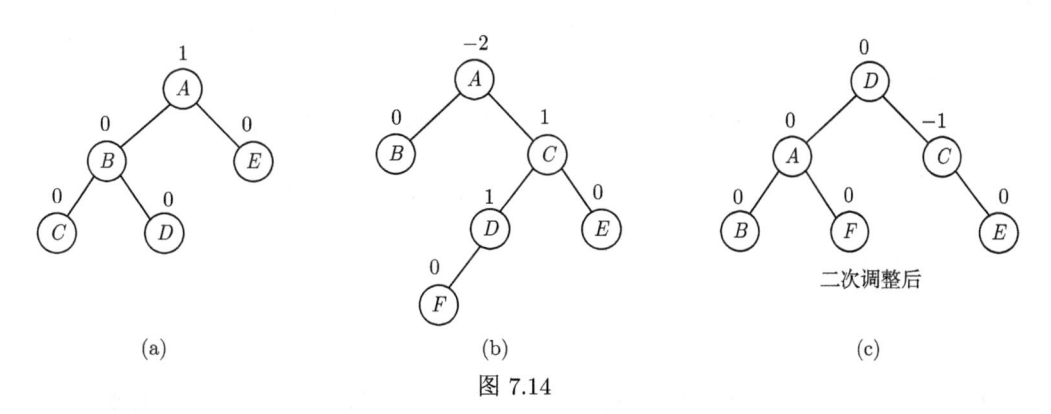

图 7.14

一般情况下，节点可如下实现"分裂"。

假设 *p 节点中已有 $m-1$ 个关键字，当插入一个关键字之后，节点中含有信息为

$$m, A_0, (K_1, A_1), \cdots, (K_m, A_m)$$

且其中
$$K_i < K_{i+1}, \quad 1 \leqslant i < m$$

此时可将 *p 节点分裂为 *p 和 *p′ 两个节点, 其中 *p 节点中含有信息为

$$\lceil m/2 \rceil - 1, A_0, (K_1, A_1), \cdots, (K_{\lceil m/2 \rceil - 1}, A_{\lceil m/2 \rceil - 1}) \tag{7.22}$$

*p′ 节点中含有信息

$$m - \lceil m/2 \rceil, A_{\lceil m/2 \rceil}, (K_{\lceil m/2 \rceil + 1}, A_{\lceil m/2 \rceil + 1}), \cdots, (K_m, A_m) \tag{7.23}$$

而关键字 $K_{\lceil m/2 \rceil}$ 和指针 *p′ 一起插入到 *p 的双亲节点中。

在 B- 树上插入关键字的过程如算法 7.14 所示, 其中 q 和 i 是由查找函数 SearchB-Tree 返回的信息而得。

算法 7.14

```
Status InsertBTree(BTree &T,KeyType K,BTree q,int i){
//在m阶B-树T上节点*q的key[i]与key[i+1]之间插入关键字K
//若引起节点过大,则沿双亲链进行必要的节点分裂调整,使T仍是m阶B-树
    x=K;ap=NULL;finished=FALSE;
    while(q&&!finished){
        Insert(q,i,x,ap);
            //将x和ap分别插入到 q->key[i+1]和 q->ptr[i+1]
        if(q->keynum<m)finished=TRUE; // 插入完成
        else{ //分裂节点*q
            s=m/2;split(q,s,ap);x=q->key[s];
//将q->key[s+1..m],q->ptr[s..m]和q->recptr[s+1..m]移入新节
//点*apq=q->parent;
            if(q)i Search(q,x);//在双亲节点*q中查找x的插入位置
        } // else
    } // while
    if(!finished)//T 是空树 (参数 q 初值为 NULL) 或者根节点已分裂为节点 *q
        //和 *ap
    NewRoot(T,q,x,ap); //生成含信息(T,x,ap)的新的根节点*T,原T和ap
                     //为子树指针
    return OK;
}
```

反之, 若在 B- 树上删除一个关键字, 则首先应找到该关键字所在节点, 并从中删除之, 若该节点为最下层的非终端节点, 且其中的关键字数目不少于 $\lceil m/2 \rceil$, 则删除完成, 否则要进行"合并"节点的操作。假若所删关键字为非终端节点中的 K_i, 则可以指针 A_i 所指子树中的最小关键字 Y 替代 K_i, 然后在相应的节点中删去 Y。例如, 在图 7.15(a) 的 B- 树上删去 45, 可以 *f 节点中的 50 替代 45, 然后在 *f 节点中删去 50。因此, 下面我们可以只需讨论删除最下层非终端节点中的关键字的情形。有下列 3 种可能。

7.2 动态查找表

(1) 被删关键字所在节点中的关键字数目不小于 $\lceil m/2 \rceil$，则只需从该节点中删去该关键字 K_i 和相应指针 A_i，树的其他部分不变。

(2) 被删关键字所在节点中的关键字数目等于 $\lceil m/2 \rceil - 1$，而与该节点相邻的右兄弟 (或左兄弟) 节点中的关键字数目大于 $\lceil m/2 \rceil - 1$，则需将其兄弟节点中的最小 (或最大) 的关键字上移至双亲节点中，而将双亲节点中小于 (或大于) 且紧靠该上移关键字的关键字下移至被删关键字所在节点中。例如，从图 7.15(a) 中，需将其右兄弟节点中的 61 上移至 *e 节点中，而将 *e 节点中的 53 移至 *f，从而使 *f 和 *g 中关键字数目均不小于 $\lceil m/2 \rceil - 1$，而双亲节点中的关键字数目不变。

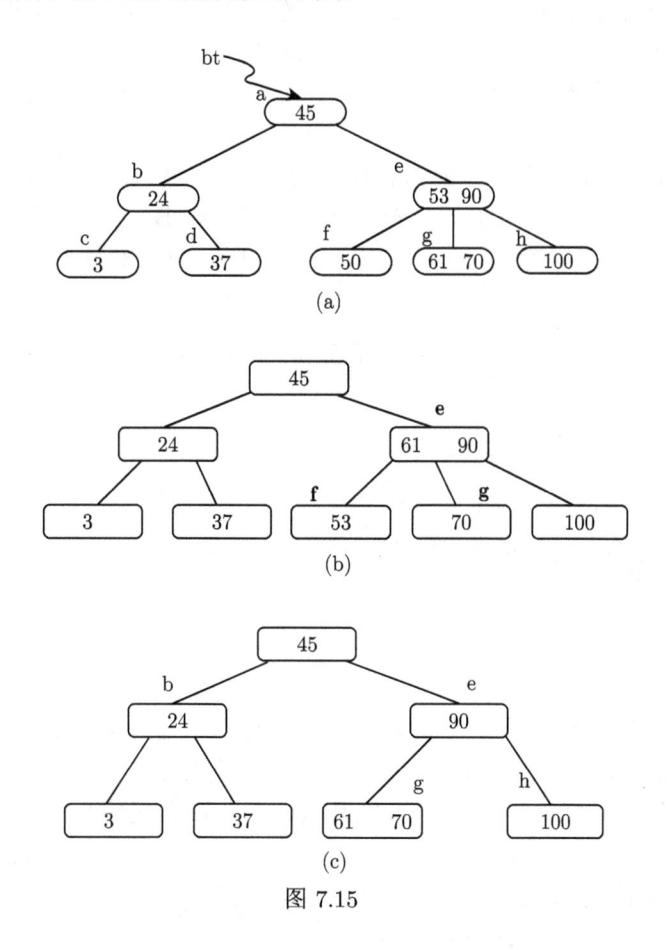

图 7.15

(3) 被删关键字所在节点和其相邻的兄弟节点中的关键字数目均等于 $\lceil m/2 \rceil - 1$。假设该节点有右兄弟，且其右兄弟节点地址由双亲节点中的指针 A_i 所指，则在删去关键字之后，它所在节点中剩余的关键字和指针，加上双亲节点中的关键字 K_i 一起，合并到 A_i 所指兄弟节点中 (若没有右兄弟，则合并至左兄弟节点中)。例如，从图 7.15(b) 所示 B- 树中删去 53，则应删去 *f 节点，并将 *f 中的剩余信息 (指针 "空") 和双亲 *e 节点中的 61 一起合并到右兄弟节点 *g 中。删除后的树如图 7.15(c) 所示。如果因此使双亲节点中的关键字数目小于 $\lceil m/2 \rceil - 1$，则依次类推作相应处理。例如，在图 7.15(c) 的 B- 树中删去关键字 37 之后，双亲 *b 节点中剩余信息 ("指针 c") 应和其双亲 *a 节点中关键字 45 一起合并至右兄弟节点 *e 中。

在 B– 树中删除节点的算法在此不再详述，请读者参阅参考文献 (李冬梅等, 2015) 后自己写出。

4. B+ 树

B+ 树是应文件系统所需而出的一种 B– 树的变形树。一棵 m 阶的 B+ 树和 m 阶的 B– 树的差异在于：

(1) 有 n 棵子树的节点中含有 n 个关键字。

(2) 所有的叶子节点中包含了全部关键字的信息及指向含这些关键字记录的指针，且叶子节点本身依关键字的大小自小而大顺序链接。

(3) 所有的非终端节点可以看成是索引部分，节点中仅含有其子树 (根节点) 中的最大 (或最小) 关键字。

例如图 7.16 所示为一棵 3 阶的 B+ 树，通常在 B+ 树上有两个头指针，一个指向根节点，另一个指向关键字最小的叶子节点。因此，可以对 B+ 树进行两种查找运算：一种是从最小关键字起顺序查找，另一种是从根节点开始，进行随机查找。

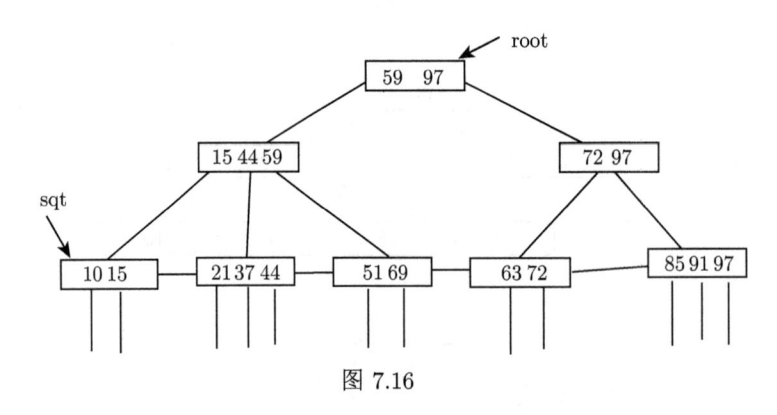

图 7.16

在 B+ 树上进行随机查找、插入和删除的过程基本上与 B– 树类似。只是在查找时，若非终端节点上的关键字等于给定值，并不终止，而是继续向下直到叶子节点。因此，在 B+ 树中，不管查找成功与否，每次查找都是走了一条从根到叶子节点的路径。B+ 树查找的分析类似于 B– 树。B+ 树的插入仅在叶子节点上进行，当节点中的关键字个数大于 m 时要分裂成两个节点，它们所含关键字的个数分别为 $\lceil \frac{m+1}{2} \rceil$ 和 $\lfloor \frac{m+1}{2} \rfloor$。并且，它们的双亲节点中应同时包含这两个节点中的最大关键字。B+ 树的删除也仅在叶子节点进行，当叶子节点中的最大关键字被删除时，其在非终端节点中的值可以作为一个 "分界关键字" 存在。若因删除而使节点中关键字的个数少于 $\lceil \frac{m}{2} \rceil$ 时，其和兄弟节点的合并过程亦和 B– 树类似。

7.2.3 键树

键树又称**数字查找树** (Digital Search Trees)。它是一棵度 $\geqslant 2$ 的树，树中的每个节点中不是包含一个或几个关键字，而是只含有组成关键字的符号。例如，若关键字是数

7.2 动态查找表

值, 则节点中只包含一个数位; 若关键字是单词, 则节点中只包含一个字母字符。这种树会给某种类型关键字的表的查找带来方便。

假设有如下 16 个关键字的集合

$$\{CAI, CAO, LI, LAN, CHA, CHANG, WEN, CHAO, YUN,$$
$$YANG, LONG, WANG, ZHAO, LIU, WU, CHEN\} \tag{7.24}$$

可对此集合作如下的逐层分割。首先按其首字符不同将它们分成 5 个子集:

$$\{CAI, CAO, CHA, CHANG, CHAO, CHEN\}, \{WEN, WANG, WU\},$$
$$\{ZHAO\}, \{LI, LAN, LONG, LIU\}, \{YUN, YANG\}$$

然后对其中 4 个关键字个数大于 1 的子集再按其第二个字符不同进行分割。若所得子集的关键字多于 1 个, 则还需按其第三个字符不同进行再分割。以此类推, 直至每个小子集中只包含一个关键字为止。例如对首字符为 C 的集合可进行如下的分割:

$$\{\{(CAI), (CAO)\}, \{\{(CHA), (CHANG), (CHAO)\}, (CHEN)\}\}$$

显然, 如此集合、子集和元素之间的层次关系可以用一棵树来表示, 这棵树便为键树。例如, 上述集合及其分割可用图 7.17 所示的键树来表示。树中根节点的五棵子树分别表示首字符为 C, L, W, Y 和 Z 的 5 个关键字子集。从根到叶子节点路径中节点的字符组成的字符串表示一个关键字, 叶子节点中的特殊符号 \$ 表示字符串的结束。在叶子节点中还含有指向该关键字记录的指针。

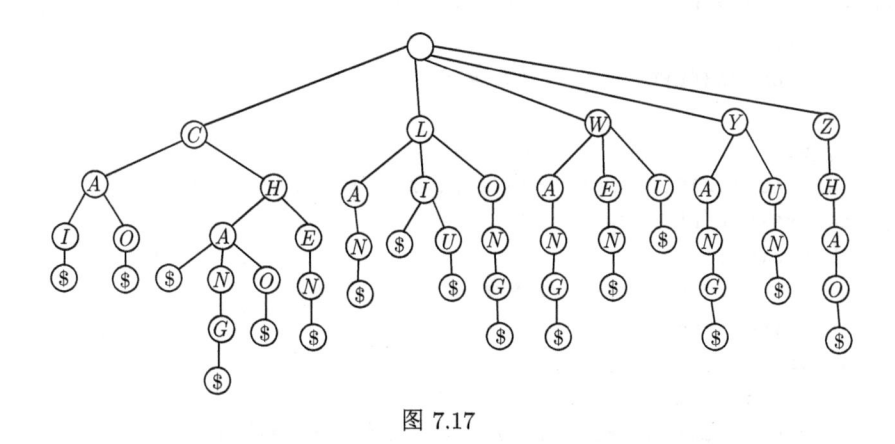

图 7.17

为了查找和插入方便, 我们约定键树是有序树, 即同一层中兄弟节点之间依所含符号自左至右有序, 并约定结束符 \$ 小于任何字符。

通常, 键树可有两种存储结构。

(1) 以树的孩子兄弟链表来表示键树, 则每个分支节点包括 3 个域。symbol 域: 存储关键字的一个字符; first 域: 存储指向第一棵子树根的指针; next 域: 存储指向右兄弟的指针。同时, 叶子节点的 infoptr 域存储指向该关键字记录的指针。此时的键树又称**双链树**。例如，图 7.17 所示键树的双链树如图 7.18 所示 (图中只画出第一棵子树，其余部分省略)。

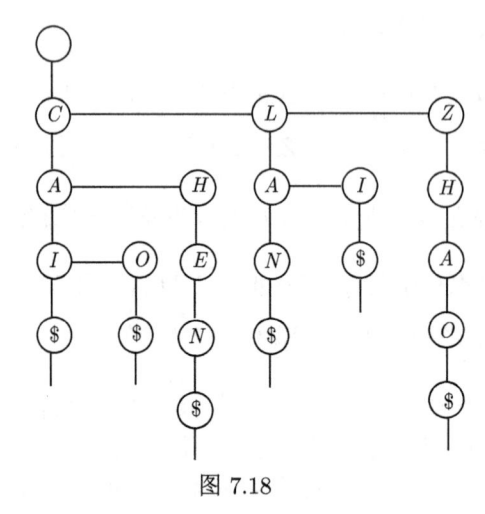

图 7.18

双链树的查找可如下进行：假设给定值为 K.ch(0..num−1)，其中 K.ch[0] 至 K.ch[num−2] 表示待查关键字中 num−1 个字符，K.ch[num−1] 为结束符 $，从双链树的根指针出发，顺 first 指针找到第一棵子树的根节点，以 K.ch[0] 和此节点的 symbol 域比较，若相等，则顺 first 域再比较下一字符，否则沿 next 域顺序查找。若直至 "空" 仍比较不等，则查找不成功。

如果对双链树采用以下存储表示：

```
#define MAXKEYLEN 16        //关键字的最大长度
typedef struct{
    char ch[MAXKEYLEN];     //关键字
    int num;                //关键字长度
}KeysType;                  //关键字类型
typedef enum{LEAF,BRANCH}NodeKind; //节点种类：{叶子,分支}
typedef struct DLTNode{
    char symbol;
    struct DLTNode *next;//指向兄弟节点的指针
    NodeKind kind;
    union{
      Record *infoptr;//叶子节点的记录指针
      struct DLTNode *first;//分支节点的孩子链指针
    }
}DLTNode,*DLTree;  //双链树的类型
```

则在双链树中查找记录的操作由算法 7.15 实现。

算法 7.15

```
record *SearchDLTree(DLTree T,KeysType K){
    //在非空双链树T中查找关键字等于K的记录,若存在,则返回指向该记录的
```

```
        //指针,否则返回空指针
p=T->first;i=0;          //初始化
while(p&&i<K.num){
   while(p&&p->symbol!=K.ch[i])p=p->next; //查找关键字的第 i 位
   if(p&&i<K.num-1)p=p->first;            //准备查找下一位
      ++i;
}   //查找结束
if(!p)then return NULL; //查找不成功
else return p->infoptr;//查找成功
}
```

键树中每个节点的最大度 d 和关键字的 "基" 有关, 若关键字是单词, 则 $d = 27$, 若关键字是数值, 则 $d = 11$。键树的深度 h 则取决于关键字中字符或数位的个数。假设关键字为随机的 (即关键字中每一位取基内任何值的概率相同), 则在双链树中查找每一位的平均查找长度为 $\frac{1}{2}(1+d)$。又假设关键字中字符 (或数位) 的个数都相等, 则在双链树中进行查找的平均查找长度为 $\frac{h}{2}(1+d)$。

在双链树中插入或删除一个关键字, 相当于在树中某个节点上插入或删除一棵子树, 在此不再详述。

(2) 若以树的多重链表表示键树, 则树的每个节点中应含有 d 个指针域, 此时的键树又称 Trie 树。若从键树中某个节点到叶子节点的路径上每个节点都只有一个孩子, 则可将该路径上所有节点压缩成一个 "叶子节点", 且在该叶子节点中存储关键字及指向记录的指针等信息。例如, 图 7.18 所示键树中, 从节点 Z 到节点 $ 为单支树, 而在图 7.19 相应的 Trie 树中只有一个含有关键字及相关信息的叶子节点。由此, 在 Trie 树中有两种节点：分支节点 (含有 d 个指针域和一个指示该节点中非空指针域的个数的整数域) 和叶子节点 (含有关键字域和指向记录的指针域)。在分支节点中不设数据域, 每个分支节点所表示的字符均由其双亲节点中 (指向该节点) 的指针所在位置决定。

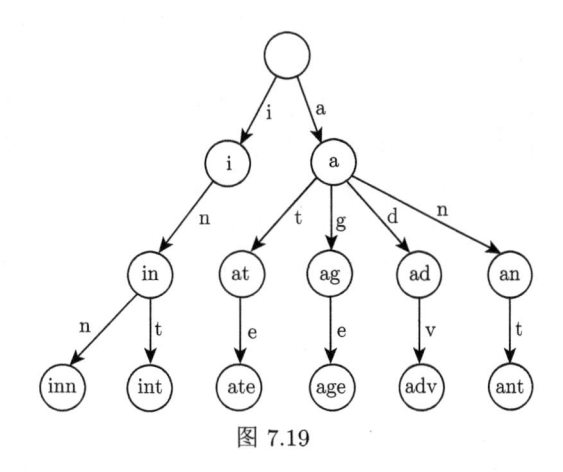

图 7.19

在 Trie 树上进行查找的过程为：从根节点出发, 沿和给定值相应的指针逐层向下,直至叶子节点,若叶子节点中的关键字和给定值相等,则查找成功,若分支节点中和给定值相应的指针为空,或叶节点中的关键字和给定值不相等,则查找不成功。若设

```
typedef struct TrieNode{
   NodeKind kind;
   union{
      struct{KeysType K;Record *infoptr;}lf;      //叶子节点
      struct{TrieNode *ptr[27];int num;}bh;       //分支节点
   };
}TrieNode,*TrieTree; // 键树类型
```

则键树查找操作可如算法 7.16 实现之。

算法 7.16

```
record *SearchTrie(TrieTree T,KeysType K){
//在键树T中查找关键字等于K的记录
for(p=T,i=0;    //对K的每个字符逐个查找
     p&&p->kind==BRANCH&&i<K.num; //*p为分支节点
     p=p->bh.ptr[ord(K.ch[i])],++i); //ord 求字符在字母表中序号
if(p&&p->kind==LEAF&&p->lf.K==K)return p->lf.infoptr; //查找成功
else return NULL; //查找不成功


}
```

从上述查找过程可见,在查找成功时走了一条从根到叶子节点的路径。查找的时间依赖于树的深度。我们可以对关键字集选择一种合适的分割,以缩减 Trie 树的深度。例如,根据式 (7.24) 中关键字集的特点,可作如下分割。先按首字符不同分成多个子集之后,然后按最后一个字符不同分割每个子集,再按第二个字符 …… 前后交叉分割树的深度,假设允许 Trie 树的最大深度为 l,则所有直至 $l-1$ 层皆为同义词的关键字都进入同一叶子节点。若分割得合适,则可使每个叶子节点中只含有少数几个同义词。当然也可增加分支的个数以减少树的深度。

在 Trie 树上易于进行插入和删除,只是需要相应地增加和删除一些分支节点。当分支节点中 num 域的值减为 1 时,便可被删除。

双链树和 Trie 树是键树的两种不同的表示方法,它们有各自的特点。从其不同的存储结构特性可见,若键树中节点的度较大,则采用 Trie 树形结构较双链树更为合适。

综上对树表的讨论可见,它们的查找过程都是从根节点出发,走了一条从根到叶子(或非终端节点) 的路径,其查找时间依赖于树的深度。由于树表主要用作文件索引,因此节点的存取还涉及外部存储设备的特性,故在此没有对它们作平均查找长度的分析。

7.3 哈 希 表

7.3.1 什么是哈希表

在前面讨论的各种结构 (线性表、树等) 中,记录在结构中的相对位置是随机的,和记录的关键字之间不存在确定的关系,因此,在结构中查找记录时需进行一系列和关键

7.3 哈希表

字的比较。这一类查找方法建立在"比较"的基础上。在顺序查找时,比较的结果为"="与"≠"两种可能;在折半查找、二叉排序树查找和 B− 树查找时,比较的结果为"<","="和">" 3 种可能。查找的效率依赖于查找过程中所进行的比较次数。

理想的情况是希望不经过任何比较, 一次存取便能得到所查记录,那就必须在记录的存储位置和它的关键字之间建立一个确定的对应关系 f,使每个关键字和结构中一个唯一的存储位置相对应。因而在查找时,只要根据这个对应关系 f 找到给定值 K 的像 $f(K)$。若结构中存在关键字和 K 相等的记录,则必定在 $f(K)$ 的存储位置上,由此,不需要进行比较便可直接取得所查记录。在此,我们称这个对应关系 f 为**哈希** (Hash) 函数,按这个思想建立的表为哈希表。

我们可以举一个哈希表的最简单的例子。假设要建立一张全国 34 个地区的各民族人口统计表,每个地区为一个记录,记录的各数据项为

| 编号 | 地区名 | 总人口 | 汉族 | 回族 | ... |

显然, 可以用一个一维数组 $C[1..34]$ 来存放这张表, 其中 $C[i]$ 是编号为 i 的地区的人口情况。编号 i 便为记录的关键字, 由它唯一确定记录的存储位置 $C[i]$。例如: 假设北京市的编号为 1, 则若要查看北京市的各民族人口, 只要取出 $C[1]$ 的记录即可。假如把这个数组看成是哈希表, 则哈希函数 $f(\text{key}) = \text{key}$。然而, 很多情况下的哈希函数并不如此简单。可仍以此为例, 为了查看方便应以地区名作为关键字。假设地区名以汉语拼音的字符表示, 则不能简单地取哈希函数 $f(\text{key}) = \text{key}$, 而是首先要将它们转化为数字, 有时还要作些简单的处理。例如我们可以有这样的哈希函数: ① 取关键字中第一个字母在字母表中的序号作为哈希函数。例如: BEIJING 的哈希函数值为字母 "B" 在字母表中的序号, 等于 02; ② 先求关键字的第一个和最后一个字母在字母表中的序号之和, 然后判别这个和值, 若比 30 (表长) 大, 则减去 30, 例如, TIANJIN 的两个字母 "T" 和 "N" 的序号之和为 34, 故取 04 为它的哈希函数值; ③ 先求每个汉字的第一个拼音字母的 ASCII 码 (和英文字母相同) 之和的八进制形式, 然后将这个八进制数看成是十进制数再除以 30 取余数, 若余数为零则加上 30 而为哈希函数值, 例如, HENAN 的第一个和第三个拼音字母分别为 "H" 和 "N", 它们的 ASCII 码之和为 $(226)_8$, 以 $(226)_{10}$ 除以 $(30)_{10}$ 得余数为 16, 则 16 为 HENAN 的哈希函数值, 即记录在数组中的下标值。上述人口统计表中部分关键字在这 3 种不同的哈希函数情况下的哈希函数值如表 7.1 所列。

表 7.1 简单的哈希函数示例

key	BEIJING (北京)	TIANJIN (天津)	HEBEI (河北)	SHANXI (山西)	SHANGHAI (上海)	SHANDONG (山东)	HENAN (河南)	SICHUAN (四川)
$f_1(\text{key})$	02	20	08	19	19	19	08	19
$f_2(\text{key})$	09	04	17	28	28	26	22	03
$f_3(\text{key})$	04	26	02	13	23	17	16	16

从这个例子可见

(1) 哈希函数是一个映像, 因此哈希函数的设定很灵活[①], 只要使得任何关键字由此所得的哈希函数值都落在表长允许范围之内即可。

---

① Hash(哈希) 的原意本是杂凑。

(2) 对不同的关键字可能得到同一哈希地址, 即 key1 ≠ key2, 而 f(key1) = f(key2), 这种现象称**冲突** (collision)。具有相同函数值的关键字对该哈希函数来说称作**同义词** (Synonym)。例如关键字 HEBEI 和 HENAN 不等, 但 f_1(HEBEI) = f_1(HENAN), 又如 f_2(SHANXI) = f_2(SHANGHAI); f_3(HENAN) = f_3(SICHUAN)。这种现象给建表造成困难, 如在第一种哈希函数的情况下, 因为山西、上海、山东和四川这 4 个记录的哈希地址均为 19, 而 C[19] 只能存放一个记录, 那么其他 3 个记录存放在表中什么位置呢? 并且, 从上表 3 个不同的哈希函数的情况可以看出, 哈希函数选得合适可以减少这种冲突现象。特别是在这个例子中, 只可能有 30 个记录, 可以仔细分析这 30 个关键字的特性, 选择一个恰当的哈希函数来避免冲突的发生。

然而, 在一般情况下, 冲突只能尽可能地少, 而不能完全避免。因为, 哈希函数是从关键字集合到地址集合的映像。通常, 关键字集合比较大, 它的元素包括所有可能的关键字, 而地址集合的元素仅为哈希表中的地址值。假设表长为 n, 则地址为 0 到 $n-1$。例如, 在 C++语言的编译程序中可对源程序中的标识符建立一张哈希表。在设定哈希函数时考虑的关键字集合应包含所有可能产生的关键字; 假设标识符定义为以字母为首的 8 位字母或数字, 则关键字 (标识符) 的集合大小为 $C_{52}^1 \times C_{62}^7 \times 7! = 1.288899 \times 10^{14}$, 而在一个源程序中出现的标识符是有限的, 设表长为 1000 足矣。地址集合中的元素为 0 到 999。因此, 在一般情况下, 哈希函数是一个压缩映像, 这就不可避免产生冲突。因此, 在建造哈希表时不仅要设定一个 "好" 的哈希函数, 而且要设定一种处理冲突的方法。

综上所述, 可如下描述哈希表: 根据设定的哈希函数 H(key) 和处理冲突的方法将一组关键字映像到一个有限的连续的地址集 (区间) 上, 并以关键字在地址集中的 "像" 作为记录在表中的存储位置, 这种表便称为**哈希表**, 这一映像过程称为哈希造表或**散列**, 所得存储位置称**哈希地址**或**散列地址**。

下面分别就哈希函数和处理冲突的方法进行讨论。

7.3.2 哈希函数的构造方法

构造哈希函数的方法很多。在介绍各种方法之前, 首先需要明确什么是 "好" 的哈希函数。

若对于关键字集合中的任一个关键字, 经哈希函数映像到地址集合中任何一个地址的概率是相等的, 则称此类哈希函数为**均匀的** (Uniform) 哈希函数。换句话说, 就是使关键字经过哈希函数得到一个 "随机的地址", 以便使一组关键字的哈希地址均匀分布在整个地址区间中, 从而减少冲突。

常用的构造哈希函数的方法有以下几种。

1. 直接定址法

取关键字或关键字的某个线性函数值为哈希地址, 即

$$H(\text{key}) = \text{key} \quad \text{或} \quad H(\text{key}) = a \cdot \text{key} + b$$

其中 a 和 b 为常数 (这种哈希函数叫作自身函数)。

例如, 有一个从 1 岁到 100 岁的人口数据统计表, 其中, 年龄作为关键字, 哈希函数取关键字自身, 如表 7.2 所示。

7.3 哈希表

表 7.2 1~100 岁人口数据统计表

地址	年龄	人数	地址	年龄	人数
01	1	3000	26	26	⋯
02	2	2000	27	27	⋯
03	3	5000	⋮	⋮	⋮
⋮	⋮	⋮	100	100	⋯
25	25	1050			

这样, 若要询问 25 岁的人有多少, 则只要查表的第 25 项即可。

又如, 有一个 1948 年后出生的人口调查表, 关键字是年份, 哈希函数取关键字加一常数: $H(\text{key}) = \text{key} + (-1948)$, 如表 7.3 所示。

表 7.3 1948 年后出生人口调查表

地址	年份	人数	地址	年份	人数
01	1949	⋯	⋮	⋮	⋯
02	1950	⋯	22	1970	⋯
03	1951	⋯	⋮	⋮	⋯

这样, 若要查 1970 年出生的人数, 则只要查第 $(1970 - 1948) = 22$ 项即可。

由于直接定址所得地址集合和关键字集合的大小相同。因此, 对于不同的关键字不会发生冲突。但实际中能使用这种哈希函数的情况很少。

2. 数字分析法

假设关键字是以 r 为基的数 (如以 10 为基的十进制数), 并且哈希表中可能出现的关键字都是事先知道的, 则可取关键字的若干数位组成哈希地址。

例如有 80 个记录, 其关键字为 8 位十进制数。假设哈希表的表长为 100_{10}, 则可取两位十进制数组成哈希地址。取哪两位？原则是使得到的哈希地址尽量避免产生冲突, 则需从分析这 80 个关键字着手。假设这 80 个关键字中的一部分如下所列。

```
        ⋮
    8 1 3 4 6 5 3 2
    8 1 3 7 2 2 4 2
    8 1 3 8 7 4 2 2
    8 1 3 0 1 3 6 7
    8 1 3 2 2 8 1 7
    8 1 3 3 8 9 6 7
    8 1 3 5 4 1 5 7
    8 1 3 6 8 5 3 7
    8 1 4 1 9 3 5 5
        ⋮
    ① ② ③ ④ ⑤ ⑥ ⑦ ⑧
```

从关键字全体的分析中我们发现：第①、②位都是 "8 1"，第③位只可能取 1, 2, 3 或 4，第⑧位只可能取 2, 5 或 7，因此这 4 位都不可取。由于中间的 4 位可看成是近乎随机的，因此可取其中任意两位，或取其中两位与另外两位的叠加求和后舍去进位作为哈希地址。

3. 平方取中法

取关键字平方后的中间几位为哈希地址。这是一种较常用的构造哈希函数的方法。通常在选定哈希函数时不一定能知道关键字的全部情况，取其中哪几位也不一定合适，而一个数平方后的中间几位数和数的每一位都相关，由此使随机分布的关键字得到的哈希地址也是随机的。取的位数由表长决定。

例如，为 BASIC 源程序中的标识符建立一个哈希表。假设 BASIC 语言中允许的标识符为一个字母，或一个字母和一个数字。在计算机内可用两位八进制数表示字母和数字，如图 7.20 所示。取标识符在计算机中的八进制数为它的关键字。假设表长为 $512 = 2^9$，则可取关键字平方后的中间 9 位二进制数为哈希地址。例如，表 7.4 列出了一些标识符及它们的哈希地址。

```
A    B    C   ···   Z    0    1    2   ···   9
01   02   03  ···   32   60   61   62  ···   71
```
图 7.20

表 7.4 部分标识符与其哈希地址

记录	关键字	(关键字)²	哈希地址 ($2^2 \sim 2^{17}$)
A	0100	0 010000	010
1	1100	1 210000	210
J	1200	1 440000	440
I0	1160	1 370400	370
P1	2061	4 310541	310
P2	2062	4 314704	314
Q1	2161	4 734741	734
Q2	2162	4 741304	741
Q3	2163	4 745651	745

4. 折叠法

将关键字分割成位数相同的几部分 (最后一部分的位数可以不同)，然后取这几部分的叠加和 (舍去进位) 作为哈希地址，该方法称为折叠法 (Folding)。关键字位数很多，而且关键字中每一位上数字分布大致均匀时，可以采用折叠法得到哈希地址。

例如，每一种西文图书都有一个国际标准图书编号 (ISBN)，它是一个 10 位的十进制数字，若要以它作关键字建立一个哈希表，当馆藏书种类不到 10000 时，可采用折叠法构造一个四位数的哈希函数。在折叠法中数位叠加可以有移位叠加和间界叠加两种方

7.3 哈希表

法。移位叠加是将分割后的每一部分的最低位对齐，然后相加；间界叠加是从一端向另一端沿分割界来回折叠，然后对齐相加。如某国际标准图书编号 0-442-20586-4 的哈希地址分别如图 7.21 和图 7.22 所示。

```
        5864                        5864
        4220                        0224
  +)      04                  +)      04
      ------                      ------
       10088                       6092
       图 7.21                      图 7.22
```

5. 除留余数法

取关键字被某个不大于哈希表表长 m 的数 p 除后所得余数为哈希地址。即

$$H(\text{key}) = \text{key} \bmod p, \quad p \leqslant m$$

这是一种最简单，也最常用的构造哈希函数的方法。它不仅可以对关键字直接取模 (mod)，也可在折叠、平方取中等运算之后取模。

值得注意的是，在使用除留余数法时，对 p 的选择很重要。若 p 选得不好，容易产生同义词。请看下面 3 个例子。

假设取标识符在计算机中的二进制表示为它的关键字 (标识符中每个字母均用两位八进制数表示)，然后对 $p = 2^6$ 取模。这个运算在计算机中只要移位便可实现，将关键字左移直至只留下最低的 6 位二进制数。这等于将关键字的所有高位值都忽略不计。因而使得所有最后一个字符相同的标识符，如 al, il, temp1, cp1 等均成为同义词。

若 p 含有质因子 pf，则所有含有 pf 因子的关键字的哈希地址均为 pf 的倍数。例如，当 $p = 21(= 3 \times 7)$ 时，下列含因子 7 的关键字对 21 取模的哈希地址均为 7 的倍数。

```
关键字       28   35   63   77   105
哈希地址      7   14    0   14    0
```

假设有两个标识符 xy 和 yx，其中 x, y 均为字符，又假设它们的机器代码 (6 位二进制数) 分别为 $c(x)$ 和 $c(y)$，则上述两个标识符的关键字分别为

$$\text{key1} = 2^6 c(x) + c(y) \quad \text{和} \quad \text{key2} = 2^6 c(y) + c(x)$$

假设用除留余数法求哈希地址，且 $p = tq$，t 是某个常数，q 是某个质数。则当 $q = 3$ 时，这两个关键字将被散列在差为 3 的地址上。因为

$$[H(\text{key1}) - H(\text{key2})] \bmod q$$
$$= \{[2^6 c(x) + c(y)] \bmod p - [2^6 c(y) + c(x)] \bmod p\} \bmod q$$
$$= \{2^6 c(x) \bmod p + c(y) \bmod p - 2^6 c(y) \bmod p - c(x) \bmod p\} \bmod q$$

$$= \{2^6 c(x) \bmod q + c(y) \bmod q - 2^6 c(y) \bmod q - c(x) \bmod q\} \bmod q$$

(因对任一 x 有 $x \bmod (t*q) \bmod q = (x \bmod q) \bmod q$)

当 $q = 3$ 时,上式为

$$\{(2^6 \bmod 3) c(x) \bmod 3 + c(y) \bmod 3 - (2^6 \bmod 3) c(y) \bmod 3$$

$$- c(x) \bmod 3\} \bmod 3$$

$$= 0 \bmod 3$$

由众人的经验得知:一般情况下,可以选 p 为质数或不包含小于 20 的质因数的合数。

6. 随机数法

选择一个随机函数,取关键字的随机函数值为它的哈希地址,即 $H(\text{key}) = \text{random}(\text{key})$,其中 random 为随机函数。通常,当关键字长度不等时采用此法构造哈希函数较恰当。

实际工作中需视不同的情况采用不同的哈希函数。通常,考虑的因素有:

(1) 计算哈希函数所需时间 (包括硬件指令的因素);
(2) 关键字的长度;
(3) 哈希表的大小;
(4) 关键字的分布情况;
(5) 记录的查找频率。

7.3.3 处理冲突的方法

在 7.3.1 节中曾提及均匀的哈希函数可以减少冲突,但不能避免,因此,如何处理冲突是哈希造表不可缺少的另一方面。

假设哈希表的地址集为区间 $[0, n-1]$,冲突是指由关键字得到的哈希地址为 j ($0 \leqslant j \leqslant n-1$) 的位置上已存有的记录,则 "处理冲突" 就是为该关键字的记录找到另一个 "空" 的哈希地址。在处理冲突的过程中可能得到一个地址序列 $H_i, i = 1, 2, \cdots, k, H_i \in [0, n-1]$。即在处理哈希地址的冲突时,若得到的另一个哈希地址 H_i 仍然发生冲突,则再求下一个地址 H_2,若 H_2 仍然冲突,再求得 H_3。依次类推,直至 H_k 不发生冲突为止,则 H_k 为记录在表中的地址。

通常用的处理冲突的方法有下列几种。

1. 开放定址法

$$H_i = (H(\text{key}) + d_i) \bmod m, \quad i = 1, 2, \cdots, k \quad (k \leqslant m-1) \tag{7.25}$$

其中,$H(\text{key})$ 为哈希函数;m 为哈希表表长;d_i 为增量序列,可有下列 3 种取法:

(1) $d_i = 1, 2, \cdots, m-1$ 称为线性探测再散列;
(2) $d_i = 1^2, -1^2, 2^2, -2^2, 3^2, \cdots, \pm k^2$ ($k \leqslant m/2$) 称为二次探测再散列;
(3) d_i 为伪随机数序列,称为伪随机探测再散列。

7.3 哈希表

例如，在长度为 11 的哈希表中已填有关键字分别为 63, 12, 19, 70, 15, 18, 30, 20, 8 (哈希函数 $H(\text{key}) = \text{key} \bmod 11$)，现有第十个记录，其关键字为 70，由哈希函数得到哈希地址为 4，产生冲突。若用线性探测再散列的方法处理时，得到下一个地址 5，仍冲突；直到哈希地址为 6 的位置为 "空" 时止，处理冲突的过程结束，记录填入哈希表中序号为 6 的位置。若用二次探测再散列，则应该填入序号为 3 的位置。类似地可得到伪随机再散列的地址，参见图 7.23。

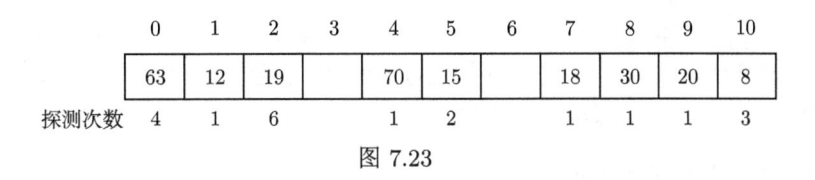

0	1	2	3	4	5	6	7	8	9	10
63	12	19		70	15		18	30	20	8

探测次数   4   1   6   1   2   1   1   1   3

图 7.23

从上述线性探测再散列的过程中可以看到一个现象：当表中 $i, i+1, i+2$ 位置上已填有记录时，下一个哈希地址为 $i, i+1, i+2$ 和 $i+3$ 的记录都将填入 $i+3$ 的位置，这种在处理冲突过程中发生的两个第一个哈希地址不同的记录争夺同一个后继哈希地址的现象称作 "二次聚集"，即在处理同义词的冲突过程中又添加了非同义词的冲突，显然，这种现象对查找不利。但另一方面，用线性探测再散列处理冲突可以保证做到：只要哈希表未填满，总能找到一个不发生冲突的地址 H_k，而二次探测再散列只有在哈希表表长 m 为形如 $4j+3$ (j 为整数) 的素数时才可能 (李冬梅等，2015)，随机探测再散列，则取决于伪随机数列。

2. 再哈希法

$$H_i = \text{RH}_i(\text{key}), \quad i = 1, 2, \cdots, k \tag{7.26}$$

RH_i 均是不同的哈希函数，即在同义词产生地址冲突时计算另一个哈希函数地址，直到冲突不再发生。这种方法不易产生 "聚集"，但增加了计算的时间。

3. 链地址法

将所有关键字为同义词的记录存储在同一线性链表中。假设某哈希函数产生的哈希地址在区间 $[0, m-1]$ 上，则设立一个指针型向量

$$\text{Chain ChainHash}[m]$$

其每个分量的初始状态都是空指针。凡哈希地址为 i 的记录都插入到头指针为 Chain ChainHash[i] 的链表中。在链表中的插入位置可以在表头或表尾；也可以在中间，以保持同义词在同一线性链表中按关键字有序。

例 7.3.1 已知一组关键字为 (19, 8, 12, 70, 15, 63, 18, 30, 20)，则按哈希函数 $H(\text{key}) = \text{key} \bmod 13$ 和链地址法处理冲突构造所得的哈希表如图 7.24 所示。

	0	1	2	3	4	5	6	7	8	9	10
	19	8	12		70	15	63	18	30	20	
探测次数	6	3	2		1	2	4	1	1	1	

图 7.24

4. 建立一个公共溢出区

这也是处理冲突的一种方法。假设哈希函数的值域为 $[0, m-1]$，则设向量 HashTable$[0..m-1]$ 为基本表，每个分量存放一个记录，另设向量 OverTable$[0..v]$ 为溢出表。所有关键字和基本表中关键字为同义词的记录，不管它们由哈希函数得到的哈希地址是什么，一旦发生冲突，都填入溢出表。

7.3.4 哈希表的查找及其分析

在哈希表上进行查找的过程和哈希造表的过程基本一致。给定 K 值，根据造表时设定的哈希函数求得哈希地址，若表中此位置上没有记录，则查找不成功；否则比较关键字，若和给定值相等，则查找成功；否则根据造表时设定的处理冲突的方法找"下一地址"，直至哈希表中某个位置为"空"或者表中所填记录的关键字等于给定值时为止。

算法 7.17 为以开放定址等方法（除链地址法外）处理冲突的哈希表的查找过程。

算法 7.17

```
//--开放定址哈希表的存储结构
int hashsize[]={997,...};//哈希表容量递增表,一个合适的素数序列
typedef struct{
  ElemType *elem;    //数据元素存储基址,动态分配数组
  int   count;    //当前数据元素个数
  int   sizeindex;   // hashsize[sizeindex]为当前容量
}HashTable;
#define SUCCESS 1
#define UNSUCCESS 0
#define DUPLICATE -1
Status SearchHash(HashTable H,KeyType K,int &p,int &c){
  //在开放定址哈希表H中查找关键码为K的元素,若查找成功,以p指示待查
  //数据元素在表中位置,并返回SUCCESS;否则,以p指示插入位置,并
  //返回UNSUCCESS,c用于记录冲突次数,其初值置零,供建表插入时参考
  p=Hash(K);     //求得哈希地址
  while(H.elem[p].key!=NULLKEY&&   //该位置中填有记录
      !EQ(K,H.elem[p].key))    //并且关键字不相等
    collision(p,++c);    //求得下一探测地址p
  if EQ(K,H.elem[p].key)
    return SUCCESS;   //查找成功,p返回待查数据元素位置
   else return UNSUCCESS;//查找不成功(H.elem[p].key==NULLKEY),
```

7.3 哈希表

```
                    //p返回的是插入位置
}
```

算法 7.18 通过调用查找算法 (算法 7.17) 实现了开放定址哈希表的插入操作。

算法 7.18

```
Status InsertHash(HashTable &H,Elemtype e){
    //查找不成功时插入数据元素e到开放定址哈希表H中,并返回OK;若冲突
    //次数过大,则重建哈希表
    c=0;
    if(SearchHash(H,e.key,p,c))
            return DUPLICATE;    //表中已有与e有相同关键字的元素
    else if(c<hashsize[H.sizeindex]/2){
        //冲突次数c未达到上限(c的阈值可调)
            H.elem[p]=e;++H.count;return OK;    //插入e
            }
    else{RecreateHashTable(H);return UNSUCCESS;} //重建哈希表
     }
```

从哈希表的查找过程可见：

(1) 虽然哈希表在关键字与记录的存储位置之间建立了直接映像, 但由于 "冲突" 的产生, 哈希表的查找过程仍然是一个给定值和关键字进行比较的过程。因此, 仍需以平均查找长度作为衡量哈希表的查找效率的量度。

(2) 查找过程中需和给定值进行比较的关键字的个数取决于下列三个因素——哈希函数、处理冲突的方法和哈希表的装填因子。

哈希函数的 "好坏" 首先影响出现冲突的频繁程度。但是, 对于 "均匀的" 哈希函数可以假定: 不同的哈希函数对同一组随机的关键字, 产生冲突的可能性相同, 因为一般情况下设定的哈希函数是均匀的, 则可不考虑它对平均查找长度的影响。

对同样一组关键字, 设定相同的哈希函数, 则不同的处理冲突的方法得到的哈希表不同, 它们的平均查找长度也不同。如例 7.3.1 中的哈希表, 在记录的查找概率相等的前提下, 链地址法的平均查找长度为

$$\text{ASL}(12) = \frac{1}{12}(1 \times 6 + 2 \times 4 + 3 + 4) = 1.75$$

线性探测再散列的平均查找长度为

$$\text{ASL}(12) = \frac{1}{12}(1 \times 6 + 2 + 3 \times 3 + 4 + 9) = 2.5$$

容易看出, 线性探测再散列在处理冲突的过程中易产生记录的二次聚集, 如使得哈希地址不同的记录也能产生冲突; 而链地址法处理冲突不会发生类似情况, 因为哈希地址不同的记录在不同的链表中。

在一般情况下,处理冲突方法相同的哈希表,其平均查找长度依赖于哈希表的装填因子。

哈希表的装填因子定义为

$$a = \frac{表中填入的记录数}{哈希表长度}$$

a 表示哈希表的装满程度。直观地看,a 越小,发生冲突的可能性就越小;反之,a 越大,表中已填入的记录就越多,再填记录时,发生冲突的可能性就越大,则查找时,给定值需与之进行比较的关键字的个数也就越多。

可以证明[1,2]:线性探测再散列的哈希表查找成功时的平均查找长度为

$$S_{nl} \approx \frac{1}{2}\left(1 + \frac{1}{1-a}\right) \tag{7.27}$$

随机探测再散列、二次探测再散列和再哈希的哈希表查找成功时的平均查找长度为

$$S_{nr} \approx -\frac{1}{a}\ln(1-a) \tag{7.28}$$

链地址法处理冲突的哈希表查找成功时的平均查找长度为

$$S_{nc} \approx 1 + \frac{a}{2} \tag{7.29}$$

由于哈希表在查找不成功时所用比较次数也和给定值有关,则可类似地定义哈希表在查找不成功时的平均查找长度为:查找不成功时需和给定值进行比较的关键字个数的期望值。同样可证明,不同的处理冲突方法构成的哈希表查找不成功时的平均查找长度分别为

$$U_{nl} \approx \frac{1}{2}\left(1 + \frac{1}{(1-a)^2}\right) \text{——线性探测再散列} \tag{7.30}$$

$$U_{nr} \approx \frac{1}{1-a} \text{——伪随机探测再散列} \tag{7.31}$$

$$U_{nc} \approx a + e^{-a} \text{——链地址} \tag{7.32}$$

下面仅以随机探测的一组公式为例进行分析推导。

先分析长度为 m 的哈希表中装填有 n 个记录时查找不成功的平均查找长度。这个问题相当于要求在这张表中填入第 $n+1$ 个记录时所需做的比较次数的期望值。

假定:① 哈希函数是均匀的,即产生表中各个地址的概率相等;② 处理冲突后产生的地址也是随机的。

若设 p_i 表示前 i 个哈希地址均发生冲突的概率;q_i 表示需进行 i 次比较才找到一

7.3 哈希表

个 "空位" 的哈希地址 (即前 $i-1$ 次发生冲突, 第 i 次不冲突) 的概率。则有

$$p_1 = \frac{n}{m}, \qquad q_1 = 1 - \frac{n}{m}$$

$$p_2 = \frac{n}{m} \cdot \frac{n-1}{m-1}, \qquad q_2 = \frac{n}{m} \cdot \left(1 - \frac{n-1}{m-1}\right)$$

$$\vdots \qquad\qquad\qquad\qquad \vdots$$

$$p_i = \frac{n}{m} \cdot \frac{n-1}{m-1} \cdots \frac{n-i+1}{m-i+1}, \qquad q_i = \frac{n}{m} \cdot \frac{n-1}{m-1} \cdots \frac{n-i+2}{m-i+2} \left(1 - \frac{n-i+1}{m-i+1}\right)$$

$$\vdots \qquad\qquad\qquad\qquad \vdots$$

$$p_n = \frac{n}{m} \cdot \frac{n-1}{m-1} \cdots \frac{1}{m-n+1}, \qquad q_n = \frac{n}{m} \cdots \frac{2}{m-n+2} \left(1 - \frac{1}{m-n+1}\right)$$

$$p_{n+1} = 0, \qquad q_{n+1} = \frac{n}{m} \cdots \frac{1}{m-n+1}$$

可见, 在 p_i 和 q_i 之间, 存在关系式

$$q_i = p_{i-1} - p_i \tag{7.33}$$

由此, 当长度为 m 的哈希表中已填有 n 个记录时, 查找不成功的平均查找长度为

$$U_n = \sum_{i=1}^{n+1} q_i C_i = \sum_{i=1}^{n+1} (p_{i-1} - p_i) i$$

$$= 1 + p_1 + p_2 + \cdots + p_n - (n+1)p_{n+1}$$

$$= \frac{1}{1 - \dfrac{n}{m+1}} \text{ (用归纳法证明)} \approx \frac{1}{1-a}$$

由于哈希表中 n 个记录是先后填入的, 查找每一个记录所需比较次数的期望值, 恰为填入此记录时找到此哈希地址时所进行的比较次数的期望值。因此, 对表长为 m、记录数为 n 的哈希表, 查找成功时的平均查找长度为

$$S_n = \sum_{i=1}^{n-1} p_i C_i = \sum_{i=0}^{n-1} p_i U_i$$

设对 n 个记录的查找概率相等, 即 $p_i = \dfrac{1}{n}$, 则

$$S_n = \frac{1}{n} \sum_{i=0}^{n-1} U_i = \frac{1}{n} \sum_{i=0}^{n-1} \frac{1}{1 - \dfrac{i}{m}}$$

$$\approx \frac{m}{n} \int_0^a \frac{\mathrm{d}x}{1-x} \approx -\frac{1}{a} \ln(1-a)$$

从以上分析可见，哈希表的平均查找长度是 a 的函数，而不是 n 的函数。由此，不管 n 多大，我们总可以选择一个合适的装填因子以便将平均查找长度限定在一个范围内。

值得提醒的是，若要在非链地址处理冲突的哈希表中删除一个记录，则需在该记录的位置上填入一个特殊的符号，以免找不到在它之后填入的"同义词"的记录。

最后要说明的是，对于预先知道且规模不大的关键字集，有时也可以找到不发生冲突的哈希函数，因此，对频繁进行查找的关键字集，还是应尽力设计一个完美的 (Perfect) 哈希函数。例如，对 PASCAL 语言中的 26 个保留字可设定下述无冲突的哈希函数

$$H(\text{key}) = L + g(\text{key}[1]) + g(\text{key}[L]) \tag{7.34}$$

其中 L 为保留字长度，key[1] 为第一个字符，key[L] 为最后一个字符，$g(x)$ 为从字符到数字的转换函数，例如 $g(\text{F}) = 15$，$g(\text{N}) = 13$，$H(\text{FUNCTION}) = 8 + 15 + 13 = 36$。所得哈希表长度为 37。

习　题　7

一、填空题

1. 顺序查找 n 个元素的顺序表，若查找成功，则比较关键字的次数最多为 ＿＿＿＿＿ 次；当使用监视哨时，若查找失败，则比较关键字的次数为 ＿＿＿＿＿。

2. 在有序表 $A[1..12]$ 中，采用二分查找算法查找等于 $A[12]$ 的元素，所比较的元素下标依次为 ＿＿＿＿＿。

3. 在有序表 $A[1..20]$ 中，按二分查找方法进行查找，查找长度为 5 的元素个数是 ＿＿＿＿＿。

4. 高度为 4 (含叶子节点层) 的 3 阶 B− 树中，最多有 ＿＿＿＿＿ 个关键字。

5. 在一棵 m 阶 B− 树中，若在某节点中插入一个新关键字而引起该节点分裂，则此节点中原有的关键字的个数是 ＿＿＿＿＿；若在某节点中删除一个关键字而导致节点合并，则该节点中原有的关键字的个数是 ＿＿＿＿＿。

6. 在哈希函数 $H(\text{key}) = \text{key mod } p$ 中，p 值最好取 ＿＿＿＿＿。

7. 如果按关键码值递增的顺序依次将关键码值插入到二叉排序树中，则对这样的二叉排序树检索时，平均比较次数为 ＿＿＿＿＿。

8. 如果关键码按值排序，而后用二分法依次检索这些关键码，并把检索中遇到的在二叉树中没有出现的关键码依次插入到二叉排序树中，则对这样的二叉排序树检索时，平均比较次数为 ＿＿＿＿＿。(提示: 此时二叉排序树与折半查找的二叉判定树一样)

9. 平衡因子的定义是 ＿＿＿＿＿。

10. 查找是非数值程序设计的一个重要技术问题，基本上分成 ＿＿＿＿＿ 查找、＿＿＿＿＿ 查找和 ＿＿＿＿＿ 查找。处理哈希冲突的方法有 ＿＿＿＿＿、＿＿＿＿＿、＿＿＿＿＿ 和 ＿＿＿＿＿。

11. 具有 N 个关键字的 B− 树的查找路径长度不会大于 ＿＿＿＿＿。在一棵有 N 个节点的非平衡二叉树中进行查找，平均时间复杂度的上限 (即最坏情况平均时间复杂度) 为 ＿＿＿＿＿。

12. 高度为 5 (除叶子层之外) 的三阶 B− 树至少有 ＿＿＿＿＿ 个节点。

13. 可以唯一地标识一个记录的关键字称为 ＿＿＿＿＿。

14. 动态查找表和静态查找表的重要区别在于前者包含 ＿＿＿＿＿ 和 ＿＿＿＿＿ 运算，而后者不包含这两种运算。

15. 已知 N 元整型数组 a 存放 N 个学生的成绩,已按由大到小排序,以下算法是用对分(折半)查找方法统计成绩大于或等于 X 分的学生人数,请填空使之完善。(提示:这时需要找的是最后一个大于等于 X 的下标,若查找成功且其下标为 m,则有 m 个学生成绩大于或等于 X;若查找不成功,并且 low 所指向的值小于 X,则有 low -1 个学生成绩大于或等于 X,注意这时表中可能不止一个数值为 X 的值,这时我们要查找的是下标最大的)

```
#define N /*学生人数*/
int uprx(int a[N],int x)    /*函数返回大于等于x分的学生人数*/
{int low=1,mid,high=N;
do{mid=(low+high)/2;
     if(x<=a[mid])____else____;
   }while(____);
if(a[low]<x)return low-1;
return low;}
```

二、选择题

1. 若查找每个记录的概率均等,则在具有 n 个记录的连续顺序文件中采用顺序查找法查找一个记录,其平均查找长度 ASL 为( )。
   A. $(n-1)/2$; B. $n/2$; C. $(n+1)/2$; D. n。

2. 下面关于二分查找的叙述正确的是( )。
   A. 表必须有序,表可以顺序方式存储,也可以链表方式存储;
   B. 表必须有序且表中数据必须是整型、实型或字符型;
   C. 表必须有序,而且只能从小到大排列;
   D. 表必须有序且表只能以顺序方式存储。

3. 用二分(对半)查找表的元素的速度比用顺序法( )。
   A. 必然快; B. 必然慢; C. 相等; D. 不能确定。

4. 具有 12 个关键字的有序表,折半查找的平均查找长度( )。
   A. 3.1; B. 4; C. 2.5; D. 5。

5. 当采用分块查找时,数据的组织方式为( )。
   A. 数据分成若干块,每块内数据有序;
   B. 数据分成若干块,每块内数据不必有序,但块间必须有序,每块内最大(或最小)的数据组成索引块;
   C. 数据分成若干块,每块内数据有序,每块内最大(或最小)的数据组成索引块;
   D. 数据分成若干块,每块(除最后一块外)中数据个数需相同。

6. 二叉查找树的查找效率与二叉树的 (1) 有关,在 (2) 时其查找效率最低。
   (1): A. 高度; B. 节点的多少; C. 树形; D. 节点的位置。
   (2): A. 节点太多; B. 完全二叉树; C. 呈单枝树; D. 节点太复杂。

7. 对大小均为 n 的有序表和无序表分别进行顺序查找,在等概率查找的情况下,若查找失败,则它们的平均查找长度是 (1) ;若查找成功,则它们的平均查找长度是 (2) 。供选择的答案:
   A. 相同的; B. 不同的。

8. 分别以下列序列构造二叉排序树,与用其他三个序列所构造的结果不同的是( )。
   A. (100, 80, 90, 60, 120, 110, 130); B. (100, 120, 110, 130, 80, 60, 90);
   C. (100, 60, 80, 90, 120, 110, 130); D. (100, 80, 60, 90, 120, 130, 110)。

9. 在平衡二叉树中插入一个节点后造成了不平衡,设最低的不平衡节点为 A,并已知 A 的左孩子的平衡因子为 0,右孩子的平衡因子为 1,则应作( )型调整以使其平衡。

A. LL； B. LR； C. RL； D. RR。

10. 下面关于 m 阶 B- 树说法正确的是（　　）。
① 每个节点至少有两棵非空子树； ② 树中每个节点至多有 $m-1$ 个关键字；
③ 所有叶子在同一层上； ④ 当插入一个数据项引起 B- 树节点分裂后，树长高一层。
A. ①②③； B. ②③； C. ②③④； D. ③。

11. m 阶 B- 树是一棵（　　）。
A. m 叉排序树； B. m 叉平衡排序树；
C. $m-1$ 叉平衡排序树； D. $m+1$ 叉平衡排序树。

12. 设有一组记录的关键字为 {19, 14, 23, 1, 68, 20, 84, 27, 55, 11, 10, 79}，用链地址法构造散列表，散列函数为 $H(key) = key\ mod\ 13$，散列地址为 1 的链中有（　　）个记录。
A. 1； B. 2； C. 3； D. 4。

13. 关于哈希查找说法不正确的有几个（　　）。
① 采用链地址法解决冲突时，查找一个元素的时间是相同的；
② 采用链地址法解决冲突时，若插入规定总是在链首，则插入任一个元素的时间是相同的；
③ 用链地址法解决冲突易引起聚集现象；
④ 再哈希法不易产生聚集。
A. 1； B. 2； C. 3； D. 4。

14. 设哈希表长为 14，哈希函数是 $H(key) = key\ mod\ 11$，表中已有数据的关键字为 15, 38, 61, 84 共四个，现要将关键字为 49 的节点加到表中，用二次探测再散列法解决冲突，则放入的位置是（　　）。
A. 8； B. 3； C. 5； D. 9。

15. 假定哈希查找中 k 个关键字具有同一哈希值，若用线性探测法把这 k 个关键字存入散列表中，至少要进行（　　）探测。
A. $k-1$ 次； B. k 次； C. $k+1$ 次； D. $k(k+1)/2$ 次。

16. 好的哈希函数有一个共同的性质，即函数值应当以（　　）取其值域的每个值。
A. 最大概率； B. 最小概率； C. 平均概率； D. 同等概率。

17. 将 10 个元素散列到 100000 个单元的哈希表中，则（　　）产生冲突。
A. 一定会； B. 一定不会； C. 仍可能会。

18. 折半查找有序表 (4, 6, 10, 12, 20, 30, 50, 70, 88, 100)。若查找表中的元素 58，则它将依次与表中（　　）比较大小，查找结果是失败。
A. 20, 70, 30, 50； B. 30, 88, 70, 50； C. 20, 50； D. 30, 88, 50。

19. 下面关于 B- 和 B+ 树的叙述中，不正确的是（　　）。
A. B- 树和 B+ 树都是平衡的多叉树； B. B- 树和 B+ 树都可用于文件的索引结构；
C. B- 树和 B+ 树都能有效地支持顺序检索； D. B- 树和 B+ 树都能有效地支持随机检索。

20. 采用线性探测法处理冲突，可能要探测多个位置，在查找成功的情况下，所探测的这些位置上的关键字（　　）。
A. 不一定都是同义词； B. 一定都是同义词； C. 一定都不是同义词； D. 都相同。

21. 静态查找表和动态查找表的区别是（　　）。
A. 所包含的数据元素的类型不同； B. 施加其上的操作不同；
C. 它们的逻辑结构相同； D. 以上都不对。

22. 顺序查找法适合于存储结构为（　　）的线性表。
A. 索引存储； B. 压缩存储； C. 顺序存储或链式存储； D. 哈希存储。

23. 适合于折半查找的数据组织方式是（　　）。
A. 以链表存储的有序线性表； B. 以顺序表存储的有序线性表；

C. 以链表存储的线性表;   D. 以顺序表存储的线性表。

24. 采用折半查找方法查找长度为 n 的线性表,当 n 很大时,在等概率时不成功查找的平均查找时间复杂度为 (   )。

   A. $O(n\log_2 n)$;   B. $O(n^2)$;   C. $O(n)$;   D. $O(\log_2 n)$。

25. 设有 100 个元素的有序表,采用折半查找方法,在等概率查找成功时最大的比较次数是 (   )。

   A. 50;   B. 25;   C. 10;   D. 7。

26. 已知一个长度为 16 的顺序表,其元素按关键字有序排列,若采用折半查找法查找一个存在的元素,则比较的次数最多是 (   )。

   A. 6;   B. 5;   C. 4;   D. 7。

27. 一个递增有序表为 $R[0..11]$,采用折半查找方法进行查找,在一次不成功查找中,以下 (   ) 是不可能的记录比较序列。

   A. $R[5], R[8], R[6], R[7]$; B. $R[5], R[8], R[10]$; C. $R[5], R[2], R[3]$; D. $R[5], R[8], R[6]$。

28. 对有 3600 个记录的索引顺序表 (分块表) 进行分块查找,最理想的块长是 (   )。

   A. $[\log_2 3600]$;   B. 1800;   C. 60;   D. 1200。

29. 二叉排序中,按 (   ) 遍历二叉排序得到的序列是一个有序序列。

   A. 后序;   B. 先序;   C. 中序;   D. 层次。

30. 在含有 27 个节点的二叉排序树上,查找关键字为 35 的节点,则依次比较的关键字有可能是 (   )。

   A. 46, 36, 18, 28, 35;   B. 18, 36, 28, 46, 35;
   C. 28, 36, 18, 46, 35;   D. 46, 28, 18, 36, 35。

三、判断题

1. 采用线性探测法处理散列时的冲突,当从哈希表删除一个记录时,不应将这个记录的所在位置置空,因为这会影响以后的查找。(   )

2. 在散列检索中,"比较"操作一般也是不可避免的。(   )

3. 哈希表的平均查找长度与处理冲突的方法无关。(   )

4. 散列法的平均检索长度不随表中节点数目的增加而增加,而是随负载因子的增大而增大。(   )

5. 在索引顺序表中,实现分块查找,在等概率查找情况下,其平均查找长度不仅与表中元素个数有关,而且与每块中元素个数有关。(   )

6. 就平均查找长度而言,分块查找最小,折半查找次之,顺序查找最大。(   )

7. 最佳二叉树是 AVL 树 (平衡二叉树)。(   )

8. 在查找树 (二叉树排序树) 中插入一个新节点,总是插入到叶节点下面。(   )

9. 二叉树中除叶节点外,任一节点 X,其左子树根节点的值小于该节点 (X) 的值;其右子树根节点的值 $\geq$ 该节点 (X) 的值,则此二叉树一定是二叉排序树。(   )

10. 有 n 个数存放在一维数组 $A[1..n]$ 中,在进行顺序查找时,这 n 个数的排列有序或无序时平均查找长度不同。(   )

11. N 个节点的二叉排序树有多种,其中树高最小的二叉排序树是最佳的。(   )

12. 在任意一棵非空二叉排序树中,删除某节点后又将其插入,则所得二叉排序树与原二叉排序树相同。(   )

13. B− 树中所有节点的平衡因子都为零。(   )

14. 在平衡二叉树中,向某个平衡因子不为零的节点的树中插入一个新节点,必引起平衡旋转。(   )

四、简答题

1. 假定对有序表 (3, 4, 5, 7, 24, 30, 42, 54, 63, 72, 87, 95) 进行折半查找,试回答下列问题:

(1) 画出描述折半查找过程的判定树;
(2) 若查找元素 54, 需依次与哪些元素比较?
(3) 若查找元素 90, 需依次与哪些元素比较?
(4) 假定每个元素的查找概率相等, 求查找成功时的平均查找长度。

2. 设有一组关键字 $\{9, 01, 23, 14, 55, 20, 84, 27\}$, 采用哈希函数: $H(\text{key}) = \text{key mod } 7$, 表长为 10, 用开放地址法的二次探测再散列方法解决冲突 $H_i = (H(\text{key}) + d_i) \bmod 10$ $(d_i = 1^2, 2^2, 3^2, \cdots)$。要求: 对该关键字序列构造哈希表, 并确定其装填因子, 查找成功所需的平均探测次数。

3. 设一组数据为 $\{1, 14, 27, 29, 55, 68, 10, 11, 23\}$, 现采用的哈希函数是 $H(\text{key}) = \text{key mod } 13$, 即关键字对 13 取模, 冲突用链地址法解决, 设哈希表的大小为 13(0..12), 试画出插入上述数据后的哈希表。

4. 对下面的 3 阶 B— 树, 依次执行下列操作, 画出各步操作的结果。
(1) 插入 90;   (2) 插入 25;   (3) 插入 45;   (4) 删除 60;   (5) 删除 80。

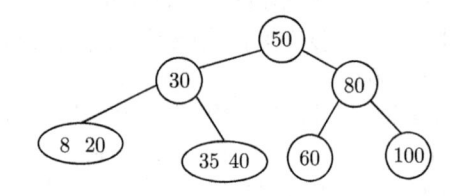

第 8 章 内部排序

8.1 内部排序概述

排序 (Sorting) 是计算机程序设计中的一种重要操作, 它的功能是将一个数据元素 (或记录) 的任意序列, 重新排列成一个按关键字有序的序列。

为了查找方便, 通常希望计算机中的表是按关键字有序的。因为有序的顺序表可以采用查找效率较高的折半查找法, 其平均查找长度为 $\log_2(n+1) - 1$, 而无序的顺序表只能进行顺序查找, 其平均查找长度为 $(n+1)/2$。又如建造树表 (无论是二叉排序树或 B- 树) 的过程本身就是一个排序的过程。因此, 学习和研究各种排序方法是计算机工作者的重要课题之一。

为了便于讨论, 在此首先要对排序下一个确切的定义。

假设含 n 个记录的序列为

$$\{R_1, R_2, \cdots, R_n\} \tag{8.1}$$

其相应的关键字序列为

$$\{K_1, K_2, \cdots, K_n\}$$

需确定 $1, 2, \cdots, n$ 的一种排列 $p_1, p_2, \cdots, p_n$, 使其相应的关键字满足如下的非递减关系

$$K_{p_1} \leqslant K_{p_2} \leqslant \cdots \leqslant K_{p_n} \tag{8.2}$$

即使式 (8.1) 的序列成为一个按关键字有序的序列

$$\{R_{p_1}, R_{p_2}, \cdots, R_{p_n}\} \tag{8.3}$$

这样一种操作称为排序。

上述排序定义中的关键字 K_i 可以是记录 $R_i (i = 1, 2, \cdots, n)$ 的主关键字, 也可以是记录 R_i 的次关键字, 甚至是若干数据项的组合。若 K_i 是主关键字, 则任何一个记录的无序序列经排序后得到的结果是唯一的; 若 K_i 是次关键字, 则排序的结果不唯一, 因为待排序的记录序列中可能存在两个或两个以上关键字相等的记录。假设 $K_i = K_j (1 \leqslant i \leqslant n, 1 \leqslant j \leqslant n, i \neq j)$, 且在排序前的序列中 R_i 领先于 R_j (即 $i < j$)。若在排序后的序列中 R_i 仍领先于 R_j, 则称所用的**排序方法是稳定的**; 反之, 若可能使排序后的序列中 R_j 领先于 R_i, 则称所用的**排序方法是不稳定的**。

由于待排序的记录数量不同, 排序过程中涉及的存储器不同, 可将排序方法分为两大类: 一类是**内部排序** (简称内排), 指的是待排序记录存放在计算机随机存储器中进行

的排序过程;另一类是**外部排序** (简称外排),指的是待排序记录的数量很大,以致内存一次不能容纳全部记录。

在排序过程中尚需对外存进行访问的排序过程。本章先集中讨论内部排序,将在下一章中讨论外部排序。

内部排序的方法很多,但就其全面性能而言,很难提出一种被认为是最好的方法,每一种方法都有各自的优缺点,适合在不同的环境 (如记录的初始排列状态等) 下使用。如果按排序过程中依据的不同原则对内部排序方法进行分类,则大致可分为插入排序、交换排序、选择排序、归并排序和计数排序等五类;如果按内部排序过程中所需的工作量来区分,则可分为 3 类:① 简单的排序方法,其时间复杂度为 $O(n^2)$;② 先进的排序方法,其时间复杂度为 $O(n\log_2 n)$;③ 基数排序,其时间复杂度 $O(d \cdot n)$。本章仅就每一类介绍一两个典型算法,有兴趣了解更多算法的读者可阅读克努特所著的《计算机程序设计技巧》(第三卷《排序和查找》)。读者在学习本章内容时应注意,除了掌握算法本身以外,更重要的是了解该算法在进行排序时所依据的原则,以利于学习和创造更新的算法。

通常,在排序的过程中需进行下列两种基本操作:① 比较两个关键字的大小;② 将记录从一个位置移动至另一个位置。前一个操作对大多数排序方法来说都是必要的,而后一个操作可以通过改变记录的存储方式来予以避免。待排序的记录序列可有下列 3 种存储方式。① 待排序的一组记录存放在地址连续的一组存储单元上。它类似于线性表的顺序存储结构,在序列中相邻的两个记录 R_j 和 $R_{j+1}(j=1,2,\cdots,n-1)$,它们的存储位置也相邻。在这种存储方式中,记录之间的次序关系由其存储位置决定,则实现排序必须借助移动记录。② 一组待排序记录存放在静态链表中,记录之间的次序关系由指针指示,则实现排序不需要移动记录,仅需修改指针即可。③ 待排序记录本身存储在一组地址连续的存储单元内,同时另设一个指示各个记录存储位置的地址向量,在排序过程中不移动记录本身,而移动地址向量中这些记录的"地址",在排序结束之后再按照地址向量中的值调整记录的存储位置。在第二种存储方式下实现的排序又称 (链) 表排序,在第三种存储方式下实现的排序又称地址排序。在本章的讨论中,设待排序的一组记录以上述第一种方式存储,且为了讨论方便起见,设记录的关键字均为整数。即在以后讨论的大部分算法中,待排记录的数据类型设为

```
#define MAXSIZE 20          //一个用作示例的小顺序表的最大长度
typedef int KeyType;         //定义关键字类型为整数类型
typedef struct{
    KeyType key;             //关键字项
    InfoType otherinfo;      //其他数据项
}RedType;                    //记录类型
typedef struct{
    RedType r[MAXSIZE+1];    //r[0]闲置或用作哨兵单元
    int length;              //顺序表长度
}SqList;                     //顺序表类型
```

8.2 插入排序

8.2.1 直接插入排序

直接插入排序 (Straight Insertion Sort) 是一种最简单的排序方法,它的基本操作是将一个记录插入到已排好序的有序表中,从而得到一个新的记录数增 1 的有序表。

例如, 已知待排序的一组记录的初始排列如下所示

$$R(49), R(38), R(65), R(97), R(76), R(13), R(27), R(49), \cdots \tag{8.4}$$

假设在排序过程中,前 4 个记录已按关键字递增的次序重新排列,构成一个含 4 个记录的有序序列

$$\{R(38), R(49), R(65), R(97)\} \tag{8.5}$$

现要将式 (8.4) 中第 5 个 (即关键字为 76 的) 记录插入上述序列, 以得到一个新的含 5 个记录的有序序列, 则首先要在式 (8.5) 的序列中进行查找以确定 $R(76)$ 所应插入的位置, 然后进行插入。假设从 $R(97)$ 起向左进行顺序查找, 由于 $65 < 76 < 97$, 则 $R(76)$ 应插入在 $R(65)$ 和 $R(97)$ 之间, 从而得到下列新的有序序列

$$\{R(38), R(49), R(65), R(76), R(97)\} \tag{8.6}$$

称从式 (8.5) 到式 (8.6) 的过程为一趟直接插入排序。一般情况下, 第 i 趟直接插入排序的操作为: 在含有 $i-1$ 个记录的有序子序列 $r[1..i-1]$ 中插入一个记录 $r[i]$ 后, 变成含有 i 个记录的有序子序列 $r[1..i]$; 并且和顺序查找类似, 为了在查找插入位置的过程中避免数组下标出界, 在 $r[0]$ 处设置监视哨。在自 $i-1$ 起往前搜索的过程中, 可以同时后移记录。整个排序过程为进行 $n-1$ 趟插入, 即先将序列中的第 1 个记录看成是一个有序的子序列, 然后从第 2 个记录起逐个进行插入, 直至整个序列变成按关键字非递减有序序列为止。其算法如算法 8.1 所示:

算法 8.1

```
void InsertSort(SqList &L){
    //对顺序表L作直接插入排序
    for(i=2;iV=L.length;++i)
        if(LT(L.r[i].key, L.r[i-1].key)){
            //"<",需将L.r[i]插入有序子表
            L.r[0]=L.r[i];  //复制为哨兵
            L.r[i]=L.r[i-1];
            for(j=i-2;LT(L.r[0].key,L.r[j].key);--j)
              L.r[j+1]=L.r[j]   //记录后移
            L.r[j+1]=L.r[0]    //插入到正确位置
        }
}
```

以式 (8.4) 中关键字为例, 按照算法 8.1 进行直接插入排序的过程如图 8.1 所示。

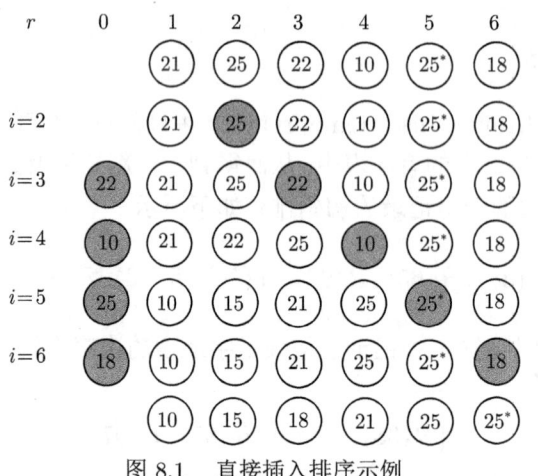

	r	0	1	2	3	4	5	6
			21	25	22	10	25*	18
$i=2$			21	25	22	10	25*	18
$i=3$		22	21	25	22	10	25*	18
$i=4$		10	21	22	25	10	25*	18
$i=5$		25	10	15	21	25	25*	18
$i=6$		18	10	15	21	25	25*	18
			10	15	18	21	25	25*

图 8.1 直接插入排序示例

从上面的叙述可见, 直接插入排序的算法简洁, 容易实现, 那么它的效率如何呢?

从空间来看, 它只需要一个记录的辅助空间, 从时间来看, 排序的基本操作为: 比较两个关键字的大小和移动记录。先分析一趟插入排序的情况。算法 8.1 中里层的 for 循环的次数取决于待插记录的关键字与前 $i-1$ 个记录的关键字之间的关系。若 $L.r[i].key < L.r[l].key$, 则内循环中, 待插记录的关键字须与有序子序列 $L.r[l..i-1]$ 中 $i-1$ 个记录的关键字和监视哨中的关键字进行比较, 并将 $L.r[l..i-l]$ 中 $i-1$ 个记录后移。则在整个排序过程 (进行 $n-1$ 趟插入排序) 中, 当待排序列中记录按关键字非递减有序排列 (以下称之为 "正序") 时, 所需进行关键字间比较的次数达最小值 $n-1$ (即 $\sum_{i=2}^{n} 1$), 记录不需移动; 反之, 当待排序列中记录按关键字非递增有序排列 (以下称之为 "逆序") 时, 总的比较次数达最大值 $(n+2)(n-1)/2$ (即 $\sum_{i=2}^{n} i$), 记录移动的次数也达最大值 $(n+4)(n-1)/2$ (即 $\sum_{i=2}^{n}(i+1)$)。若待排序记录是随机的, 即待排序列中的记录可能出现的各种排列的概率相同, 则我们可取上述最小值和最大值的平均值, 作为直接插入排序时所需进行关键字间的比较次数和移动记录的次数, 约为 $n^2/4$。由此, 直接插入排序的时间复杂度为 $O(n^2)$。

8.2.2 其他插入排序

从上一节的讨论中可见, 直接插入排序算法简便, 且容易实现。当待排序记录的数量 n 很小时, 这是一种很好的排序方法。但是, 通常待排序序列中的记录数量 n 很大, 则不宜采用直接插入排序。由此需要讨论改进的办法。在直接插入排序的基础上, 从减少 "比较" 和 "移动" 这两种操作的次数着眼, 可得下列各种插入排序的方法。

8.2 插入排序

1. 折半插入排序

由于插入排序的基本操作是在一个有序表中进行查找和插入,这个"查找"操作可利用"折半查找"来实现,由此进行的插入排序称为折半插入排序 (Binary Insertion Sort),其算法如算法 8.2 所示。

算法 8.2

```
void BInsertSort(SqList &L){
    //对顺序表L作折半插入排序
    for(i=2;i<=L.length;++i){
        L.r[0]=L.r[i];   //将L.r[i]暂存到L.r[0]
        low=1;high=i-1;
        while(low<=high){
          //在r[low..high]中折半查找有序插入的位置
        m=(low+high)/2;   //折半
        if(LT(L.r[0].key L.r[m].key))high=m-1;//插入点在低半区
            else low=m+1;   //插入点在高半区
        }//while
        for(j=i-1;j>=high+1;--j)L.r[j+1]=L.r[j];//记录后移
        L.r[high+1]=L.r[0];   //插入
    }//for
}
```

从算法 8.2 容易看出,折半插入排序所需附加存储空间和直接插入排序相同,从时间上比较,折半插入排序仅减少了关键字间的比较次数,而记录的移动次数不变。因此,折半插入排序的时间复杂度仍为 $O(n^2)$。

2. 2-路插入排序

2-路插入排序是在折半插入排序的基础上再改进之,其目的是减少排序过程中移动记录的次数,但为此需要 n 个记录的辅助空间。具体做法是:另设一个和 $L.r$ 同类型的数组 d,首先将 $L.r[1]$ 赋值给 $d[1]$,并将 $d[1]$ 看成是在排好序的序列中处于中间位置的记录,然后从 $L.r$ 中第 2 个记录起依次插入到 $d[1]$ 之前或之后的有序序列中。先将待插记录的关键字和 $d[1]$ 的关键字进行比较,若 $L.r[i].key < d[1].key$,则将 $L.r[i]$ 插入到 $d[1]$ 之前的有序表中。反之,则将 $L.r[i]$ 插入到 $d[1]$ 之后的有序表中。在实现算法时,可将 d 看成是一个循环向量,并设两个指针 first 和 final 分别指示排序过程中得到的有序序列中的第一个记录和最后一个记录在 d 中的位置。具体算法留作习题由读者自己写出。

仍以关键字 {49, 38, 65, 97, 76, 13, 27, 49} 为例,进行 2-路插入排序的过程如图 8.2 所示。

在 2-路插入排序中,移动记录的次数约为 $n^2/8$。因此,2-路插入排序只能减少移动记录的次数,而不能绝对避免移动记录。并且,当 $L.r[1]$ 是待排序记录中关键字最小或最大的记录时,2-路插入排序就完全失去它的优越性。因此,若希望在排序过程中不移动记录,只有改变存储结构,进行表插入排序。

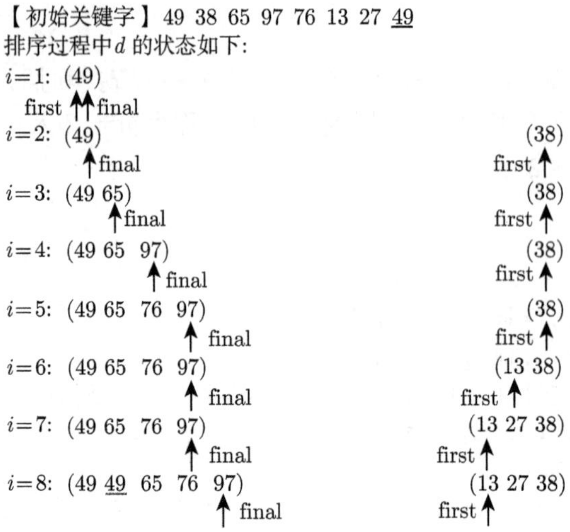

【初始关键字】 49 38 65 97 76 13 27 <u>49</u>
排序过程中 d 的状态如下：

```
i=1: (49)
     first↑↑final
i=2: (49)                              (38)
          ↑final                  first↑
i=3: (49 65)                           (38)
             ↑final               first↑
i=4: (49 65 97)                        (38)
                ↑final            first↑
i=5: (49 65 76 97)                     (38)
             ↑final               first↑
i=6: (49 65 76 97)                  (13 38)
             ↑final             first↑
i=7: (49 65 76 97)               (13 27 38)
             ↑final             first↑
i=8: (49 49 65 76 97)            (13 27 38)
          ↑final                first↑
```

图 8.2   2-路插入排序示例

3. 表插入排序

```
#define SIZE 100              //静态链表容量
typedef struct{
  RcdType  rc;                //记录项
  int next;                   //指针项
}SLNode;                      //表节点类型
typedef struct{
  SLNode r[SIZE];             //0号单元为表头节点
  int length;                 //链表当前长度
}SLinkListType;               //静态链表类型
```

  假设以上述说明的静态链表类型作为待排记录序列的存储结构，并且，为了插入方便起见，设数组中下标为"0"的分量为表头节点，并令表头节点记录的关键字取最大整数 MAXINT。则表插入排序的过程描述如下：首先将静态链表中数组下标为"1"的分量（节点）和表头节点构成一个循环链表，然后依次将下标为"2"至"n"的分量（节点）按记录关键字非递减有序插入到循环链表中。将无序表 $\{49, 38, 76, 13, 27\}$ 用表插入排序的方式进行排序，其过程如图 8.3 所示。

  从表插入排序的过程可见，表插入排序的基本操作仍是将一个记录插入到已排好序的有序表中。和直接插入排序相比，不同之处仅是以修改 $2n$ 次指针值代替移动记录，排序过程中所需进行的关键字间的比较次数相同。因此，表插入排序的时间复杂度仍是 $O(n^2)$。

  另一方面，表插入排序的结果只是求得一个有序链表，则只能对它进行顺序查找，不能进行随机查找，为了能实现有序表的折半查找，尚需对记录进行重新排列。

  重排记录的做法是：顺序扫描有序链表，将链表中第 i 个节点移动至数组的第 i 个分量中。例如，图 8.4 是经表插入排序后得到的有序链表 SL。根据头节点中指针域的指示，链表的第一个节点，即关键字最小的节点是数组中下标为 6 的分量，其中记录应移至数组的第一个分量中，则将 SL.r[1] 和 SL.r[6] 互换，并且为了不中断静态链表中

8.2 插入排序

的"链",即在继续顺链扫描时仍能找到互换之前在 SL.r[1] 中的节点,令互换之后的 SL.r[1] 中指针域的值改为"6"。推广至一般情况,若第 i 个最小关键字的节点是数组中下标为 p 且 $p>i$ 的分量,则互换 SL.r[i] 和 SL.r[p],并且令 SL.r[i] 中指针域的值改为 p;由于此时数组中所有小于 i 的分量中已是"到位"的记录,则当 $p<i$ 时,应顺链继续查找直到 $p \geqslant i$ 为止。图 8.4 所示为重排记录的全部过程。

	0	1	2	3	4	5	6	7	8	
初试状态	MAXINT	49	38	65	97	76	13	27	<u>49</u>	key域
	1	0								next域	(a)

	0	1	2	3	4	5	6	7	8	
$i=2$	MAXINT	49	38	65	97	76	13	27	<u>49</u>	key域
	2	0	1							next域	(b)

	0	1	2	3	4	5	6	7	8	
$i=3$	MAXINT	49	38	65	97	76	13	27	<u>49</u>	key域
	2	3	1	0						next域	(c)

	0	1	2	3	4	5	6	7	8	
$i=4$	MAXINT	49	38	65	97	76	13	27	<u>49</u>	key域
	2	3	1	4	0					next域	(d)

	0	1	2	3	4	5	6	7	8	
$i=5$	MAXINT	49	38	65	97	76	13	27	<u>49</u>	key域
	2	3	1	5	0	4				next域	(e)

	0	1	2	3	4	5	6	7	8	
$i=6$	MAXINT	49	38	65	97	76	13	27	<u>49</u>	key域
	6	3	1	5	0	4	2			next域	(f)

	0	1	2	3	4	5	6	7	8	
$i=7$	MAXINT	49	38	65	97	76	13	27	<u>49</u>	key域
	6	3	1	5	0	4	7	2		next域	(g)

	0	1	2	3	4	5	6	7	8	
$i=8$	MAXINT	49	38	65	97	76	13	27	<u>49</u>	key域
	6	8	1	5	0	4	7	2	3	next域	(h)

图 8.3 表插入排序示例

· 224 ·　第 8 章　内部排序

	0	1	2	3	4	5	6	7	8	
初试状态	MAXINT	49	38	65	97	76	13	27	52	(a)
	6	8	1	5	0	4	7	2	3	

	0	1	2	3	4	5	6	7	8	
$i=1$	MAXINT	49	38	65	97	76	13	27	52	(b)
$p=6$	6	(6)	1	5	0	4	8	2	3	

	0	1	2	3	4	5	6	7	8	
$i=2$	MAXINT	49	38	65	97	76	13	27	52	(c)
$p=7$	6	(6)	(7)	5	0	4	8	1	3	

	0	1	2	3	4	5	6	7	8	
$i=3$	MAXINT	49	38	65	97	76	13	27	52	(d)
$p=(2)$ 7	6	(6)	(7)	(7)	0	4	8	5	3	

	0	1	2	3	4	5	6	7	8	
$i=4$ =(1) 6	MAXINT	49	38	65	97	76	13	27	52	(e)
	6	(6)	(7)	(7)	(6)	4	0	5	3	

	0	1	2	3	4	5	6	7	8	
$i=5$	MAXINT	49	38	65	97	76	13	27	52	(f)
$p=8$	6	(6)	(7)	(7)	(6)	(8)	0	5	4	

	0	1	2	3	4	5	6	7	8	
$i=6$	MAXINT	49	38	65	97	76	13	27	52	(g)
$p=(3)$ 7	6	(6)	(7)	(7)	(6)	(8)	(7)	0	4	

	0	1	2	3	4	5	6	7	8	
$i=7$	MAXINT	49	38	65	97	76	13	27	52	(h)
$p=(5)$ 8	6	(6)	(7)	(7)	(6)	(8)	(7)	(8)	0	

图 8.4　重排静态链表数组中记录的过程

算法 8.3 描述了上述重排记录的过程。容易看出,在重排记录的过程中,最坏情况是每个记录到位都必须进行一次记录的交换,即 3 次移动记录,所以重排记录至多需进行 $3(n-1)$ 次记录的移动,它并不增加表插入排序的时间复杂度。

算法 8.3

```
void Arrange(SLinkListType &SL){
    //根据静态链表SL中各节点的指针值调整记录位置,
    //使得SL中记录按关键字非递减有序顺序排列
    p=SL.r[0].next;            //p指示第一个记录的当前位置
    for(i=1;i<SL.length;++i){
        //SL.r[1..i-1]中记录已按关键字有序排列,第i个记录在SL中
        //的当前位置应不小于i
        while(p<i)p=SL.r[p].next;
            //找到第i个记录,并用p指示其在SL中当前位置
        q=SL.r[p].next;        //q指示尚未调整的表尾
        if(p!=i){
            SL.r[p]<-->SL.r[i];//交换记录,使第i个记录到位
            SL.r[i].next=p;
                //指向被移走的记录,使得以后可由while循环找回
        }
        p=q;  //p指示尚未调整的表尾,为找第i+1个记录作准备
    }
}
```

8.2.3 希尔排序

希尔排序 (Shell's Sort) 又称 "缩小增量排序" (Diminishing Increment Sort), 它也是一种属于插入排序类的方法, 但在时间效率上较前述几种排序方法有较大的改进。

从对直接插入排序的分析得知, 其算法时间复杂度为 $O(n^2)$, 但是若待排记录序列为 "正序" 时, 其时间复杂度可提高至 $O(n)$。由此可设想, 若待排记录序列按关键字 "基本有序", 即序列中具有下列特性

$$L.r[i].\text{key} < \max_{1 \leqslant j < i} \{L.r[j].\text{key}\} \tag{8.7}$$

的记录较少时, 直接插入排序的效率就可大大提高。从另一方面来看, 由于直接插入排序算法简单, 则在 n 值很小时效率也比较高。希尔排序正是从这两点分析出发对直接插入排序进行改进得到的一种插入排序方法。

它的基本思想是: 先将整个待排记录序列分割成为若干子序列分别进行直接插入排序, 待整个序列中的记录 "基本有序" 时, 再对全体记录进行一次直接插入排序。

仍以式 (8.4) 中的关键字为例, 先看一下希尔排序的过程。初始关键字序列如图 8.5 的第 1 行所示。首先将该序列分成 5 个子序列 $\{R_1, R_6\}, \{R_2, R_7\}, \cdots, \{R_5, R_{10}\}$, 如图 8.5 的第 2 行至第 6 行所示, 分别对每个子序列进行直接插入排序, 排序结果如图 8.5 的第 7 行所示, 从第 1 行的初始序列得到第 7 行的序列的过程称为一趟希尔排序。然后进行第二趟希尔排序, 即分别对下列 3 个子序列: $\{R_1, R_4, R_7, R_{10}\}, \{R_2, R_5, R_8\}$ 和 $\{R_3, R_6, R_9\}$ 进行直接插入排序, 其结果如图 8.5 所示, 最后对整个序列进行一趟直接插入排序。至此, 希尔排序结束, 整个序列的记录已按关键字非递减有序排列。

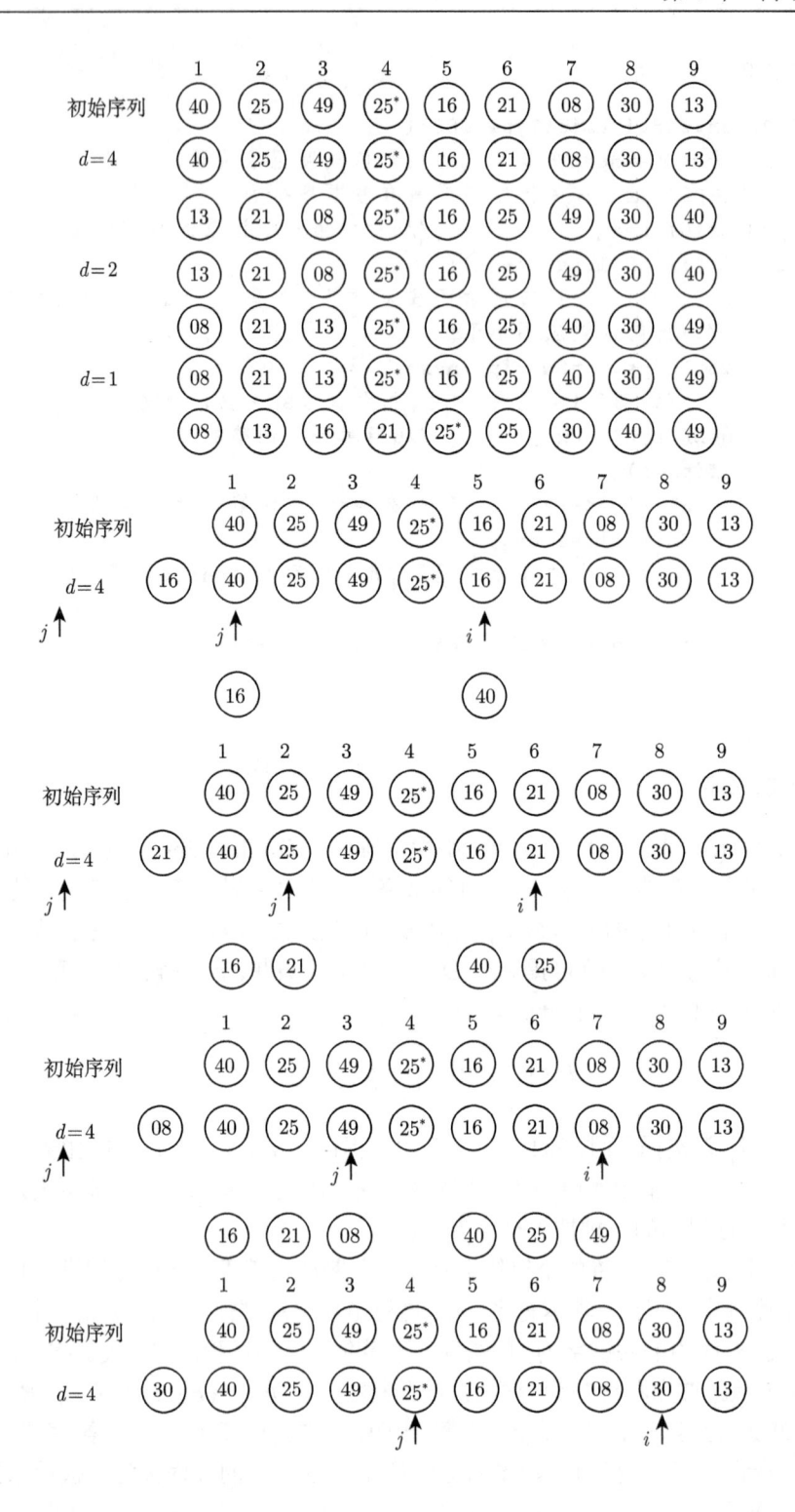

	1	2	3	4	5	6	7	8	9
初始序列	40	25	49	25*	16	21	08	30	13
$d=4$	40	25	49	25*	16	21	08	30	13
	13	21	08	25*	16	25	49	30	40
$d=2$	13	21	08	25*	16	25	49	30	40
	08	21	13	25*	16	25	40	30	49
$d=1$	08	21	13	25*	16	25	40	30	49
	08	13	16	21	25*	25	30	40	49

	1	2	3	4	5	6	7	8	9
初始序列	40	25	49	25*	16	21	08	30	13
$d=4$ (16)	40	25	49	25*	16	21	08	30	13

位置：$j\uparrow$(16处)，$j\uparrow$(40处)，$i\uparrow$(16处)

16   40

	1	2	3	4	5	6	7	8	9
初始序列	40	25	49	25*	16	21	08	30	13
$d=4$ (21)	40	25	49	25*	16	21	08	30	13

位置：$j\uparrow$，$j\uparrow$(25处)，$i\uparrow$(21处)

16 21   40 25

	1	2	3	4	5	6	7	8	9
初始序列	40	25	49	25*	16	21	08	30	13
$d=4$ (08)	40	25	49	25*	16	21	08	30	13

位置：$j\uparrow$，$j\uparrow$(49处)，$i\uparrow$(08处)

16 21 08   40 25 49

	1	2	3	4	5	6	7	8	9
初始序列	40	25	49	25*	16	21	08	30	13
$d=4$ (30)	40	25	49	25*	16	21	08	30	13

位置：$j\uparrow$(25*处)，$i\uparrow$(30处)

8.2 插入排序

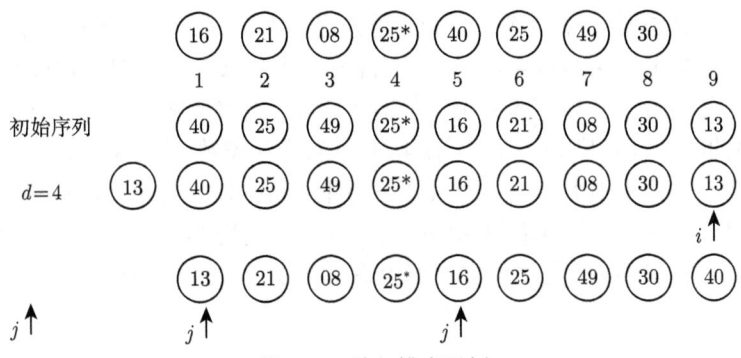

```
        ⑯ ㉑ ⑧ ㉕* ㊵ ㉕ ㊾ ㉚
        1  2  3  4   5  6  7  8  9
初始序列  ㊵ ㉕ ㊾ ㉕* ⑯ ㉑ ⑧ ㉚ ⑬

d=4    ⑬ ㊵ ㉕ ㊾ ㉕* ⑯ ㉑ ⑧ ㉚ ⑬
                                    i↑

       ⑬ ㉑ ⑧ ㉕* ⑯ ㉕ ㊾ ㉚ ㊵
       j↑      j↑     j↑
```

图 8.5 希尔排序示例

从上述排序过程可见，希尔排序的一个特点是：子序列的构成不是简单地 "逐段分割"，而是将相隔某个 "增量" 的记录组成一个子序列。如上例中，第一趟排序时的增量为 5，第二趟排序时的增量为 3，由于在前两趟的插入排序中记录的关键字是和同一子序列中的前一个记录的关键字进行比较，因此关键字较小的记录就不是一步一步地往前挪动，而是跳跃式地往前移，从而使得在进行最后一趟增量为 1 的插入排序时，序列已基本有序，只要作记录的少量比较和移动即可完成排序，因此希尔排序的时间复杂度较直接插入排序低。下面用算法语言描述上述希尔排序的过程，为此先将算法 8.1 改写成如算法 8.4 所示的一般形式。希尔排序算法如算法 8.5 所示。

算法 8.4

```
void ShellInsert(SqList &L,int dk){
    //对顺序表L作一趟希尔插入排序。本算法是和一趟直接插入排序相比，
    //作了以下修改：
    // 1.前后记录位置的增量是dk,而不是1;
    // 2.r[0]只是暂存单元,不是哨兵。当j<=0时,插入位置已找到
    for(i=dk+1;i<=L.length;++i)
      if(LT(L.r[i].key,L.r[i-dk].key)){
          // 需将 L.r[i]插入有序增量子表
          L.r[0]=L.r[i];   //暂存在 L.r[0]
          for(j=i-dk;j>0 &&LT(L.r[0].key, L.[j].key);j-=dk)
             L.r[j+dk]=L.r[j];     //记录后移,查找插入位置
          L.r[j+dk]=L.r[0];         //插入
      }
}
```

算法 8.5

```
void ShellSort(SqList &L,int dlta[],int t){
    //按增量序列dlta[0..t-1]对顺序表L作希尔排序
    for(k=0;k<t;++k)
       ShellInsert(L,dlta[k]); // 一趟增量为dlta[k]的插入排序
}
```

希尔排序的分析是一个复杂的问题,因为它的时间是所取"增量"序列的函数,这涉及一些数学上尚未解决的难题。因此,到目前为止尚未有人求得一种最好的增量序列,但大量的研究已得出一些局部的结论。如有人指出,当增量序列为 $\text{dlta}\,[k] = 2^{i-k+1} - 1$ 时,希尔排序的时间复杂度为 $O\left(n^{3/2}\right)$,其中 t 为排序趟数,$1 \leqslant k \leqslant t \leqslant \lfloor \log_2(n+1) \rfloor$。还有人在大量的实验基础上推出:当 n 在某个特定范围内,希尔排序所需的比较和移动次数约为 n,当 $n \to \infty$ 时,可减少到 $n\left(\log_2 n\right)^2$(王红梅等,2011)。增量序列可以有各种取法,但需注意:应使增量序列中的值没有除 1 之外的公因子,并且最后一个增量值必须等于 1。

8.3 快 速 排 序

这一节讨论一类借助"交换"进行排序的方法,其中最简单的一种就是人们所熟知的**冒泡排序** (Bubble Sort)。

冒泡排序的过程很简单。首先将第一个记录的关键字和第二个记录的关键字进行比较,若为逆序 (即 $L.r[1].\text{key} > L.r[2].\text{key}$),则将两个记录交换之,然后比较第二个记录和第三个记录的关键字。依次类推,直至第 $n-1$ 个记录和第 n 个记录的关键字进行过比较为止。上述过程称作第一趟冒泡排序,其结果使得关键字最大的记录被安置到最后一个记录的位置上。然后进行第二趟冒泡排序,对前 $n-1$ 个记录进行同样操作,其结果是使关键字次大的记录被安置到第 $n-1$ 个记录的位置上。一般地,第 i 趟冒泡排序是从 $L.r[1]$ 到 $L.r[n-i+1]$ 依次比较相邻两个记录的关键字,并在"逆序"时交换相邻记录,其结果是这 $n-i+1$ 个记录中关键字最大的记录被交换到第 $n-i+1$ 的位置上。整个排序过程需进行 $k(1 \leqslant k < n)$ 趟冒泡排序,显然,判别冒泡排序结束的条件应该是"在一趟排序过程中没有进行过交换记录的操作"。图 8.6 展示了冒泡排序的一个实例。从图中可见,在冒泡排序的过程中,关键字较小的记录好比水中气泡逐趟向上漂浮,而关键字较大的记录好比石块往下沉,每一趟有一块"最大"的石头沉到水底。

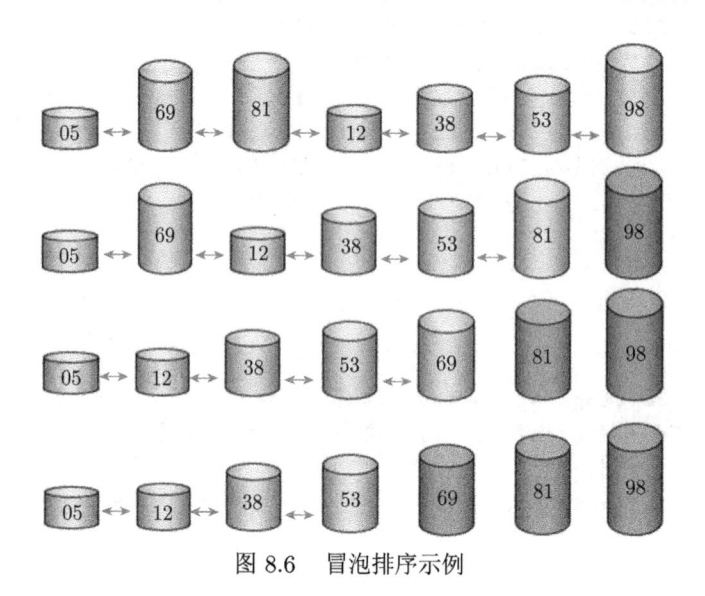

图 8.6 冒泡排序示例

8.3 快速排序

分析冒泡排序的效率,容易看出,若初始序列为"正序"序列,则只需进行一趟排序,在排序过程中进行 $n-1$ 次关键字间的比较,并且不移动记录;反之,若初始序列为"逆序"序列,则需进行 $n-1$ 趟排序,需进行 $\sum_{i=n}^{2}(i-1) = n(n-1)/2$ 次比较,并作等数量级的记录移动。因此,总的时间复杂度为 $O(n^2)$。

快速排序 (Quick Sort) 是对冒泡排序的一种改进。它的基本思想是,通过一趟排序将待排记录分割成独立的两部分,其中一部分记录的关键字均比另一部分记录的关键字小,则可分别对这两部分记录继续进行排序,以达到整个序列有序。

假设待排序的序列为 $\{L.r[s], L.r[s+l], \cdots, L.r[t]\}$,首先任意选取一个记录 (通常可选第一个记录 $L.r[s]$) 作为**枢轴** (或支点, Pivot),然后按下述原则重新排列其余记录:将所有关键字较它小的记录都安置在它的位置之前,将所有关键字较它大的记录都安置在它的位置之后。由此可以将该"枢轴"记录最后所落的位置 i 作分界线,将序列 $\{L.r[s], \cdots, L.r[t]\}$ 分割成两个子序列 $\{L.r[s], L.r[s+1], \cdots, L.r[i-1]\}$ 和 $\{L.r[i+1], L.r[i+2], \cdots, L.r[t]\}$。这个过程称作一趟快速排序 (或一次划分)。

一趟快速排序的具体做法是:附设两个指针 low 和 high,它们的初值分别为 low 和 high,设枢轴记录的关键字为 pivotkey,则首先从 high 所指位置起向前搜索找到第一个关键字小于 pivotkey 的记录和枢轴记录互相交换,然后从 low 所指位置起向后搜索,找到第一个关键字大于 pivotkey 的记录和枢轴记录互相交换,重复这两步直至 low = high 为止。其算法如算法 8.6(a) 所示。

算法 8.6(a)

```
int Partition(SqList &L,int low,int high){
    //交换顺序表L中子表L.r[low..high]的记录,使枢轴记录到位,并返回
    //其所在位置,此时在它之前(后)的记录均不大(小)于它
    pivotkey=L.r[low].key;        //用子表的第一记录作枢纽记录
    while(low<high){              //从表的两端交替地向中间扫描
      while(low<high&&L.r[high].key>= pivotkey)--high;
      L.r[low]<-->L.r[high];      //将比枢纽记录小的记录交换到低端
      while(low<high&&L.r[low].key<=pivotkey)++low;
      L.r[low]<-->L.r[high];      //将比枢纽记录大的记录交换到高端
    }
    return low;                   //返回枢纽所在位置
}
```

具体实现上述算法时,每交换一对记录需进行 3 次记录移动 (赋值) 的操作。而实际上,在排序过程中对枢轴记录的赋值是多余的,因为只有在一趟排序结束时,即 low = high 的位置才是枢轴记录的最后位置。由此可改写上述算法,先将枢轴记录暂存在 $r[0]$ 的位置上,排序过程中只作 $r[low]$ 或 $r[high]$ 的单向移动,直至一趟排序结束后再将枢轴记录移至正确位置上。如算法 8.6(b) 所示。

算法 8.6(b)

```
int Partition(SqList &L,int low,int high){
    //交换顺序表L中子表r[low..high]的记录,枢轴记录到位,并返回其
    //所在位置,此时在它之前(后)的记录均不大(小)于它
    L.r[0]=L.r[low];           //用子表的第一个记录作枢轴记录
    pivotkey=L.r[low].key;     //枢轴记录关键字
    while(low<high){           //从表的两端交替地向中间扫描
      while(low<high&&L.r[high].key>=pivotkey)--high;
      L.r[low]=L.r[high];      //将比枢轴记录小的记录移到低端
      while(low<high&&L.r[low].key<=pivotkey)++low;
      L.r[high]=L.r[low];      //将比枢轴记录大的记录移到高端
    }
    L.r[low]=L.r[0];           //枢纽记录到位
    return low;                //返回枢纽位置
}
```

以式 (8.4) 中的关键字为例,一趟快速排序的过程如图 8.7 所示。整个快速排序的过程可递归进行。若待排序列中只有一个记录,显然已有序,否则进行一趟快速排序后再分别对分割所得的两个子序列进行快速排序。

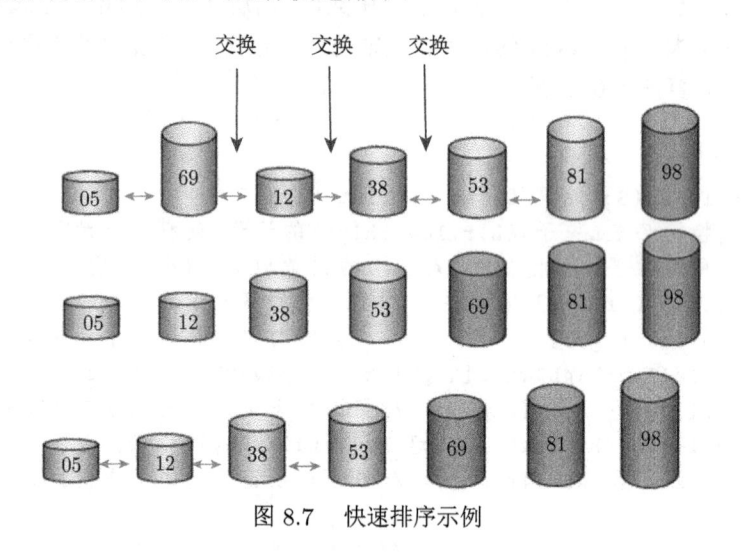

图 8.7 快速排序示例

递归形式的快速排序算法如算法 8.7 和算法 8.8 所示。

算法 8.7

```
void QSort(SqList &L,int low,int high){
    //对顺序表L中的子序列L.r[low..high]作快速排序
    if(low<high){                          //长度大于1
       pivotloc=Partition(L,low,high);
          //将 L.r[low..high]一分为二
       QSort(L,low,pivotloc-1);
          //对低端子表递归排序,pivotloc是枢轴位置
```

```
            QSort(L,pivotloc+1,high);      //对高端子表递归排序
    }
}
```

算法 8.8

```
void QuickSort(SqList &L){
    //对顺序表L作快速排序
    QSort(L,1,L.length);
}
```

快速排序的平均时间为 $T_{\text{avg}}(n) = kn\ln n$, 其中 n 为待排序序列中记录的个数, k 为某个常数, 经验证明, 在所有同数量级的此类 (先进的) 排序方法中, 快速排序的常数因子 k 最小。因此, 就平均时间而言, 快速排序是目前被认为最好的一种内部排序方法。

下面我们来分析快速排序的平均时间性能。

假设 $T(n)$ 为对 n 个记录 $L.r[1..n]$ 进行快速排序所需时间, 则由算法 Quicksort 可见,

$$T(n) = T_{\text{pass}}(n) + T(k-1) + T(n-k)$$

其中 $T_{\text{pass}}(n)$ 为对 n 个记录进行一趟快速排序 Partition$(L,1,n)$ 所需时间, 它和记录数 n 成正比, 可用 cn 表示之 (c 为某个常数); $T(k-1)$ 和 $T(n-k)$ 分别为对 $L.r[1..k-1]$ 和 $L.r[k+1..n]$ 中的记录进行快速排序 QSort$(L,1,k-1)$ 和 QSort$(L,k+1,n)$ 的所需时间。假设待排序列中的记录是随机排列的, 则在一趟排序之后, k 取 1 至 n 之间任何一个值的概率相同, 快速排序所需时间的平均值则为

$$\begin{aligned} T_{\text{avg}}(n) &= cn + \frac{1}{n}\sum_{k=1}^{n}[T_{\text{avg}}(k-1) + T_{\text{avg}}(n-k)] \\ &= cn + \frac{2}{n}\sum_{i=0}^{n-1}T_{\text{avg}}(i) \end{aligned} \tag{8.8}$$

假定 $T_{\text{avg}}(1) \leqslant b$ (b 为某个常量), 由式 (8.8) 可推出

$$\begin{aligned} T_{\text{avg}}(n) &= \frac{n+1}{n}T_{\text{avg}}(n-1) + \frac{2n-1}{n}c \\ &< \frac{n+1}{2}T_{\text{avg}}(1) + 2(2n+1)\left(\frac{1}{2} + \frac{1}{3} + \cdots + \frac{1}{n+1}\right)c \\ &< \left(\frac{b}{2} + 2c\right)(n+1)\ln(n+1), \quad n \geqslant 2 \end{aligned} \tag{8.9}$$

通常, 快速排序被认为是, 在所有同数量级 ($O(n\log_2 n)$) 的排序方法中, 其平均性能最好。但是, 若初始记录序列按关键字有序或基本有序时, 快速排序将蜕化为冒泡排序, 其时间复杂度为 $O(n^2)$。为改进之, 通常依 "三者取中" 的法则来选取枢轴记录, 即

比较 $L.r[s].key$, $L.r[t].key$ 和 $L.r\left[\left\lfloor\dfrac{s+t}{2}\right\rfloor\right].key$, 取三者中其关键字取中值的记录为枢轴, 只要将该记录和 $L.r[s]$ 互换, 经验证明, 采用三者取中的规则可大大改善快速排序在最坏情况下的性能。然而, 即使如此, 也不能使快速排序在待排记录序列已按关键字有序的情况下达到 $O(n)$ 的时间复杂度。为此, 可如下所述修改"一次划分"算法：在指针 high 减 1 和 low 增 1 的同时进行"冒泡"操作, 即在相邻两个记录处于"逆序"时进行互换, 同时在算法中附设两个布尔型变量分别指示指针 low 和 high 在从两端向中间的移动过程中是否进行过交换记录的操作, 若指针 low 在从低端向中间的移动过程中没有进行交换记录的操作, 则不再需要对低端子表进行排序；类似地, 若指针 high 在从高端向中间的移动过程中没有进行交换记录的操作, 则不再需要对高端子表进行排序。显然, 如此"划分"将进一步改善快速排序的平均性能。

  由以上讨论可知, 从时间上看, 快速排序的平均性能优于前面讨论过的各种排序方法, 从空间上看, 前面讨论的各种方法, 除 2-路插入排序之外, 都只需要一个记录的附加空间即可, 但快速排序需一个栈空间来实现递归。若每一趟排序都将记录序列均匀地分割成长度相接近的两个子序列, 则栈的最大深度为 $\lfloor\log_2 n\rfloor + 1$ (包括最外层参量进栈), 但是, 若每趟排序之后, 枢轴位置均偏向子序列的一端, 则为最坏情况, 栈的最大深度为 n, 在一趟排序之后比较分割所得两部分的长度, 且先对长度短的子序列中的记录进行快速排序, 则栈的最大深度可降为 $O(\log_2 n)$。

8.4 选 择 排 序

  选择排序 (Selection Sort) 的基本思想是：每一趟在 $n-i+1(i=1,2,\cdots,n-1)$ 个记录中选取关键字最小的记录作为有序序列中第 i 个记录。其中最简单且为读者最熟悉的是**简单选择排序** (Simple Selection Sort)。

8.4.1 简单选择排序

  一趟简单选择排序的操作为：通过 $n-i$ 次关键字间的比较, 从 $n-i+1$ 个记录中选出关键字最小的记录, 并和第 $i(1\leqslant i\leqslant n)$ 个记录交换之。

  显然, 对 $L.r[1..n]$ 中记录进行简单选择排序的算法为：令 i 从 1 至 $n-1$, 进行 $n-1$ 趟选择操作, 如算法 8.9 所示。容易看出, 简单选择排序过程中, 所需进行记录移动的操作次数较少, 其最小值为"0", 最大值为 $3(n-1)$ 然而, 无论记录的初始排列如何, 所需进行的关键字间的比较次数相同, 均为 $n(n-1)/2$。因此, 总的时间复杂度也是 $O(n^2)$。

算法 8.9

```
void SelectSort(SqList &L){
    //对顺序表L作简单选择排序
    for(i=1;i<L.length;++i){
        //选择第i小的记录,并交换到位
        j=SelectMinKey(L,i);
            //在L.r[i..L.length]中选择key最小的记录
```

8.4 选择排序

```
        if(i!=)L.r[i]<-->L.r[j];      //与第i个记录交换
    }
}
```

那么，能否加以改进呢？

从上述可见，选择排序的主要操作是进行关键字间的比较，因此改进简单选择排序应从如何减少"比较"出发考虑。显然，在 n 个关键字中选出最小值，至少进行 $n-1$ 次比较，然而，继续在剩余的 $n-1$ 个关键字中选择次小值就并非一定要进行 $n-2$ 次比较，若能利用前 $n-1$ 次比较所得信息，则可减少以后各趟选择排序中所用的比较次数。实际上，体育比赛中的锦标赛便是一种选择排序。例如，在 8 个运动员中决出前 3 名至多需要 11 场比赛，而不是 $7+6+5=18$ 场比赛 (它的前提是，若乙胜丙，甲胜乙，则认为甲必能胜丙)。例如，图 8.8 中最底层的叶子节点中 8 个选手之间经过第一轮的 4 场

(a)

(b)

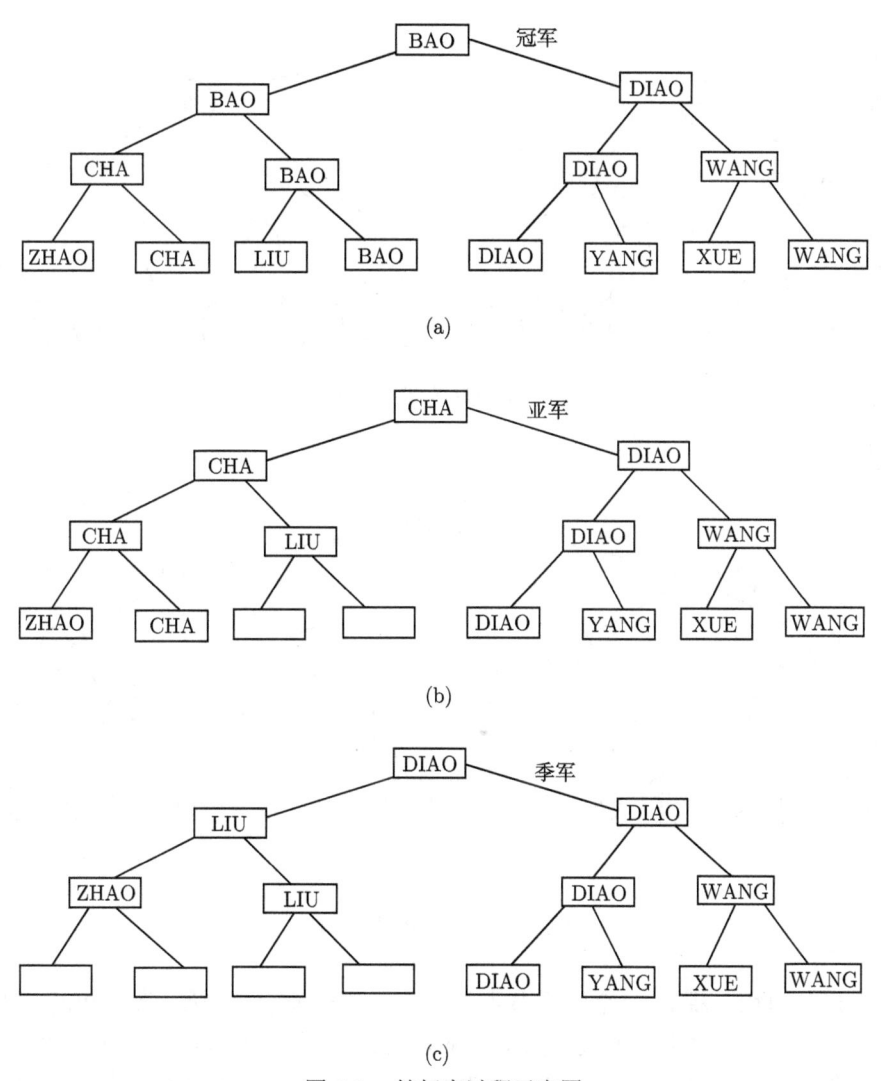

(c)

图 8.8　锦标赛过程示意图

比赛之后选拔出 4 个优胜者 "CHA"、"BAO"、"DIAO" 和 "WANG"，然后经过两场半决赛和一场决赛之后，选拔出冠军 "BAO"。显然，按照锦标赛的传递关系，亚军只能产生于分别在决赛、半决赛和第一轮比赛中输给冠军的选手中。由此，在经过 "CHA" 和 "LIU"、"CHA" 和 "DIAO" 的两场比赛之后，选拔出亚军 "CHA"，同理，选拔冠军的比赛只要在 "ZHAO"、"LIU" 和 "DIAO" 3 个选手之间进行即可。按照这种锦标赛的思想可导出树形选择排序。

8.4.2 树形选择排序

树形选择排序 (Tree Selection Sort)，又称锦标赛排序 (Tournament Sort)，是一种按照锦标赛的思想进行选择排序的方法。首先对 n 个记录的关键字进行两两比较，然后在其中 $\left\lceil \dfrac{n}{2} \right\rceil$ 较小者之间再进行两两比较，如此重复，直至选出最小关键字的记录为止。

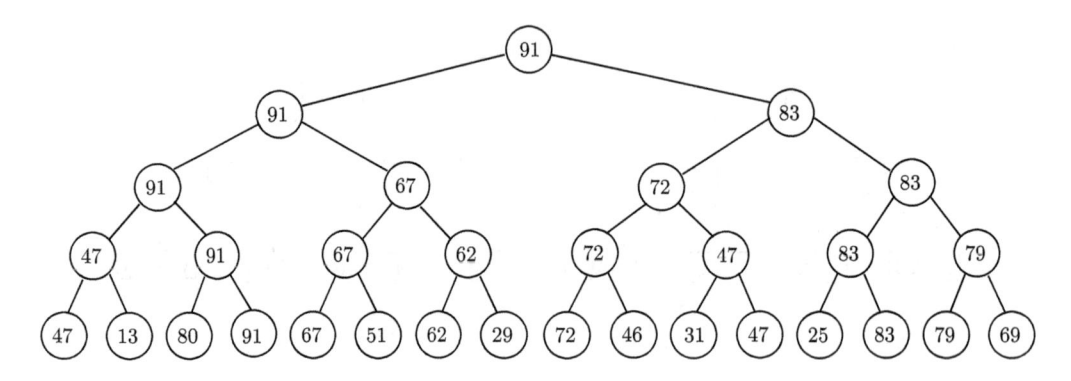

(a) 选出最小关键字为13

(b)

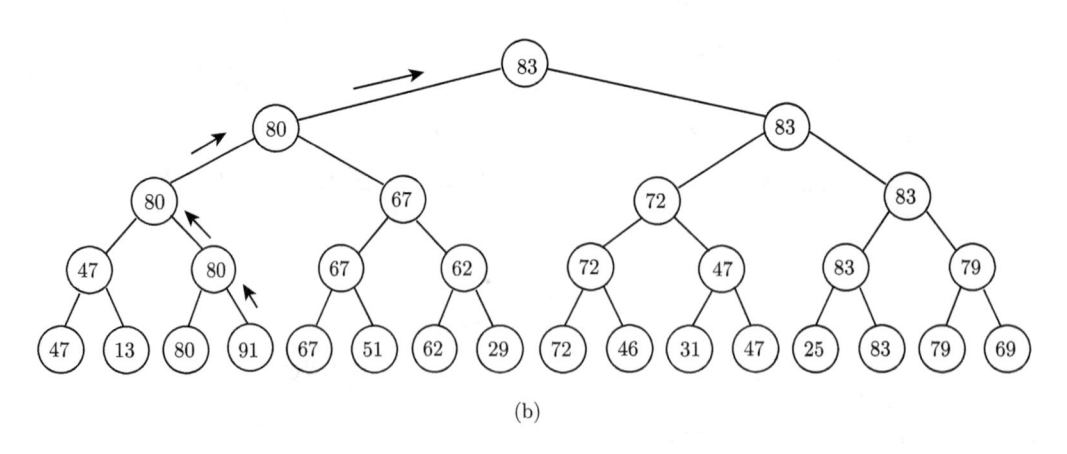

图 8.9 树形选择排序示例

这个过程可用一棵有 n 个叶子节点的完全二叉树表示。例如，图 8.9(a) 中的二叉树表示从 31 个关键字中选出最小关键字的过程。16 个叶子节点中依次存放排序之前的 31 个关键字，每个非终端节点中的关键字均等于其左、右孩子节点中较小的关键字，则根节点中的关键字即为叶子节点中的最小关键字。在输出最小关键字之后, 根据关系的可传递性, 欲选出次小关键字, 仅需将叶子节点中的最小关键字 (13) 改为 "最大值", 然后从该叶子节点开始, 和其左 (或右) 兄弟的关键字进行比较, 修改从叶子节点到根节点的路径上各节点的关键字, 则根节点的关键字即为次小关键字。同理, 可依次选出从小到大的所有关键字 (参见图 8.9(b))。由于含有 n 个叶子节点的完全二叉树的深度为 $\lceil \log_2 n \rceil + 1$, 则在树形选择排序中, 除了最小关键字之外, 每选择一个次小关键字仅需进行 $\lceil \log_2 n \rceil$ 次比较, 因此, 它的时间复杂度为 $O(n \log_2 n)$。但是, 这种排序方法尚有辅助存储空间较多、和 "最大值" 进行多余的比较等缺点。为了弥补, 威洛姆斯 (J. Williams) 在 1964 年提出了另一种形式的选择排序——堆排序。

8.4.3 堆排序

堆排序 (Heap Sort) 只需要一个记录大小的辅助空间, 每个待排序的记录仅占有一个存储空间。

堆的定义如下: n 个元素的序列 $\{k_1, k_2, \cdots, k_n\}$ 当且仅当满足下列关系时, 称之为堆。

$$\begin{cases} k_i \leqslant k_{2i} \\ k_i \leqslant k_{2i+1} \end{cases} \quad \text{或} \quad \begin{cases} k_i \geqslant k_{2i} \\ k_i \geqslant k_{2i+1} \end{cases} \quad \left(i = 1, 2, \cdots, \left\lfloor \frac{n}{2} \right\rfloor \right)$$

若将和此序列对应的一维数组 (即以一维数组作此序列的存储结构) 看成是一个完全二叉树, 则堆的含义表明, 完全二叉树中所有非终端节点的值均不大于 (或不小于) 其左、右孩子节点的值。由此, 若序列 $\{k_1, k_2, \cdots, k_n\}$ 是堆, 则堆顶元素 (或完全二叉树的根) 必为序列中 n 个元素的最小值 (或最大值)。例如, 下列序列为堆, 对应的完全二叉树如图 8.10 所示。

若在输出堆顶的最小值之后, 使得剩余 $n-1$ 个元素的序列又重建成一个堆, 则得到 n 个元素中的次小值。如此反复执行, 便能得到一个有序序列, 这个过程称为堆排序。

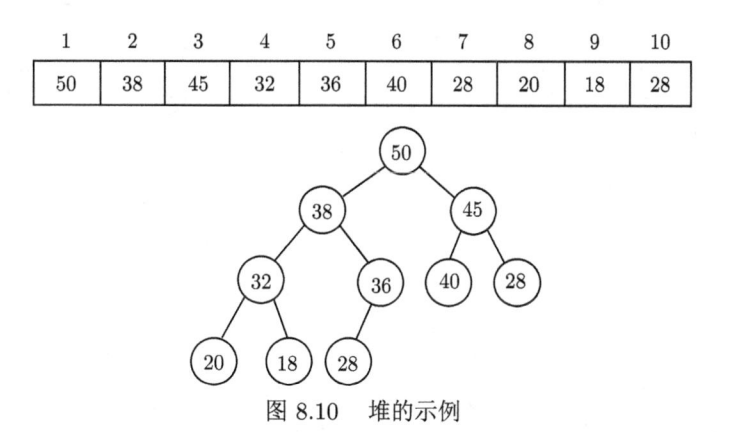

1	2	3	4	5	6	7	8	9	10
50	38	45	32	36	40	28	20	18	28

图 8.10 堆的示例

由此, 实现堆排序需要解决两个问题: ① 如何由一个无序序列建成一个堆? ② 如何在输出堆顶元素之后, 调整剩余元素成为一个新的堆?

下面先讨论第二个问题。例如, 图 8.11(a) 是个堆, 假设输出堆顶元素之后, 以堆中最后一个元素替代之, 如图 8.11(b) 所示。此时根节点的左、右子树均为堆, 则仅需自上至下进行调整即可。首先以堆顶元素和其左、右子树根节点的值比较之，由于右子树根节点的值小于左子树根节点的值且小于根节点的值，则将 32 和 16 交换；由于 32 替代了 16 之后破坏了右子树的"堆"，则需进行和上述相同的调整，直至叶子节点，调整后的状态如图 8.11(c) 所示，此时堆顶为 $n-1$ 个元素中的最大值。

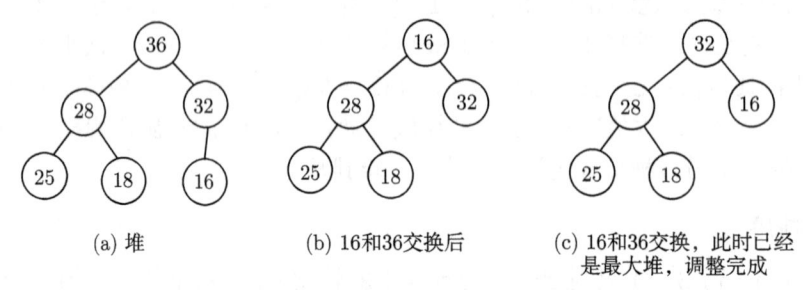

图 8.11　输出堆顶元素并调整建新堆的过程

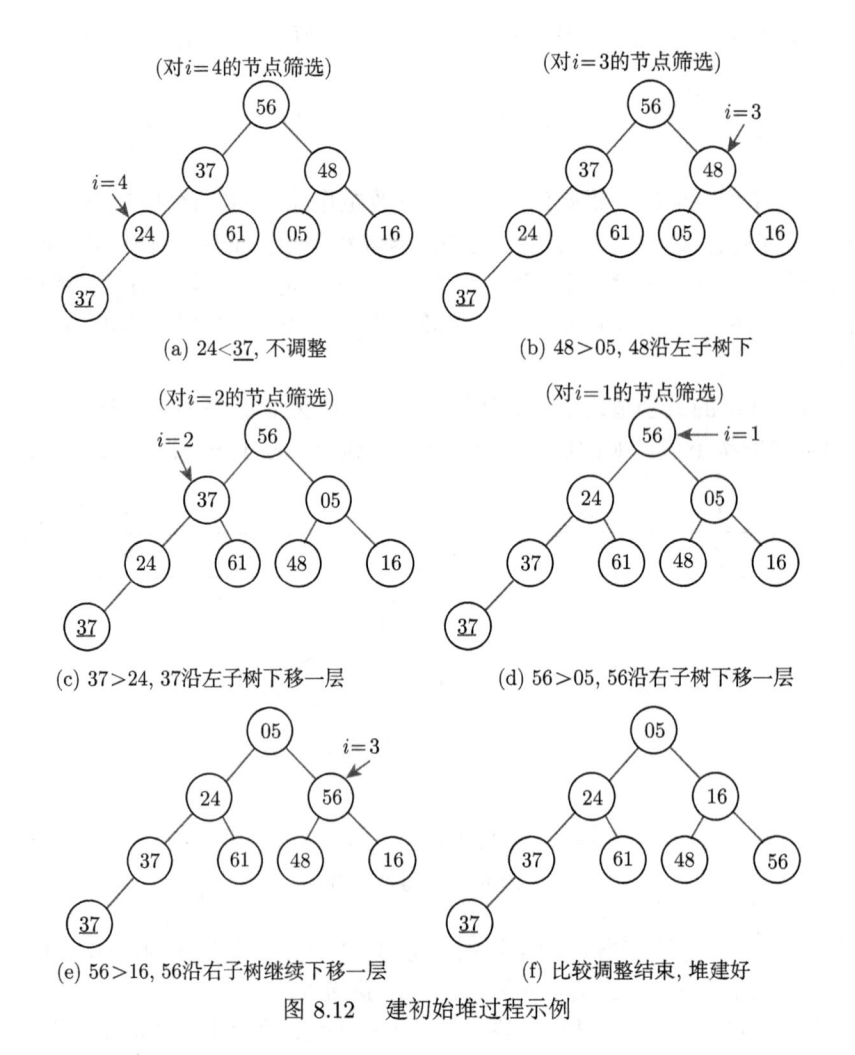

图 8.12　建初始堆过程示例

我们称这个自堆顶至叶子的调整过程为"筛选"。

8.4 选择排序

从一个无序序列建堆的过程就是一个反复"筛选"的过程。若将此序列看成是一个完全二叉树，则最后一个非终端节点是第 $\lfloor n/2 \rfloor$ 个元素，由此"筛选"只需从第 $\lfloor n/2 \rfloor$ 个元素开始。例如，图 8.12(a) 中的二叉树表示一个有 8 个元素的无序序列

$$\{56, 37, 48, 24, 61, 05, 16, \underline{37}\}$$

则筛选从第 $i=4$ 的元素开始，由于 $37>24$，则不调整，对 $i=3$ 的节点筛选如图 8.12(b) 所示，同理，被筛选之后序列的状态如图 8.12(c) 所示。以此类推，图 8.12(f) 所示为筛选根元素 56 之后建成的堆。

堆排序的算法如算法 8.11 所示，其中筛选的算法如算法 8.10 所示。为使排序结果和 8.1 节中的定义一致，即使记录序列按关键字非递减有序排列，则在堆排序的算法中先建一个"大顶堆"，即先选得一个关键字为最大的记录并与序列中最后一个记录交换，然后对序列中前 $n-1$ 个记录进行筛选，重新将它调整为一个"大顶堆"，如此反复直至排序结束。由此，"筛选"应沿关键字较大的孩子节点向下进行。

算法 8.10

```
typedef SqList HeapType;   //堆采用顺序表存储表示
void HeapAdjust(HeapType &H,int s,int m){
    //已知H.r[s..m]中记录的关键字除H.r[s].key之外均满足堆的定义，
    //本函数调整H.r[s]的关键字，使H.r[s..m]成为一个大顶堆(对其中记录
    //的关键字而言)
    rc=H.r[s];
    for(j=2*s;j<=m;j*=2){
        //沿key较大的孩子节点向下筛选
        if(j<m&&LT(H.r[j].key,H.r[j+1].key))++j;
            //j为key较大的记录的下标
        if(!LT(rc.key,H.r[j].key))break;
            //rc应插入在位置s上
        H.r[s]=H.r[j];s=j;
    }
    H.r[s]=rc;    // 插入
}//HeapAdjust
```

算法 8.11

```
void HeapSort(HeapType &H){
    //对顺序表H进行堆排序
    for(i=H.length/2;i>0;--i)
        //把H.r[1..H.length]建成大堆项
        HeapAdjust(H,i,H.length);
    for(i=H.length;i>1;--i){
        H.r[1]<-->H.r[i];
        //将堆顶记录和当前未经排序子序列中最后一个记录相互交换
        HeapAdjust(H,1,i-1); //将H.r[1..i-1]重新调整为大顶堆
```

}
}

堆排序方法对记录数较少的文件并不值得提倡，但对 n 较大的文件还是很有效的。因为其运行时间主要耗费在建初始堆和调整建新堆时进行的反复"筛选"上。对深度为 k 的堆，筛选算法中进行的关键字比较次数至多为 $2(k-1)$ 次，则在建含 n 个元素、深度为 h 的堆时，总共进行的关键字比较次数不超过 $4n$。n 个节点的完全二叉树的深度为 $\lfloor \log_2 n \rfloor + 1$，则调整建新堆时调用 HeapAdjust 过程 $n-1$ 次，总共进行的比较次数不超过

$$\sum_{i=h-1}^{1} 2^{i-1} \cdot 2(h-i) = \sum_{i=h-1}^{1} 2^i \cdot (h-i) = \sum_{j=1}^{h-1} 2^{h-j} \cdot j \leqslant (2n) \sum_{j=1}^{h-1} j/2^j \leqslant 4n$$

下式之值，

$$2\left(\lfloor \log_2 (n-1) \rfloor + \lfloor \log_2 (n-2) \rfloor + \cdots + \log_2 2\right) < 2n\left(\lfloor \log_2 n \rfloor\right)$$

由此，堆排序在最坏的情况下，其时间复杂度也为 $O(n \log_2 n)$。相对于快速排序来说，这是堆排序的最大优点。此外，堆排序仅需一个记录大小供交换用的辅助存储空间。

8.5 归并排序

归并排序 (Merging Sort) 是又一类不同的排序方法。"归并"的含义是将两个或两个以上的有序表组合成一个新的有序表。它的实现方法早已为读者所熟悉，无论是顺序存储结构还是链表存储结构，都可在 $O(m+n)$ 的时间量级上实现。利用归并的思想容易实现排序。假设初始序列含有 n 个记录，则可看成是 n 个有序的子序列，每个子序列的长度为 1，然后两两归并，得到 $\left\lceil \dfrac{n}{2} \right\rceil$ 个长度为 2 或 1 的有序子序列，再两两归并，$\cdots$，如此重复，直至得到一个长度为 n 的有序序列为止，这种排序方法称为 2-路归并排序。例如图 8.13 为 2-路归并排序的一个例子。

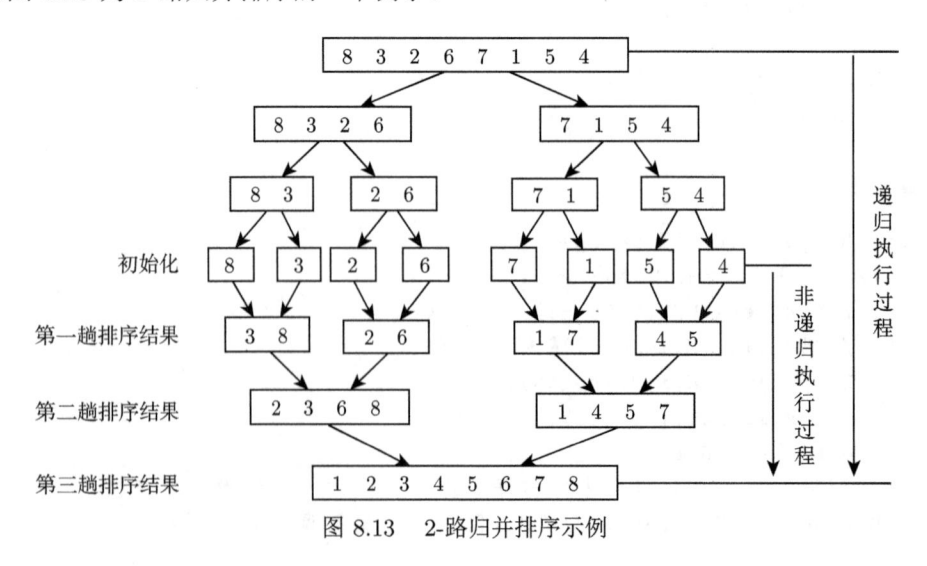

图 8.13　2-路归并排序示例

8.5 归并排序

2-路归并排序中的核心操作是将一维数组中前后相邻的两个有序序列归并为一个有序序列, 其算法如算法 8.12 所示。

算法 8.12

```
void Merge(RcdType SR[],RcdType &TR[],int i,int m,int n){
   //将有序的SR[i..m]和SR[m+1..n]归并为有序的TR[i..n]
   for(j=m+1,k=i;i<=m&&j<=n;++k){
      //将SR中记录由小到大地并入TR
      if(LQ(SR[i].key,SR[j].key))TR[k]=SR[i++];
      else TR[k]=SR[j++];
   }
   if(i<=m)TR[k..n]=SR[i..m];      //将剩余的复制到TR
   if(j<=n)TR[k..n]=SR[j..n]; //将剩余的SR[j..n]复制到TR
}// Merge
```

一趟归并排序的操作是, 调用 $\left\lceil \dfrac{n}{2h} \right\rceil$ 次算法 Merge 将 $SR[1..n]$ 中前后相邻且长度为 h 的有序段进行两两归并, 得到前后相邻、长度为 $2h$ 的有序段, 并存放在 $TR[1..n]$ 中, 整个归并排序需进行 $\lceil \log_2 n \rceil$ 趟。可见, 实现归并排序须和待排记录等数量的辅助空间, 其时间复杂度为 $O(n \log_2 n)$。

递归形式的 2-路归并排序的算法如算法 8.13 和算法 8.14 所示。值得提醒的是, 递归形式的算法在形式上较简洁, 但实用性很差。其非递归形式的算法可查阅参考文献 (李冬梅等, 2022)。

与快速排序和堆排序相比, 归并排序的最大特点是, 它是一种稳定的排序方法。但在一般情况下, 很少利用 2-路归并排序法进行内部排序。

算法 8.13

```
void MSort(RcdType SR[],RcdType&TR1[],int s,int t){
  //将SR[s..t]归并排序为TR1[s..t]
  if(s==t)TR1[s]=SR[s];
  else{
    m=(s+t)/2;           //将SR[s..t]平分为SR[s..m]和SR[m+1..t]
    MSort(SR,TR2,s,m);
      //递归地将SR[s..m]归并为有序的TR2[s..m]
    MSort(SR,TR2,m+1,t);
      //递归地将SR[m+1..t]归并为有序的TR2[m+1..t]
    MSort(SR,TR2,s,m,t);
      //将TR2[s..m]和TR2[m+1..t]归并到TR1[s..t]
  }
}
```

算法 8.14

```
void MergeSort(SqList &L){
    //对顺序表L作归并排序
```

```
    MSort(L.r,L.r,1,L.length);
}
```

8.6 基 数 排 序

基数排序 (Radix Sorting) 是和前面所述各类排序方法完全不相同的一种排序方法。从前几节的讨论可见, 实现排序主要是通过关键字间的比较和移动记录这两种操作, 而实现基数排序不需要进行记录关键字间的比较。基数排序是一种借助多关键字排序的思想对单逻辑关键字进行排序的方法。

8.6.1 多关键字排序

什么是多关键字排序问题？先看一个具体例子。

已知扑克牌中 52 张牌面的次序关系为: 每一张牌有两个 "关键字", 花色 ("梅花""桃花""方块""心形") 和面值 $(2 < 3 < \cdots < A)$, 且 "花色" 的地位高于 "面值", 在比较任意两张牌面的大小时, 必须先比较 "花色", 若 "花色" 相同, 则再比较面值。由此, 将扑克牌整理成如上所述次序关系时, 通常采用的办法是: 先按不同 "花色" 分成有次序的 4 堆, 每一堆的牌均具有相同的 "花色", 然后分别对每一堆按 "面值" 大小整理有序。

也可采用另一种办法: 先按不同 "面值" 分成 13 堆, 然后将这 13 堆牌自小至大叠在一起 ("3" 在 "2" 之上, "4" 在 "3" 之上, $\cdots$, 最上面的是 4 张 "A"), 然后将这副牌整个颠倒过来再重新按不同 "花色" 分成 4 堆, 最后将这 4 堆牌按自小至大的次序合在一起 (在最下面, 在最上面), 此时同样得到一副满足如上次序关系的牌。这两种整理扑克牌的方法便是两种多关键字的排序方法。

一般情况下, 假设有 n 个记录的序列

$$\{R_1, R_2, \cdots, R_n\} \tag{8.10}$$

且每个记录 R_i 中含有 d 个关键字 $(K_i^0, K_i^1, \cdots, K_i^{d-1})$, 则称序列 (8.10) 对关键字 $(K^0, K^1, \cdots, K^{d-1})$ 有序, 即对于序列中任意两个记录 R_i 和 $R_j (1 \leqslant i < j \leqslant n)$ 都满足下列有序关系:

$$(K_i^0, K_i^1, \cdots, K_i^{d-1}) < (K_j^0, K_j^1, \cdots, K_j^{d-1})$$

其中 K^0 称为最主位关键字, K^{d-1} 称为最次位关键字。为实现多关键字排序, 通常有两种方法: 第一种方法是先对最主位关键字 K^0 进行排序, 将序列分成若干子序列, 每个子序列中的记录都具有相同的 K^0 值, 然后分别就每个子序列对关键字 K^1 进行排序, 按 K^1 值不同再分成若干更小的子序列, 依次重复, 直至对 K^{d-2} 进行排序之后得到的每一子序列中的记录都具有相同的关键字 $(K^0, K^1, \cdots, K^{d-2})$, 而后每个子序列分别对 K^{d-1} 进行排序, 最后将所有子序列依次连接在一起成为一个有序序列, 这种方法称为**最高位优先** (Most Significant Digit First) 法, 简称 MSD 法; 第二种方法是从最次位关键字 K^{d-1} 起进行排序, 然后再对高一位的关键字 K^{d-2} 进行排序, 依次重复, 直至对 K^0 进行排序后便成为一个有序序列, 这种方法称为**最低位优先** (Least Significant Digit First) 法, 简称 LSD 法。

MSD 和 LSD 只约定按什么样的 "关键字次序" 来进行排序, 而未规定对每个关键字进行排序时所用的方法。但从上面所述可以看出这两种排序方法的不同特点: 若按 MSD 进行排序, 必须将序列逐层分割成若干子序列, 然后对各子序列分别进行排序; 而按 LSD 进行排序时, 不必分成子序列, 对每个关键字都是整个序列参加排序, 但对 $K^i (0 \leqslant i \leqslant d-2)$ 进行排序时, 只能用稳定的排序方法。另一方面, 按 LSD 进行排序时, 在一定的条件下 (即对前一个关键字 $K^i (0 \leqslant i \leqslant d-2)$ 的不同值, 后一个关键字 K^{i+1} 均取相同值), 也可以不利用前几节所述各种通过关键字间的比较来实现排序的方法, 而是通过若干次 "分配" 和 "收集" 来实现排序, 如上述第二种整理扑克牌的方法那样。

8.6.2 链式基数排序

基数排序是借助 "分配" 和 "收集" 两种操作对单逻辑关键字进行排序的一种内部排序方法。

有的逻辑关键字可以看成由若干个关键字复合而成的。例如, 若关键字是数值, 且其值都在 $0 \leqslant K \leqslant 999$ 范围内, 则可把每一个十进制数字看成一个关键字, 即可认为 K 由 3 个关键字 (K^0, K^1, K^2) 组成, 其中 K^0 是百位数, K^1 是十位数, K^2 是个位数; 又若关键字 K 是由 5 个字母组成的单词, 则可看成是由 5 个关键字 $(K^0, K^1, K^2 K^3, K^4)$ 组成的, 其中 K^{j-1} 是 (自左至右的) 第 $j+1$ 个字母。由于如此分解而得的每个关键字 K^j 都在相同的范围内 (对数字, $0 \leqslant K^j \leqslant 9$, 对字母 "A" $\leqslant K^j \leqslant$ "Z"), 则按 LSD 进行排序更为方便, 只要从最低数位关键字起, 按关键字的不同值将序列中记录 "分配" 到 RADIX 个队列中后再 "收集" 之, 如此重复 d 次。按这种方法实现排序称为基数排序, 其中 "基" 指的是 RADIX 的取值范围, 在上述两种关键字的情况下, 它们分别为 "10" 和 "26"。

实际上, 早在计算机出现之前, 利用卡片分类机对穿孔卡上的记录进行排序就是用的这种方法。然而, 在计算机出现之后却长期得不到应用, 原因是所需的辅助存储量 (RADIX × X 个记录空间) 太大。直到 1954 年有人提出用 "计数" 代替 "分配" 才使基数排序得以在计算机上实现, 但此时仍需要 n 个记录和 $2 \times$ RADIX 个计数单元的辅助空间。此后, 有人提出用链表作存储结构, 则又省去了 n 个记录的辅助空间。下面我们就来介绍这种 "链式基数排序" 的方法。

先看一个具体例子。首先以静态链表存储 n 个待排记录, 并令表头指针指向第一个记录, 如图 8.14(a) 所示; 第一趟分配对最低数位关键字 (个位数) 进行, 改变记录的指针值将链表中的记录分配至 10 个链队列中去, 每个队列中的记录关键字的个位数相等, 如图 8.14(b) 所示, 其中 $f[i]$ 和 $e[i]$ 分别为第 i 个队列的头指针和尾指针; 第一趟收集是改变所有非空队列的队尾记录的指针域, 令其指向下一个非空队列的队头记录, 重新将 10 个队列中的记录连成一个链表, 如图 8.14(c) 所示; 第二趟分配、第二趟收集及第三趟分配和第三趟收集是对十位数进行的, 其过程和个位数相同, 如图 8.14(d),(e) 所示。至此排序完毕。

在描述算法之前, 尚需定义新的数据类型

```
#define MAX_NUM_OF_KEY 8        //关键字项数的最大值
#define RADIX     10         //关键字基数,此时是十进制整数的基数
```

```
#define MAX_SPACE 10000
typedef struct{
  KeysType keys[MAX_NUM_OF_KEY];         //关键字
  InfoType otheritems;    //其他数据项
  int next;
}SLCell;         //静态链表的节点类型
typedef struct{
  SLCell r[MAX_SPACE];    //静态链表的可利用空间,r[0]为头节点
  int   keynum;    //记录的当前关键字个数
  int   recnum;    //静态链表的当前长度
}SLList;         //静态链表类型
typedef int ArrType[RADIX];       //指针数组类型
```

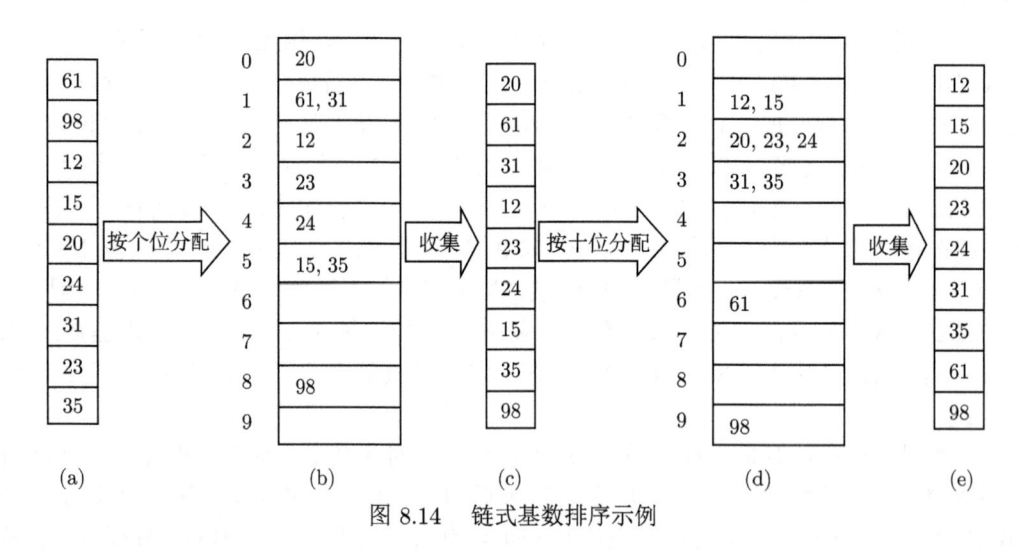

(a)		(b)		(c)		(d)		(e)
61	0	20	0	20	0			12
98	1	61, 31	1	61	1	12, 15		15
12	2	12	2	31	2	20, 23, 24		20
15	3	23	3	12	3	31, 35		23
20	4	24	4	23	4			24
24	5	15, 35	5	24	5			31
31	6		6	15	6	61		35
23	7		7		7			61
35	8	98	8	35	8			98
	9		9	98	9	98		

图 8.14 链式基数排序示例

算法 8.15 为链式基数排序中一趟分配的算法, 算法 8.16 为一趟收集的算法, 算法 8.17 为链式基数排序的算法。从算法中容易看出, 对于 n 个记录 (假设每个记录含 d 个关键字, 每个关键字的取值范围为 rd 个值) 进行链式基数排序的时间复杂度为 $O(d(n+rd))$, 其中每一趟分配的时间复杂度为 $O(n)$, 每一趟收集的时间复杂度为 $O(rd)$, 整个排序需进行 d 趟分配和收集。所需辅助空间为 $2rd$ 个队列指针。当然, 由于需用链表作存储结构, 则相对于其他以顺序结构存储记录的排序方法而言, 还增加了 n 个指针域的空间。

算法 8.15

```
void Distribute(SLCell &r,int i,ArrType &f,ArrType &e){
    //静态链表L的r域中记录已按(keys[0],…,keys[i-1])有序
    //本算法按第i个关键字keys[i]建立RADIX个子表,使同一子表中记录的
    //keys[i]相同
    //f[0..RADIX-1]和e[0..RADIX-1]分别指向各子表中第一个和最后一个记录
    for(j=0;j<RADIX;++j)f[j]=0; //各子表初始化为空表
```

```
    for(p=r[0].next;p;p=r[p].next){
      j=ord(r[p].keys[i]);
        //ord将记录中第i个关键字映射到[0..RADIX-1]
        if(!f[j])f[j]=p;
        else r[e[j]].next=p;
        e[j]=p;                    //将p所指的节点插入第j个子表中
    }
}
```

算法 8.16

```
void Collect(SLCell &r,int i,ArrType f,ArrType e){
    //本算法按keys[i]自小至大地将f[0..RADIX-1]所指各子表依次链接成
    //一个链表e[0..RADIX-1]各子表的尾指针
    for(j=0;!f[j];j=succ(j));
        //找第一个非空子表,succ为求后继函数
    r[0].next=f[j]; t=e[j];
        //r[0].next指向第一个非空子表中第一个节点
    while(j<RADIX){
          for(j=succ(j),j<RADIX-1&&!f[j];j=succ(j));
              //找下一个非空子表
          if(f[j]){r[tj.next]=f[j];t=e[j];}
                                      //链接两个非空子表
    }
    r[t].next=0;        //t指向最后一个非空子表中的最后一个节点
}
```

算法 8.17

```
void RadixSort(SLList &L){
    //是采用静态链表表示的顺序表
    //对L作基数排序,使得L成为按关键字自小到大的有序静态链表,L.r[0]为
    //头节点
    for(i=0;i<L.recnum;++i) L.r[i].next=i+1;
    L.R[L.recnum].next=0;              //将L改造为静态链表
    for(i=0;i<L.keynum;++i){
        //按最低位优先依次对各关键字进行分配和收集
        Distribute(L.r,i,f,e);         //第i趟分配
        Collect(L.r,i,f,e);            //第i趟收集
    }
}
```

8.7 各种内部排序方法的比较讨论

综合比较本章内讨论的各种内部排序方法,大致有如下结果 (见表 8.1)。

表 8.1

排序方法	平均时间	最坏情况	辅助存储
简单排序	$O(n^2)$	$O(n^2)$	$O(1)$
快速排序	$O(n \log_2 n)$	$O(n^2)$	$O(\log_2 n)$
堆排序	$O(n \log_2 n)$	$O(n \log_2 n)$	$O(1)$
归并排序	$O(n \log_2 n)$	$O(n \log_2 n)$	$O(n)$
基数排序	$O(d(n+rd))$	$O(d(n+rd))$	$O(rd)$

从表 8.1 可以得出如下几个结论。

(1) 从平均时间性能而言,快速排序最佳,其所需时间最省,但快速排序在最坏情况下的时间性能不如堆排序和归并排序。而后两者相比较的结果是,在 n 较大时,归并排序所需时间较堆排序省,但它所需的辅助存储量最多。

(2) 表 8.1 中的 "简单排序" 包括除希尔排序之外的所有插入排序、冒泡排序和简单选择排序,其中以直接插入排序最为简单,当序列中的记录 "基本有序" 或 n 值较小时,它是最佳的排序方法,因此常将它和其他的排序方法,诸如快速排序、归并排序等结合在一起使用。

(3) 基数排序的时间复杂度也可写成 $O(d \cdot n)$。因此,它最适用于 n 值很大而关键字较小的序列。若关键字也很大,而序列中大多数记录的 "最高位关键字" 均不同,则亦可先按 "最高位关键字" 不同将序列分成若干 "小" 的子序列,而后进行直接插入排序。

(4) 从方法的稳定性来比较,基数排序是稳定的内排方法,所有时间复杂度为 $O(n^2)$ 的简单排序法也是稳定的,然而,快速排序、堆排序和希尔排序等时间性能较好的排序方法都是不稳定的。一般来说,排序过程中的 "比较" 是在 "相邻的两个记录关键字" 间进行的排序方法是稳定的。值得提出的是,稳定性是由方法本身决定的,对不稳定的排序方法而言,不管其描述形式如何,总能举出一个说明不稳定的实例来。由于大多数情况下排序是按记录的主关键字进行的,则所用的排序方法是否稳定无关紧要。若排序按记录的次关键字进行,则应根据问题所需慎重选择排序方法及其描述算法。

综上所述,在本章讨论的所有排序方法中,没有哪一种是绝对最优的。有的适用于 n 较大的情况,有的适用于 n 较小的情况,有的……因此,在实际应用时需根据不同情况适当选用,甚至可将多种方法结合起来使用。

本章讨论的多数排序算法是在顺序存储结构上实现的,因此在排序过程中需进行大量记录的移动。当记录很大 (即每个记录所占空间较多) 时,时间耗费很大,此时可采用静态链表作存储结构。如表插入排序、链式基数排序,以修改指针代替移动记录。但是,有的排序方法,如快速排序和堆排序,无法实现表排序。在这种情况下可以进行 "地址排序",即另设一个地址向量指示相应记录;同时在排序过程中不移动记录而移动地址向量中相应分量的内容。例如对图 8.15(a) 所示记录序列进行地址排序时,可附设向量 adr(1:8)。在开始排序之前令 $\text{adr}[i] := i$,凡在排序过程中需进行 $r[i] := r[j]$ 的操作时,均以 $\text{adr}[i] := \text{adr}[j]$ 代替,则在排序结束之后,地址向量中的值指示排序后的记录的次序,$r[\text{adr}[l]]$ 为关键字最小的记录,$r[\text{adr}[8]]$ 为关键字最大的记录,如图 8.15(b) 所示。最后在需要时可根据 adr 的值重排记录物理位置。重排算法如下。

从 $i = 1$ 起依次检查每个分量位置上的记录是否正确到位。若 $\text{adr}[i] = i$,则 $r[i]$ 中

恰为第 i 个最小关键字的记录，该位置上的记录不需要调整；若 $\mathrm{adr}[i] = k \neq i$，则说明 $r[k]$ 中记录是第 i 个最小关键字的记录，应在暂存记录 $r[i]$ 之后将 $r[k]$ 中记录移至 $r[i]$ 的位置[①]上。类似地，若 $\mathrm{adr}[k] \neq k$，则应将 $r[\mathrm{adr}[k]]$ 中记录移至 $r[k]$ 的位置上。依次类推，直至找到某个值 $j = \mathrm{adr}[\mathrm{adr}[\cdots \mathrm{adr}[k]\cdots]]$，等式 $\mathrm{adr}[j] = i$ 成立时，将暂存记录移至 $r[j]$ 的位置上。至此完成一个调整记录位置的小循环。例如图 8.15 的例子，由于图 8.15(b) 中 $\mathrm{adr}[1] = 6$，则在暂存 $R(49)$ 以后，需将 $R(13)$ 从 $r[6]$ 的位置移至 $r[1]$ 的位置。又因为 $\mathrm{adr}[6] = 2$，则应将 $R(65)$ 从 $r[2]$ 的位置移至 $r[6]$ 的位置。同理，将 $R(27)$ 移至 $r[2]$ 的位置，此时，因 $\mathrm{adr}[4] = 1$，则 $R(49)$ 应入 $r[4]$ 的位置上。完成上述调整后的记录及地址向量的状态如图 8.15(c) 所示。算法 8.18 即为上述重排记录的算法。

$r(1:8)$	$R(49)$	$R(65)$	$R(38)$	$R(27)$	$R(97)$	$R(13)$	$R(76)$	$R(\underline{49})$
$\mathrm{adr}(1:8)$	1	2	3	4	5	6	7	8

(a) 待排记录和地址向量的初始状态

$\mathrm{adr}(1:8)$	6	4	3	1	8	2	7	5

(b) 排序结束后的地址向量

$r(1:8)$	$R(\mathbf{13})$	$R(\mathbf{27})$	$R(\mathbf{38})$	$R(\mathbf{49})$	$R(97)$	$R(\mathbf{65})$	$R(76)$	$R(\underline{49})$
$\mathrm{adr}(1:8)$	**1**	**2**	3	**4**	8	6	7	5

(c) 重排记录过程中的状态

图 8.15　地址排序示例

算法 8.18

```
void Rearrange(SqList &L,int ad[]){
   //adr给出顺序表L的有序次序,即L.r[adr[i]]是第i小的记录
   //本算法按adr重排L.r,使其有序
   for(i=1;i<L.length;++i)
      if(adr[i]!=i){
         j=i;L.r[0]=L.r[i];          //暂存记录L.r[i]
         while(adr[j]!=i){
            //调整L.r[adr[j]]的记录到位直到adr[j]=i为止
            k=adr[j];L.r[j]=L.r[k];
            adr[j]=j;j=k;
         }
         L.r[j]=L.r[0];adr[j]=j;   // 记录按序到位
      }
}
```

从上述算法容易看出，除了在每个小循环中要暂存一次记录外，所有记录均一次移动到位。而每个小循环至少移动两个记录，则这样的小循环至多有 $\lfloor n/2 \rfloor$ 个，所以重排记录的算法中至多移动记录 $\lfloor 3n/2 \rfloor$ 次。

---

① $r[i]$ 的位置指的是 r 数组中第 i 个分量，下同。

本节最后要讨论的一个问题是"内部排序可能达到的最快速度是什么"。我们已经看到，本章讨论的各种排序方法，其最坏情况下的时间复杂度或为 $O(n^2)$，或为 $O(n\log_2 n)$，其中 $O(n^2)$ 是它的上界，那么 $O(n\log_2 n)$ 是否是它的下界，也就是说，能否找到一种排序方法，它在最坏情况下的时间复杂度低于 $O(n\log_2 n)$ 呢？

由于本章讨论的各种排序方法，除基数排序之外，都是基于"关键字间的比较"这个操作进行的，则均可用一棵类似于图 8.16 所示的判定树来描述这类排序方法的过程。

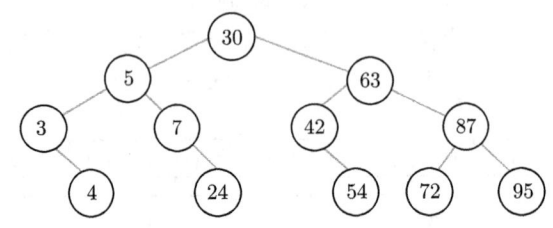

图 8.16　描述排序过程的判定树

(1) 先画出判定树如下 (图 8.16，注：mid $= \lfloor(1+12)/2\rfloor = 6$)。

(2) 查找元素 54，需依次与 30, 63, 42, 54 元素比较。

(3) 查找元素 90，需依次与 30, 63, 87, 95 元素比较。

(4) 求 ASL 之前，需要统计每个元素的查找次数。判定树的前 3 层共查找 $1 + 2 \times 2 + 4 \times 3 = 17$ 次。

(5) 但最后一层未满，不能用 8×4，只能用 5×4 = 20 次。

(6) 所以 ASL $= (17 + 20)/12 = 37/12 \approx 3.08$。

图 8.16 的判定树表示对记录进行直接插入排序的过程，树中每个非终端节点表示两个关键字间的一次比较，其左、右子树分别表示这次比较所得的两种结果。假设 $K_1 \neq K_2 \neq K_3$，则排序之前依次排列的这 3 个记录 $\{R_1, R_2, R_3\}$ 之间只可能有下列 6 种关系：① $K_1 < K_2 < K_3$；② $K_1 < K_3 < K_2$；③ $K_3 < K_1 < K_2$；④ $K_2 < K_1 < K_3$；⑤ $K_2 < K_3 < K_1$；⑥ $K_3 < K_2 < K_1$。换句话说，这 3 个记录经过排序只可能得到下列 6 种结果：① $\{R_1, R_2, R_3\}$；② $\{R_1, R_3, R_2\}$；③ $\{R_3, R_1, R_2\}$；④ $\{R_2, R_1, R_3\}$；⑤ $\{R_2, R_3, R_1\}$；⑥ $\{R_3, R_2, R_1\}$。而图 8.16 中的判定树上 6 个终端节点恰好表示这 6 种排序结果。判定树上进行的每一次比较都是必要的。因此，这个判定树足以描述通过"比较"进行的排序过程。并且，对每一个初始序列经排序达到有序所需进行的"比较"次数，恰为从树根到和该序列相应的叶子节点的路径长度。由于图 8.16 的判定树的深度为 4，则对 3 个记录进行排序至少要进行 3 次比较。

推广至一般情况，对 n 个记录进行排序至少需进行多少次关键字间的比较，这个问题等价于，给定 n 个不同的砝码和一台天平，按重量的大小顺序排列这些砝码所需要的最少称重量次数问题。由于含 n 个记录的序列可能出现的初始状态有 $n!$ 个，则描述 n 个记录排序过程的判定树必须有 $n!$ 个叶子节点。因为，若少一个叶子，则说明尚有两种状态没有分辨出来。我们已经知道，若二叉树的高度为 h，则叶子节点的个数不超过 2^{h-1}，反之，若有 u 个叶子节点，则二叉树的高度至少为 $\lceil\log_2 u\rceil + 1$。这就是说，描述 n 个记录排序的判定树上必定存在一条长度为 $\lceil\log_2(n!)\rceil$ 的路径。由此得到下述结论：任何一个借助"比较"进行排序的算法,在最坏情况下所需进行的比较次数至少为 $\lceil \log_2(n!) \rceil$。然而,这只是一个理论上的下界,一般的排序算法在 $n > 4$ 时所需进行的比较次数均大于此值,直到 1956 年,德姆斯 (H. B. Demuth) 首先找到了对 5 个数进行排序只需要 7 次比较的方法 (王红梅等, 2011)。之后,莱斯特·福特 (Lester Ford) 和塞尔默·约翰逊 (Selmer Johnson) 将其推广,提出了归并插入 (Merge Insertion) 排序,当 $n < 11$ 时所用的比较次数和 $\lceil \log_2(n!) \rceil$ 相同。根据斯特林公式,有 $\lceil \log_2(n!) \rceil = O(n \log_2 n)$,上述结论从数量级上告诉我们,借助"比较"进行排序的算法在最坏情况下能达到的最好的时间复杂度为 $O(n \log_2 n)$。

习 题 8

一、填空题

1. 若不考虑基数排序,则在排序过程中,主要进行的两种基本操作是关键字的 ＿＿＿＿＿ 和记录的 ＿＿＿＿＿。
2. 外排序的基本操作过程是 ＿＿＿＿＿ 和 ＿＿＿＿＿。
3. 属于不稳定排序的有 ＿＿＿＿＿。
4. 分别采用堆排序、快速排序、冒泡排序和归并排序,对初态为有序的表,则最省时间的是 ＿＿＿＿＿ 算法,最费时间的是 ＿＿＿＿＿ 算法。
5. 不受待排序初始序列的影响,时间复杂度为 $O(N^2)$ 的排序算法是 ＿＿＿＿＿,在排序算法的最后一趟开始之前,所有元素都可能不在其最终位置上的排序算法是 ＿＿＿＿＿。
6. 直接插入排序用监视哨的作用是 ＿＿＿＿＿。
7. 对 n 个记录的表 $r[1..n]$ 进行简单选择排序,所需进行的关键字间的比较次数为 ＿＿＿＿＿。
8. 用链表表示的数据的简单选择排序,节点的域为数据域 data,指针域 next;链表首指针为 head,链表无头节点。每个空框只填一个语句或一个表达式:

```
selectsort(head)
    p=head;
while(p(1))
{q=p;r=(2)
     while((3))
     {if((4))q=r;
         r=(5);
     }
     tmp=q->data;q->data=p->data;p->data=tmp; p=(6);
}
```

9. 下面的 c 函数实现对链表 head 进行选择排序的算法,排序完毕,链表中的节点按节点值从小到大链接。请在空框处填上适当内容,每个空框只填一个语句或一个表达式:

```
#include<stdio.h>
typedef struct node{char data;struct node *link;}node;
node *select(node *head)
{node *p,*q,*r,*s;
p=(node*)malloc(sizeof(node));
   p->link=head;head=p;
```

```
while(p->link!=NULL)
    {q=p->link;r=p;
     while(_(1)_)
        {if(q->link->data<r->link->data)r=q;
         q=q->link;
        }
     if(_(2)_){s=r->link;r->link=s->link; s->link=(_(3)_); (_(4)_);}
     (_(5)_);
    }
p=head;head=head->link;free(p);return(head);
}
```

10. 下面的排序算法的思想是：第一趟比较将最小的元素放在 $r[1]$ 中，最大的元素放在 $r[n]$ 中，第二趟比较将次小的放在 $r[2]$ 中，将次大的放在 $r[n-1]$ 中，…，依次下去，直到待排序列为递增序（注：<--> 代表两个变量的数据交换）。每个空框只填一个语句或一个表达式：

```
void sort(SqList &r,int n){
        i=1;
while(_(1)_){
min=max=1;
for(j=i+1;_(2)_;++j)
{if(_(3)_)min=j;else if(r[j].key>r[max].key) max=j;}
if(_(4)_)r[min]<-->r[j];
if(max!=n-i+1){if(_(5)_)r[min]<--> r[n-i+1];else(_(6)_);}
i++;
}
}//sort
```

二、选择题

1. 某内排序方法的稳定性是指（　　）。
   A. 该排序算法不允许有相同的关键字记录；　　B. 该排序算法允许有相同的关键字记录；
   C. 平均时间复杂度为 $O(n\log_2 n)$ 的排序方法；　　D. 以上都不对。
2. 下面给出的四种排序法中（　　）排序法是不稳定性排序法。
   A. 插入；　　　　　　　　B. 冒泡；　　　　　　　C. 2-路归并；　　　　　　D. 堆积。
3. 下列排序算法中，其中（　　）是稳定的。
   A. 堆排序，冒泡排序；　　　　　　　　　B. 快速排序，堆排序；
   C. 直接选择排序，归并排序；　　　　　　D. 归并排序，冒泡排序。
4. 稳定的排序方法是（　　）。
   A. 直接插入排序和快速排序；　　　　　　B. 折半插入排序和冒泡排序；
   C. 简单选择排序和四路归并排序；　　　　D. 树形选择排序和希尔排序。
5. 下列排序方法中，哪一个是稳定的排序方法？（　　）
   A. 直接选择排序；　　　B. 二分法插入排序；　　　C. 希尔排序；　　　D. 快速排序。
6. 若要求尽可能快地对序列进行稳定的排序，则应选（　　）。
   A. 快速排序；　　　　　B. 归并排序；　　　　　　C. 冒泡排序。
7. 如果待排序序列中两个数据元素具有相同的值，在排序前后它们的相互位置发生颠倒，则称该排序算法是不稳定的。（　　）就是不稳定的排序方法。

习题 8

A. 冒泡排序；　　B. 归并排序；　　C. 希尔排序；　　D. 直接插入排序；　　E. 简单选择排序。

8. 若要求排序是稳定的，且关键字为实数，则在下列排序方法中应选（　）排序为宜。
   A. 直接插入；　　B. 直接选择；　　C. 堆；　　D. 快速；　　E. 基数。

9. 若需在 $O(n\log_2 n)$ 的时间内完成对数组的排序，且要求排序是稳定的，则可选择的排序方法是（　）。
   A. 快速排序；　　B. 堆排序；　　C. 归并排序；　　D. 直接插入排序。

10. 下面的排序算法中，不稳定的是（　）。
    A. 冒泡排序；　　B. 折半插入排序；　　C. 简单选择排序；　　D. 希尔排序；
    E. 基数排序；　　F. 堆排序。

11. 下列内部排序算法中：
    A. 快速排序；　　B. 直接插入排序；　　C. 2-路归并排序；　　D. 简单选择排序；
    E. 冒泡排序；　　F. 堆排序。
    (1) 其比较次数与序列初态无关的算法是（　）。
    (2) 不稳定的排序算法是（　）。
    (3) 在初始序列已基本有序 (除去 n 个元素中的某 k 个元素后即呈有序，$k \ll n$) 的情况下，排序效率最高的算法是（　）。
    (4) 排序的平均时间复杂度为 $O(n\log_2 n)$ 的算法是（　），平均时间复杂度为 $O(n^n)$ 的算法是（　）。

12. 排序趟数与序列的原始状态有关的排序方法是（　）排序法。
    A. 插入；　　B. 选择；　　C. 冒泡；　　D. 快速。

13. 下面给出的四种排序方法中，排序过程中的比较次数与排序方法无关的是（　）。
    A. 选择排序法；　　B. 插入排序法；　　C. 快速排序法；　　D. 堆积排序法。

14. 对下列四种排序方法，在排序中关键字比较次数同记录初始排列无关的是（　）。
    A. 直接插入；　　B. 二分法插入；　　C. 快速排序；　　D. 归并排序。

15. 在下列排序算法中，哪一个算法的时间复杂度与初始排序无关（　）。
    A. 直接插入排序；　　B. 气泡排序；　　C. 快速排序；　　D. 直接选择排序。

16. 比较次数与排序的初始状态无关的排序方法是（　）。
    A. 直接插入排序；　　B. 冒泡排序；　　C. 快速排序；　　D. 简单选择排序。

17. 数据序列 (8, 9, 10, 4, 5, 6, 20, 1, 2) 只能是下列排序算法中的（　）的两趟排序后的结果。
    A. 选择排序；　　B. 冒泡排序；　　C. 插入排序；　　D. 堆排序。

18. 数据序列 (2, 1, 4, 9, 8, 10, 6, 20) 只能是下列排序算法中的（　）的两趟排序后的结果。
    A. 快速排序；　　B. 冒泡排序；　　C. 选择排序；　　D. 插入排序。

19. 对一组数据 (84, 47, 25, 15, 21) 排序，数据的排列次序在排序的过程中的变化为
    (1) 84, 47, 25, 15, 21;　　　　(2) 15, 47, 25, 84, 21;
    (3) 15, 21, 25, 84, 47;　　　　(4) 15, 21, 25, 47, 84。
则采用的排序是（　）排序。
    A. 选择；　　B. 冒泡；　　C. 快速；　　D. 插入。

20. 对序列 (15, 9, 7, 8, 20, −1, 4) 进行排序，进行一趟后数据的排列变为 (4, 9, −1, 8, 20, 7, 15)；则采用的是（　）排序。
    A. 选择；　　B. 快速；　　C. 希尔；　　D. 冒泡。

21. 若上题的数据经一趟排序后的排列为 9, 15, 7, 8, 20, −1, 4，则采用的是（　）排序。
    A. 选择；　　B. 堆；　　C. 直接插入；　　D. 冒泡。

22. 下列排序算法中，（　）不能保证每趟排序至少能将一个元素放到其最终的位置上。
    A. 快速排序；　　B. 希尔排序；　　C. 堆排序；　　D. 冒泡排序。

23. 下列排序算法中，（　）排序在一趟结束后不一定能选出一个元素放在其最终位置上。

A. 选择； B. 冒泡； C. 归并； D. 堆。

24. 下列序列中，（ ）是执行第一趟快速排序后所得的序列。
A. [68, 11, 18, 69], [23, 93, 73]； B. [68, 11, 69, 23], [18, 93, 73]；
C. [93, 73], [68, 11, 69, 23, 18]； D. [68, 11, 69, 23, 18], [93, 73]。

25. 有一组数据 (15, 9, 7, 8, 20, −1, 7, 4)，用快速排序的划分方法进行一趟划分后数据的排序为（ ）（按递增序）。
A. 下面的 B, C, D 都不对； B. 9, 7, 8, 4, −1, 7, 15, 20；
C. 20, 15, 8, 9, 7, −1, 4, 7； D. 9, 4, 7, 8, 7, −1, 15, 20。

26. 一组记录的关键码为 (46, 79, 56, 38, 40, 84)，则利用快速排序的方法，以第一个记录为基准得到的一次划分结果为（ ）。
A. (38, 40, 46, 56, 79, 84)； B. (40, 38, 46, 79, 56, 84)；
C. (40, 38, 46, 56, 79, 84)； D. (40, 38, 46, 84, 56, 79)。

27. 在下面的排序方法中，辅助空间为 $O(n)$ 的是（ ）。
A. 希尔排序； B. 堆排序； C. 选择排序； D. 归并排序。

28. 下列排序算法中，在待排序数据已有序时，花费时间反而最多的是（ ）排序。
A. 冒泡； B. 希尔； C. 快速； D. 堆。

29. 下列排序算法中，在每一趟都能选出一个元素放到其最终位置上，并且其时间性能受数据初始特性影响的是（ ）。
A. 直接插入排序； B. 快速排序； C. 直接选择排序； D. 堆排序。

30. 对初始状态为递增序列的表按递增顺序排序，最省时间的是（ ）算法，最费时间的是（ ）算法。
A. 堆排序； B. 快速排序； C. 插入排序； D. 归并排序。

31. 就平均性能而言，目前最好的内排序方法是（ ）排序法。
A. 冒泡； B. 希尔插入； C. 交换； D. 快速。

32. 如果只想得到 1000 个元素组成的序列中第 5 个最小元素之前的部分排序的序列，用（ ）方法最快。
A. 冒泡排序； B. 快速排列； C. 希尔排序；
D. 堆排序； E. 简单选择排序。

三、判断题

1. 当待排序的元素很大时，为了交换元素的位置，移动元素要占用较多的时间，这是影响时间复杂度的主要因素。（ ）
2. 内排序要求数据一定要以顺序方式存储。（ ）
3. 排序算法中的比较次数与初始元素序列的排列无关。（ ）
4. 排序的稳定性是指排序算法中的比较次数保持不变，且算法能够终止。（ ）
5. 在执行某个排序算法过程中，出现了排序码朝着最终排序序列位置相反方向移动，则该算法是不稳定的。（ ）
6. 直接选择排序算法在最好情况下的时间复杂度为 $O(N)$。（ ）
7. 两分法插入排序所需比较次数与待排序记录的初始排列状态相关。（ ）
8. 在初始数据表已经有序时，快速排序算法的时间复杂度为 $O(n\log_2 n)$。（ ）
9. 在待排数据基本有序的情况下，快速排序效果最好。（ ）
10. 当待排序记录已经从小到大排序或者已经从大到小排序时，快速排序的执行时间最省。（ ）
11. 快速排序的速度在所有排序方法中为最快，而且所需附加空间也最少。（ ）
12. 堆肯定是一棵平衡二叉树。（ ）
13. 堆是满二叉树。（ ）
14. (101, 88, 46, 70, 34, 39, 45, 58, 66, 10) 是堆。（ ）

15. 在用堆排序算法排序时,如果要进行增序排序,则需要采用"大根堆"。( )
16. 堆排序是稳定的排序方法。( )
17. 归并排序辅助存储为 $O(1)$。( )
18. 在分配排序时,最高位优先分配法比最低位优先分配法简单。( )
19. 冒泡排序和快速排序都是基于交换两个逆序元素的排序方法,冒泡排序算法的最坏时间复杂度是 $O(n^2)$,而快速排序算法的最坏时间复杂度是 $O(n\log_2 n)$,所以快速排序比冒泡排序算法效率更高。( )
20. 交换排序法是对序列中的元素进行一系列比较,当被比较的两个元素逆序时,进行交换,冒泡排序和快速排序是基于这类方法的两种排序方法,冒泡排序算法的最坏时间复杂度是 $O(n^2)$,而快速排序算法的最坏时间复杂度是 $O(n\log_2 n)$;所以快速排序比冒泡排序效率更高。( )
21. 快速排序和归并排序在最坏情况下的比较次数都是 $O(n\log_2 n)$。( )
22. 在任何情况下,归并排序都比简单插入排序快。( )
23. 归并排序在任何情况下都比所有简单排序速度快。( )
24. 快速排序总比简单排序快。( )
25. 中序周游(遍历)平衡的二叉排序树,可得到最好排序的关键码序列。( )

第 9 章 外 部 排 序

上一章中已提到,外部排序指的是大文件的排序,即待排序的记录存储在外存储器上,在排序过程中需进行多次的内、外存之间的交换。因此,在本章讨论外部排序之前,首先需要了解对外存信息进行存取的特点。

9.1 外存信息的存取

计算机一般有两种存储器:内存储器 (主存) 和外存储器 (辅存)。内存的信息可随机存取,且存取速度快,但价格贵、容量小。外存储器包括磁带和磁盘 (或磁鼓),前者为顺序存取的设备,后者为随机存取的设备。

1. 磁带信息的存取

磁带是薄薄涂上一层磁性材料的一条窄带。现在使用的磁带大多数有 1/2 英寸[①]宽,最长可达 3600 英尺[②],绕在一个卷盘上。使用时,将磁带盘放在磁带机上,驱动器控制磁带盘转动,带动磁带向前移动。通过读/写头就可以读出磁带上的信息或者把信息写入磁带中 (图 9.1)。

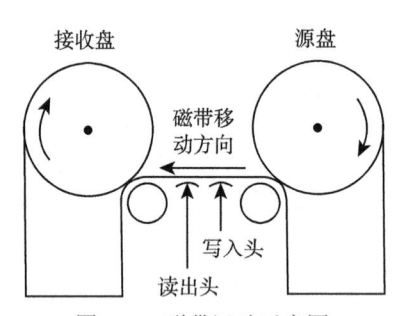

图 9.1 磁带运动示意图

在 1/2 英寸宽的带面上可以记录 9 位或 7 位二进制信息 (通常称为 9 道带或 7 道带)。以 9 道带为例,每一横排就可表示一个字符 (8 位表示一个字符,另一位作奇偶校验位)。因此,磁带上可记下各种文字信息或二进制信息。在磁带上,信息按字符组存放,而不是按字符存放。

磁带上信息的密度通常为 800 位每英寸、1600 位每英寸或 6250 位每英寸 (即每英寸的二进制字符数),移动速度是 200 英寸每秒。

---

① 1 英寸 = 2.54 厘米。
② 1 英尺 = 3.048×10^{-1} 米。

9.1 外存信息的存取

磁带不是连续运转的设备，而是一种启停设备 (启停时间约为 5 毫秒)，它可以根据读/写的需要随时启动和停止。由于读/写信息应在旋转稳定时进行，而磁带从静止状态启动后，要经过一个加速的过程才能达到稳定状态；反之，在读/写结束后，从运动状态到完全停止，要经过一个减速的过程。因此，在磁带上相邻两组字符组 (记录) 之间要留一空白区，叫作内部记录的间隙 (inter record gap, IRG)。根据启停时间的需要，这个间隙通常为 1/4~3/4 英寸。如果每个字符组的长度是 80 个字符，IRG 为 3/4 英寸，则对密度为每英寸 1600 个字符的磁带，其利用率仅为 1/16，有 15/16 的磁带用于 IRG，参见图 9.2(a)。

为了有效地利用磁带，常常用组成块的办法来减少 IRG 的个数。在每次写信息时，不是按用户给出的字符组记入磁带，而是将若干个字符组合并成一块后一次写入磁带。于是，每个字符组间就没有 IRG，而变成块间的间隙 (inter block gap, IBG)，参见图 9.2(b)。表示将 20 个长度为 80 字符的字符组存放在磁带上的一个物理块中的情况。

(a) 字符组长80字符的磁带　　　　　(b) 成块存放的磁带

图 9.2　磁带上信息存放示意图

成块的办法可以减少 IRG 的数目，从而可以提高磁带的利用率，块的长度大于 IBG 的长度。

成块还可减少输入/输出 (I/O) 操作。因为一次 I/O 操作可把整个物理块都读到内存缓冲区中，然后再从缓冲区中取出所需要的信息 (一个字符组)。每当要读一个字符组时，首先要查缓冲区中是否已有，若有，则不必执行 I/O 操作，直接从缓冲区读取即可。

软件要有处理成块、解块和保存字符组的功能。在使用者看来，每次读/写的却只是一个字符组。

是否物理块越大，数据越紧凑，效率就越高呢？实际上不是这样的。物理块不能太大，通常只有 1 千字节 ~ 8 千字节。这是因为如果一次读写太长，则出错的概率就增大，可靠性就降低；此外，若块太大，则在内存开辟的缓冲区就大，从而耗费内存空间也多。

在磁带上读写一块信息所需的时间由两部分组成：

$$T_{I/O} = t_a + n \cdot t_w$$

其中，t_a 为延迟时间，读/写头到达传输信息所在物理块起始位置所需时间；t_w 为传输一个字符的时间。

显然，延迟时间和信息在磁带上的位置、当前读/写头所在位置有关。例如，若读/写头在第 i 和第 $i+1$ 个物理块之间的间隙上，则读第 $i+1$ 个物理块上的信息仅需几毫秒；若读/写头位于磁带的始端，而要读的信息在磁带的尾端，则必须使磁带向前运动，跳过中间的许多块，直到所需信息通过读/写头时才能得到，这可能需要几分钟的时间。因此，由于磁带是顺序存取的设备，则读/写信息之前先要进行顺序查找，并且当读/写头位于磁带尾端,而要读的信息在磁带始端时,尚需使磁带倒转运动。这是顺序存取设备的主要缺点,它使检索和修改信息很不方便。因此,顺序存取设备主要用于处理变化少、只进行顺序存取的大量数据。

2. 磁盘信息的存取

磁盘是一种直接存取的存储设备 (DASD)。它是以存取时间变化不大为特征的。它不是像磁带那样只能进行顺序存取,而是可以直接存取任何字符组。它的容量大、速度快,存取速度比磁带快得多。磁盘是一个扁平的圆盘 (与电唱机的唱片类似),盘面上有许多称为磁道的圆圈,信息就记载在磁道上。由于磁道的圆圈为许多同心圆,所以可以直接存取。磁盘可以是单片的,也可以由若干盘片组成盘组。每一片上有两个面。以 6 片盘组为例,由于最顶上和最底下盘片的外侧面不存信息,所以总共只有 10 个面可用来保存信息,如图 9.3 所示。

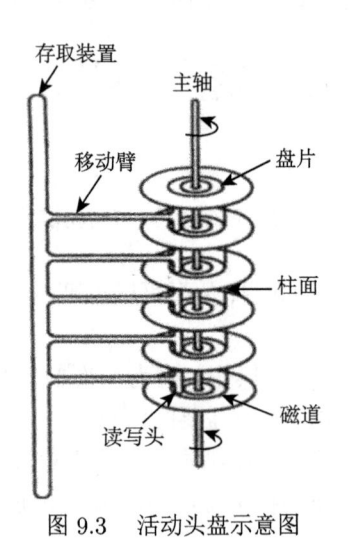

图 9.3 活动头盘示意图

磁盘驱动器执行读/写信息的功能。盘片装在一个主轴上,并绕主轴高速旋转,当磁道在读/写头下通过时,便可以进行信息的读/写。

可以把磁盘分为固定头盘和活动头盘。固定头盘的每一道上都有独立的磁头,它是固定不动的,专负责读/写某一道上的信息。

活动头盘的磁头是可移动的。盘组也是可变的。一个面上只有一个磁头,它可以从该面上的一道移动到另一道。磁头装在一个动臂上,不同面上的磁头是同时移动的,并处于同一圆柱面上。各个面上半径相同的磁道组成一个圆柱面,圆柱面的个数就是盘片面上的磁道数。通常,每个面上有 200~400 道。在磁盘上标明一个具体信息必须用一个三维地址:柱面号、盘面号、块号。其中,柱面号确定读/写头的径向运动,而块号确定信息在盘片圆圈上的位置。

为了访问一块信息,首先必须找柱面,移动臂使磁头移动到所需柱面上 (称为定位或寻查);然后等待要访问的信息转到磁头之下;最后,读/写所需信息。

所以，在磁盘上读写一块信息所需的时间由 3 部分组成：

$$T_{I/O} = t_{seek} + t_{la} + n \cdot t_{wm}$$

其中，t_{seek} 为**寻查时间** (seek time)，即读/写头定位的时间；t_{la} 为**等待时间** (latency time)，即等待信息块的初始位置旋转到读写头下的时间；t_{wm} 为**传输时间** (transmission time)。

由于磁盘的旋转速度很快，为 2400~3600 转/分，则等待时间最长不超过 25 毫秒 (旋转一圈的时间)，磁盘的传输速率一般在 10^5 字符/秒和 5×10^5 字符/秒之间，那么在磁盘上读/写信息的时间主要花在寻查时间上 (其最大寻查时间约为 0.1 秒)。因此，在磁盘上存放信息时应将相关的信息放在同一柱面或邻近柱面上，以求在读/写信息时尽量减少磁头来回移动的次数，以避免不必要的寻查时间。

9.2 外部排序的方法

外部排序基本上由两个相对独立的阶段组成。首先，按可用内存大小，将外存上含 n 个记录的文件分成若干长度为 l 的子文件或**段** (segment)，依次读入内存并利用有效的内部排序方法对它们进行排序，并将排序后得到的有序子文件重新写入外存，通常称这些有序子文件为**归并段**或**顺串** (run)；然后，对这些归并段进行逐趟归并，使归并段 (有序的子文件) 逐渐由小至大，直至得到整个有序文件为止。显然，第一阶段的工作是上一章已经讨论过的内容。本章主要讨论第二阶段即归并的过程。先从一个具体例子来看外排中的归并是如何进行的。

假设有一个含 10000 个记录的文件，首先通过 10 次内部排序得到 10 个初始归并段 R1~R10，其中每一段都含 1000 个记录。然后对它们作如图 9.4 所示的两两归并，直至得到一个有序文件为止。

从图 9.4 可见，由 10 个初始归并段到一个有序文件，共进行了 4 趟归并，每一趟从 m 个归并段得到 $\lceil m/2 \rceil$ 个归并段。这种归并方法称为 2-路平衡归并。

将两个有序段归并成一个有序段的过程，若在内存进行，则很简单，上一章中的 Merge 过程便可实现此归并。但是，在外部排序中实现两两归并时，不仅要调用 Merge 过程，而且要进行外存的读/写，这是由于我们不可能将两个有序段及归并结果段同时存放在内存中。对外存上信息的读/写是以 "物理块" 为单位的。假设在上例中每个物理块可以容纳 200 个记录，则每一趟归并需进行 50 次 "读" 和 50 次 "写"，4 趟归并加上内部排序时所需进行的读/写使得在外排中总共需进行 500 次的读/写。

一般情况下，外部排序所需总的时间

= 内部排序 (产生初始归并段) 所需的时间 $(m \times t_{IS})$

+ 外存信息读写的时间 $(d \times t_{IO})$

+ 内部归并所需的时间 $(s \times ut_{mg})$ \hfill (9.1)

其中，t_{IS} 是为得到一个初始归并段进行内部排序所需时间的均值；t_{IO} 是进行一次外存读/写时间的均值；ut_{mg} 是对 u 功个记录进行内部归并排序所需时间；m 为经过内部排序之后得到的初始归并段的个数; s 为归并的趟数; d 为总的读/写次数。由此, 上例 10000 个记录利用 2-路归并进行外排所需总的时间为

$$10 \times t_{IS} + 500 \times t_{IO} + 4 \times 10000 t_{mg}$$

其中, t_{IO} 取决于所用的外存设备, 显然, t_{IO} 较 t_{mg} 要大得多。因此, 提高外排的效率应主要着眼于减少外存信息读写的次数 d。

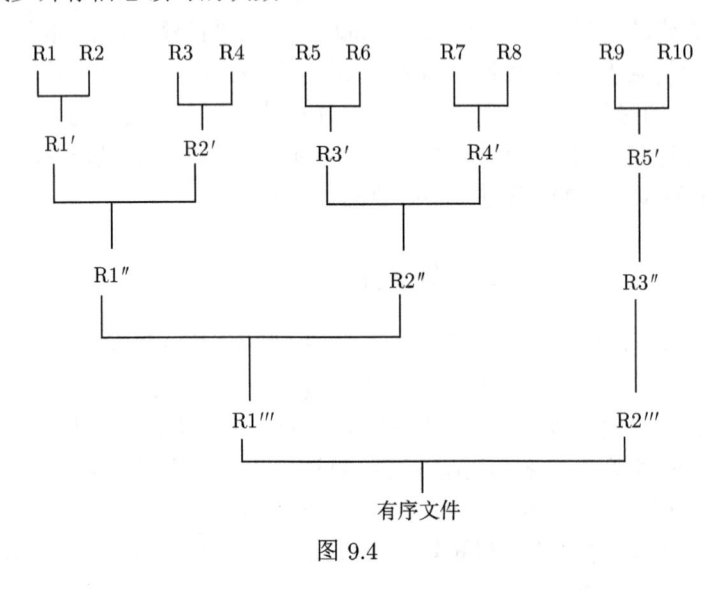

```
   R1  R2    R3  R4    R5  R6    R7  R8    R9  R10
    \__/      \__/      \__/      \__/      \__/
     |         |         |         |         |
     R1'       R2'       R3'       R4'       R5'
      _____/           _____/           |
          |                   |               |
          R1"                 R2"             R3"
           _____/                 |
                    |                          |
                    R1'''                     R2'''
                     _____/
                                |
                             有序文件
```

图 9.4

下面来分析 d 和 "归并过程" 的关系。若对上例中所得的 10 个初始归并段进行 5-路平衡归并 (即每一趟将 5 个或 5 个以下的有序子文件归并成一个有序子文件), 仅需进行两趟归并, 外排时总的读/写次数便减至 $2 \times 100 + 100 = 300$, 比 2-路归并减少了 200 次的读/写。

可见, 对同一文件而言, 进行外排时所需读/写外存的次数和归并的趟数 s 成正比。而在一般情况下, 对 m 个初始归并段进行平衡归并时, 归并的趟数

$$s = \lceil \log_k m \rceil \tag{9.2}$$

可见, 若增加 k 或减少 m 便能减少 s。下面分别就这两个方面讨论之。

9.3 多路平衡归并的实现

从式 (9.2) 得知, 增加 k 可以减少 s, 从而减少外存读/写的次数。但是, 从下面的讨论中又可发现, 单纯增加 k 将导致增加内部归并的时间 $u t_{mg}$。那么, 如何解决这个矛盾呢?

先看 2-路归并。令 u 个记录分布在两个归并段上, 按 Merge 过程进行归并。每得到归并后的一个记录, 仅需一次比较即可, 则得到含 u 个记录的归并段需进行 $u - 1$ 次比较。

再看, k-路归并。令 u 个记录分布在 k 个归并段上, 显然, 归并后的第一个记录应是 k 个归并段中关键字最小的记录, 即应从每个归并段的第一个记录的相互比较中选出最小者, 这需要进行 $k - 1$ 次比较。同理, 每得到归并后的有序段中的一个记录, 都要进行

9.3 多路平衡归并的实现

$k-1$ 次比较。显然，为得到含 u 个记录的归并段需进行 $(u-1)(k-1)$ 次比较。由此，对 n 个记录的文件进行外排时，在内部归并过程中进行的总的比较次数为 $s(k-1)(n-1)$。假设所得初始归并段为 m 个，则由式 (9.2) 可得内部归并过程中进行比较的总的次数为

$$\lfloor \log_k m \rfloor (k-1)(n-1)t_{\mathrm{mg}} = \left\lfloor \frac{\log_2 m}{\log_2 k} \right\rfloor (k-1)(n-1)t_{\mathrm{mg}} \tag{9.3}$$

由于 $\dfrac{k-1}{\log_2 k}$ 随 k 的增长而增长，则内部归并时间亦随 k 的增长而增长。这将抵消由于增大 k 而减少外存信息读写时间所得效益，这是我们所不希望的。然而，若在进行 k-路归并时利用"**败者树**"(Tree of Loser)，则可使在 k 个记录中选出关键字最小的记录时仅需进行 $\lfloor \log_2 k \rfloor$ 次比较，从而使总的归并时间由式 (9.3) 变为 $\lfloor \log_2 m \rfloor (n-1) t_{\mathrm{mg}}$，显然，这个式子和 k 无关，它不再随 k 的增长而增长。

那么，什么是"败者树"？它是树形选择排序的一种变形。相对地，若某二叉树为"胜者树"，则每个非终端节点均表示其左、右孩子节点中的"胜者"。反之，若在双亲节点中记下刚进行完的这场比赛中的败者，而让胜者去参加更高一层的比赛，便可得到一棵"**败者树**"。例如，图 9.5(a) 所示为一棵实现 5-路归并的败者树 ls[0..4]，图中方形节点表示叶子节点 (也可看成是外节点)，分别为 5 个归并段中当前参加归并选择的记录的关键字；败者树中根节点 ls[1] 的双亲节点 ls[0] 为"冠军"，在此指示各归并段中的最小关键字记录为第三段中的当前记录；节点 ls[3] 指示 b1 和 b2 两个叶子节点中的败者即 b2，而胜者 b1 和 b3 (b3 是叶子节点 b3, b4 和 b0 经过两场比赛后选出的获胜者) 进行比较，节点 ls[1] 则指示它们中的败者为 b1。在选得最小关键字的记录之后，只要修改叶子节点 b3 中的值，使其为同一归并段中的下一个记录的关键字，然后从该节点向上和双亲节点所指的关键字进行比较，败者留在该双亲节点，胜者继续向上直至树根的双亲。如图 9.5(b) 所示，当第 3 个归并段中第 2 个记录参加归并时，选得的最小关键字记录为第一个归并段中的记录。为了防止在归并过程中某个归并段变空，可以在每

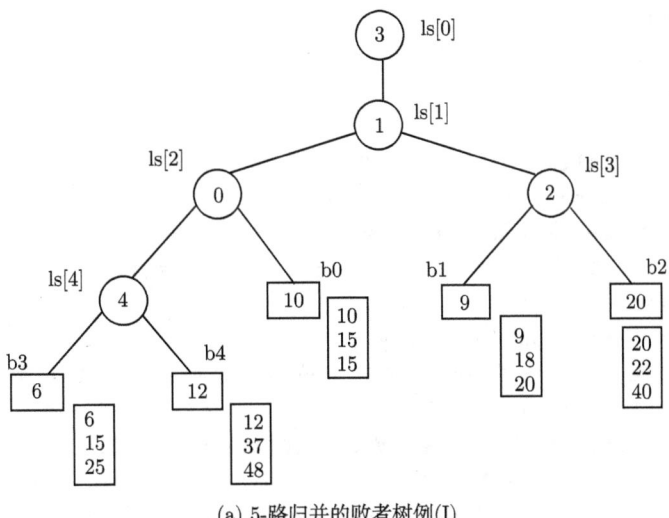

(a) 5-路归并的败者树例(I)

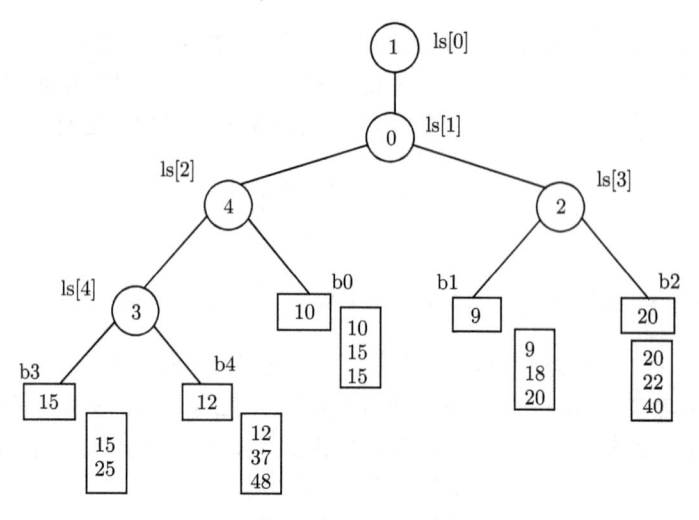

<pre>
                    ┌───┐
                    │ 1 │ ls[0]
                    └─┬─┘
                      │
                    ┌─┴─┐
                    │ 0 │ ls[1]
                    └─┬─┘
          ┌───────────┴───────────┐
        ┌─┴─┐   ┌─┴─┐
   ls[2]│ 4 │   ls[3]│ 2 │
        └─┬─┘   └─┬─┘
     ┌────┴────┐   ┌────┴────┐
   ┌─┴─┐   b0 ┌──┐   b1┌──┐   b2┌──┐
ls[4]│3│   │10│   │9 │   │20│
   └┬┘   └──┘   └──┘   └──┘
 ┌──┴──┐   ┌──┐   ┌──┐   ┌──┐
b3┌──┐b4┌──┐│10│   │9 │   │20│
  │15│ │12││15│   │18│   │22│
  └──┘ └──┘│15│   │20│   │40│
           └──┘   └──┘   └──┘
   ┌──┐ ┌──┐
   │15│ │12│
   │25│ │37│
   └──┘ │48│
         └──┘
</pre>

(b) 5-路归并的败者树例(Ⅱ)

图 9.5　实现 5-路归并的败者树

个归并段中附加一个关键字为最大值的记录。当选出的"冠军"记录的关键字为最大值时，表明此次归并已完成。由于实现 k-路归并的败者树的深度为 $\lceil \log_2 k \rceil + 1$，则在 k 个记录中选择最小关键字仅需进行 $\lceil \log_2 k \rceil$ 次比较。败者树的初始化也容易实现，只要先令所有的非终端节点指向一个含最小关键字的叶子节点，然后从各个叶子节点出发调整非终端节点为新的败者即可。

下面的算法 9.1 简单描述利用败者树进行 k-路归并的过程。为了突出如何利用败者树进行归并，在算法中避开了外存信息存取的细节，可以认为归并段已在内存。算法 9.2 描述在从败者树选得最小关键字的记录之后，如何从叶到根调整败者树选得下一个最小关键字。算法 9.3 为初建败者树的过程的算法描述。

算法 9.1

```
typedef int LoserTree[k];
   //败者树是完全二叉树且不含叶子,可采用顺序存储结构
typedef struct{
   KeyType key;
}ExNode,External[k+1];         //外节点,只存放待归并记录的关键字
void K_Merge(LoserTree External &b){
//利用败者树ls将编号从0到k-1的k个输入归并段中的记录归并到输出归并
//段b[0]至b[k-1]为败者树上的k个叶子节点,分别存放k个输入归并
//段中当前记录的关键字
for(i=0;i<k;++i)input(b[i].key);
    //分别从k个输入归并段读入该段当前第一个记录的关键字到外节点
CreateLoserTree(ls);
   //建败者树ls,选出最小关键字为b[ls[0]].key
while(b[ls[0]].key!=MAXKEY){
   q=ls[0];              //q指示当前最小关键字所在归并段
```

```
    output(q);
        //将编号为q的归并段中当前(关键字为b[q].key)的记录写至输出归并段
    input(b[q].key,q);
        //将编号为q的输入归并段中读入下一个记录的关键字
    Adjust(ls,q);           //调整败者树,选择新的最小关键字
  }//while
  output(ls[0]);   //将含最大关键字MAXKEY的记录写至输出归并段
}
```

算法 9.2

```
void Adjust(LoserTree &ls, int s){
  //沿从叶子节点b[s]到根节点ls[0]的路径调整败者树
  t=(s+k)/2;  //ls[t]是b[s]的双亲节点
  while(t>0){
    if(b[s].key>b[ls[t]].key)s<-->ls[t];
       // s指示新的胜者
    t=t/2;
  }
  ls[0]=s;
}
```

算法 9.3

```
void CreateLoserTree(LoserTree &ls) {
  //已知b[0]到b[k-1]为完全二叉树ls的叶子节点,存有k个关键字,沿叶子节
  //点到根节点的k条路径将ls调整成为败者树
  b[k].key=MINKEY;              //设MINKEY为关键字可能的最小值
  for(i=0;i<k;++i)ls[i]=k;
     //设置ls中"败者"的初值
  for(i=k-1; i>=0;--i)Adjust(ls,i);
     //依次从b[k-1],b[k-2],…,b[0]出发调整败者
}
```

最后要提及一点, k 值的选择并非越大越好, 如何选择合适的 k 是一个需要综合考虑的问题。

9.4 置换-选择排序

由式 (9.2) 得知, 归并的趟数不仅和 k 成反比, 也和 m 成正比, 因此, 减少 m 是减少 s 的另一条途径。然而, 我们从 9.2 节的讨论中也得知是外部文件经过内部排序之后得到的初始归并段的个数, 显然, $m = \lceil n/l \rceil$, 其中 n 为外部文件中的记录数, l 为初始归并段中的记录数。回顾上一章讨论的各种内排方法, 在内排过程中移动记录和对关键字进行比较都是在内存中进行的。因此, 用这些方法进行内部排序得到的各个初始归并

段的长度 l (除最后一段外) 都相同, 且完全依赖于进行内部排序时可用内存工作区的大小, 则 m 也随其而限定。由此, 若要减少 m, 即增加 l, 就必须探索新的排序方法。

置换-选择排序 (Replacement-Selection Sorting) 是在树形选择排序的基础上得来的, 它的特点是: 在整个排序 (得到所有初始归并段) 的过程中, 选择最小 (或最大) 关键字和输入、输出交叉或平行进行。

先从具体例子谈起。已知初始文件含有 24 个记录, 它们的关键字分别为 51, 49, 39, 46, 38, 29, 14, 61, 15, 30, 1, 48, 52, 3, 63, 27, 4, 13, 89, 24, 46, 58, 33, 76。假设内存工作区可容纳 6 个记录, 则按上章讨论的选择排序可求得如下 4 个初始归并段:

RUN1: 29, 38, 39, 46, 49, 51

RUN2: 1, 14, 15, 30, 48, 61

RUN3: 3, 4, 13, 27, 52, 63

RUN4: 24, 33, 46, 58, 76, 89

若按置换-选择进行排序, 则可求得如下 3 个初始归并段:

RUN1: 29, 38, 39, 46, 49, 51, 61

RUN2: 1, 3, 14, 15, 27, 30, 48, 52, 63, 89

RUN3: 4, 13, 24, 33, 46, 58, 76

假设初始待排文件为输入文件 FI, 初始归并段文件为输出文件 FO, 内存工作区 WA, FO 和 WA 的初始状态为空, 并设内存工作区 WA 的容量可容纳 ω 个记录, 则置换-选择排序的操作过程如下。

(1) 从 FI 输入 ω 个记录到工作区 WA。

(2) 从 WA 中选出其中关键字取最小值的记录, 记为 MINIMAX 记录。

(3) 将 MINIMAX 记录输出到 FO 中去。

(4) 若 FI 不空, 则从 FI 输入下一个记录到 WA 中。

(5) 从 WA 中所有关键字比 MINIMAX 记录的关键字大的记录中选出最小关键字记录, 作为新的 MINIMAX 记录。

(6) 重复 (3)~(5), 直至在 WA 中选不出新的 MINIMAX 记录为止, 由此得到一个初始归并段, 输出一个归并段的结束标志到 FO 中去。

(7) 重复 (2)~(6), 直至 WA 为空。由此得到全部初始归并段。

例如, 以上所举之例的置换-选择过程如图 9.6 所示。

在 WA 中选择 MINIMAX 记录的过程需利用"败者树"来实现。关于"败者树"本身, 上节已有详细讨论, 在此仅就置换-选择排序中的实现细节加以说明。① 内存工作区中的记录作为败者树的外部节点, 而败者树中根节点的双亲节点指示工作区中关键字最小的记录; ② 为了便于选出 MINIMAX 记录, 为每个记录附设一个所在归并段的序号, 在进行关键字的比较时, 先比较段号, 段号小的为胜者; 段号相同的则关键字小的为胜者; ③ 败者树的建立可从设工作区中所有记录的段号均为"零"开始, 然后从 FI 逐个输入 ω 个记录到工作区时, 自下而上调整败者树, 由于这些记录的段号为"1", 则它们对于"零"段的记录而言均为败者, 从而逐个填充到败者树的各节点中去。算法 9.4 是置换-选择排序的简单描述, 其中, 求得一个初始归并段的过程如算法 9.5 所述。算

9.4 置换-选择排序

法 9.6 和算法 9.7 分别描述了置换-选择排序中的败者树的调整和初建的过程。

FO	WA	FI
		51, 49, 39, 46, 38, 29, 14, 61, 15, 30, 1, 48, 52, 3, 63, 27, 4, 13, 89, 24, 46, 58, 33, 76
	51, 49, 39, 46, 38, **29**	14, 61, 15, 30, 1, 48, 52, 3, 63, 27, 4, 13, 89, 24, 46, 58, 33, 76
29	51, 49, 39, 46, **38**, 14	61, 15, 30, 1, 48, 52, 3, 63, 27, 4, 13, 89, 24, 46, 58, 33, 76
29, 38	51, 49, **39**, 46, 61, 14	15, 30, 1, 48, 52, 3, 63, 27, 4, 13, 89, 24, 46, 58, 33, 76
29, 38, 39	51, 49, 15, **46**, 61, 14	30, 1, 48, 52, 3, 63, 27, 4, 13, 89, 24, 46, 58, 33, 76
29, 38, 39, 46	51, **49**, 15, 30, 61, 14	1, 48, 52, 3, 63, 27, 4, 13, 89, 24, 46, 58, 33, 76
29, 38, 39, 46, 49	**51**, 1, 15, 30, 61, 14	48, 52, 3, 63, 27, 4, 13, 89, 24, 46, 58, 33, 76
29, 38, 39, 46, 49, 51	48, 1, 15, 30, **61**, 14	52, 3, 63, 27, 4, 13, 89, 24, 46, 58, 33, 76
29, 38, 39, 46, 49, 51, 61	48, 1, 15, 30, 52, 14	3, 63, 27, 4, 13, 89, 24, 46, 58, 33, 76
…	…	…

图 9.6 置换-选择排序过程示例

算法 9.4

```
typedef struct{
    RcdType rec;              //记录
    KeyType key;              //从记录中抽取的关键字
    int   num;                //所属归并段的段号
}RcdNode,WorkArea[w];         //内存工作区,容量为w
void Replace.Selection(LoserTree &ls,WorkArea &wa,FILE *fi,
   FILE*fo){
    //在败者树ls和内存工作区wa上用置换-选择排序求初始归并段,fi为输入
        //文件(只读文件)指针,fo为输出文件(只写文件)指针,两个文件
        //均已打开
    Construct_Loser(ls,wa);   //初建败者树
  rc=rmax=1;      // rc指示当前生成的初始归并段的段号,rmax指示
                  //wa中关键字所属初始归并段的最大段号
    while(rc<=rmax){
        // "rc<rmax+1"标志输入文件的置换-选择排序已完成
        get_run(ls,wa);       //求得一个初始归并段
        fwrite(&RUNEND_SYMBOL,sizeof(struct RcdType),1,fo);
          //将段结束标志写入输出文件
        rc=wa[ls[0]].num;     //设置下一段的段号
    }
}
```

算法 9.5

```
void get.run(LoserTree &ls,WorkArea &wa){
    //求得一个初始归并段,fi为输入文件指针,fo为输出文件指针
```

```
    while(wa[ls[0]].rnum==rc){    //选得的minimax记录属当前段时
      q=ls[0];           //q指示minimax记录在wa中的位置
      minimax=wa[q].key;
      fwrite(&wa[q].rec,sizeof(RcdType),1,fo);
        //将刚选好的minimax记录写入输出文件
      if(feof(fi)){wa[q].rnum=rmax+1;wa[q].key=MAXKEY}
        //输入文件结束,虚设记录(属"rmax+1"段)
      else{              //输出文件非空时
        fread(&wa[q].rec,sizeof(RcdType 1,fi));
          //从输入文件读下一记录
        wa[q].key=wa[q].rec.key;          //输入关键字
        if(wa[q].key<minimax){            //新读入的记录属下一段
          rmax=rc+1;wa[q].rnum=rmax;
        }
        else wa[q].rnum=rc;               //新读入的记录属当前段
      }
      Select_minimax(ls,wa,q);            //选择新的minimax记录
    }//while
}
```

算法 9.6

```
void Select_minimax(LoserTree &ls,WorkArea &wa,int q){
//从wa[q]起到败者树的根比较选择minimax记录,并由q指示所在的归并段
    for(t=(w+q)/2,p=ls[t];t>0;t=t/2,p=ls[t])
      if(wa[p].rnum<wa[q].rnum||wa[p].rnum==wa[q].rnum&&wa[p].key<
      wa[q].key) q<-->ls[t];
      //q指示新的胜利者
        ls[0]=q;
}
```

算法 9.7

```
void Construct_Loser(LoserTree &ls, WorkArea &wa){
    //输入w个记录到内存工作区wa,建得败者树ls,
    //选出关键字最小的记录并由s指示其在wa中的位置
    for(i=0;i<w;++i)                //工作区初始化
      wa[i].rnum=wa[i].key=ls[i]=0;
    for(i=w-1;i>=0;--i){
      fread(&wa[i].rec,sizeof(RcdType),1,fi);
        //输入一个记录
      wa[i].key=wa[i].rec.key;              //提取关键字
      wa[i].rnum=1;                         //其段号为"1"
      Select_minimax(ls,wa,i);              //调整败者
    }
}
```

9.4 置换-选择排序

利用败者树对前面例子进行置换-选择排序时的局部状况如图 9.7 所示，其中图 9.7(a)~(d) 显示了败者树建立过程中的状态变化状况。最后得到最小关键字的记录为 wa[0]，之后，输出 wa[0].rec，并从 FI 中输入下一个记录至 wa[0]，由于它的关键字小于刚刚输出的记录的关键字，则设此新输入的记录的段号为 2，而由于在输出 wa[1] 之后新输入的关键字较 wa[1].key 大，则该新输入的记录的段号仍为 1。在输出 6 个记录之后选得的 MINIMAX 记录为 wa[1] 时的败者树。由于输入的下一个记录的关键字较小，其段号亦为 2，致使工作区中所有记录的段号均为 2。由此败者树选出的新的 MINIMAX 记录的段号大于当前生成的归并段的序号，这说明该段已结束，而此新的 MINIMAX 记录应是下一归并段中的第一个记录。

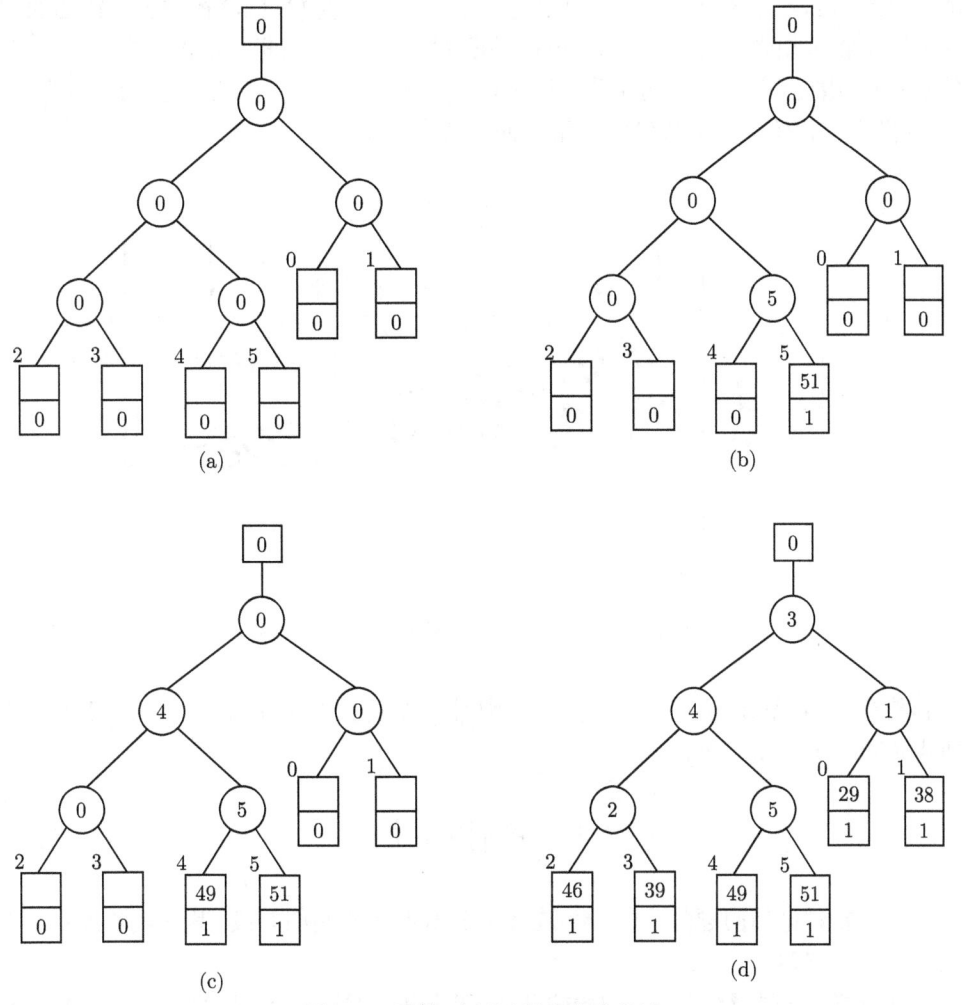

图 9.7 置换-选择过程中的败者树

(a)~(d) 建立败者树，选出最小关键字记录 wa[0]

从上述可见，由置换-选择排序所得初始归并段的长度不等，且可证明，当输入文件中记录的关键字为随机数时，所得初始归并段的平均长度为内存工作区大小 w 的两倍。这个证明是摩尔 (E. F. Moore) 在 1961 年从置换-选择排序和扫雪机的类比中得出的。

假设一台扫雪机在环形路上等速行进扫雪，又下雪的速度也是均匀的 (即每小时落到地面上的雪量相等)，雪均匀地落在扫雪机的前、后路面上，边下雪边扫雪。显然，在某个时刻之后，整个系统达到平衡状态，路面上的积雪总量不变，且在任何时刻，整个路面上的积雪都形成一个均匀的斜面，紧靠扫雪机前端的积雪最厚，其深度为 h，而在扫雪机刚扫过的路面上的积雪深度为零。若将环形路伸展开来，路面积雪状态如图 9.8 所示。假设此刻路面积雪的总体积为 w，环形路一圈的长度为 l，由于扫雪机在任何时刻扫走的雪的深度均为 h，则扫雪机在环形路上走一圈扫掉的积雪体积为 lh，即 $2w$。

将置换-选择排序与此类比，工作区中的记录好比路面的积雪，输出的 MINIMAX 记录好比扫走的雪，新输入的记录好比新下的雪，当关键字为随机数时，新记录的关键字比 MINIMAX 大或小的概率相等。若大，则属当前的归并段 (好比落在扫雪机前面的积雪，在这一圈中将被扫走)；若小，则属下一归并段 (好比落在扫雪机后面的积雪，在下一圈中才能扫走)。由此，得到一个初始归并段好比扫雪机走一圈。假设工作区的容量为 w，则置换-选择所得初始归并段长度的期望值便为 $2w$。

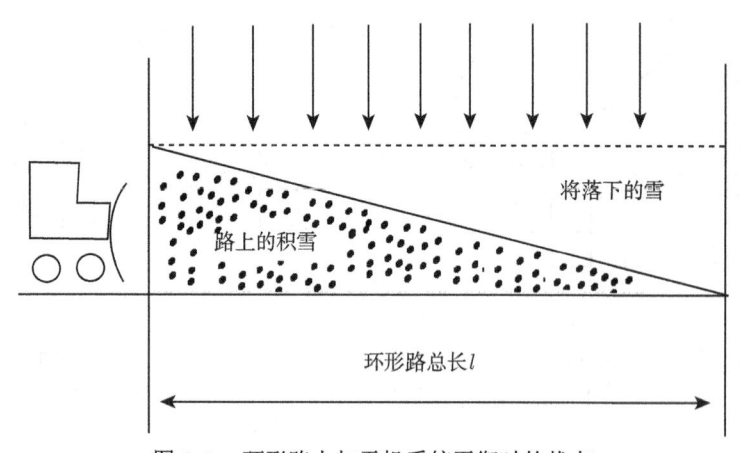

图 9.8 环形路上扫雪机系统平衡时的状态

容易看出，若不计输入、输出的时间，则对 n 个记录的文件而言，生成所有初始归并段所需时间为 $O(n\log_2 w)$。

9.5 最佳归并树

这一节要讨论的问题是，由置换-选择生成所得的初始归并段，其各段长度不等对平衡归并有何影响？

假设由置换-选择得到 9 个初始归并段，其长度 (即记录数) 依次为 9, 30, 12, 18, 3, 17, 2, 6, 24。现作 3-路平衡归并，其归并树 (表示归并过程的图) 如图 9.9 所示，图中每个圆圈表示一个初始归并段，圆圈中数字表示归并段的长度。假设每个记录占一个物理块，则两趟归并所需对外存进行的读/写次数为

$$(9+30+12+18+3+17+2+6+24)\times 2\times 2 = 484$$

9.5 最佳归并树

若将初始归并段的长度看成是归并树中叶子节点的权,则此三叉树的带权路径长度的两倍恰为 484。显然,归并方案不同,所得归并树亦不同,树的带权路径长度 (或外存读/写次数) 亦不同。回顾在第 5 章中曾讨论了有 n 个叶子节点的带权路径长度最短的二叉树称为哈夫曼树,同理,存在有 n 个叶子节点的带权路径长度最短的 3 叉、4 叉、$\cdots$、k 叉树,亦称为哈夫曼树。因此,若对长度不等的 m 个初始归并段,构造一棵哈夫曼树作为归并树,便可使在进行外部归并时所需对外存进行的读/写次数达最少。例如,对上述 9 个初始归并段可构造一棵如图 9.10 所示的归并树,按此树进行归并,仅需对外存进行 446 次读/写,这棵归并树便称作最佳归并树。

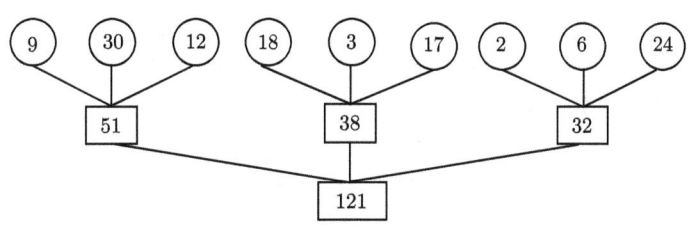

图 9.9　3-路平衡归并的归并树

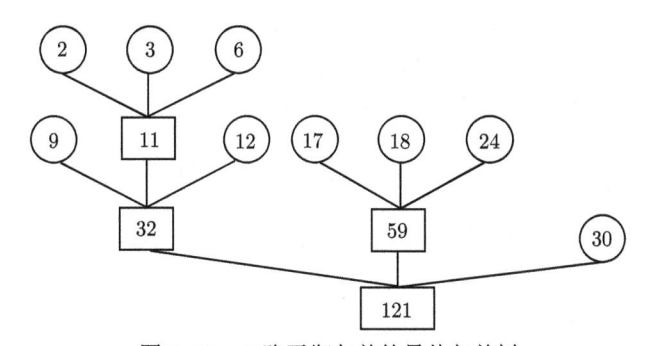

图 9.10　3-路平衡归并的最佳归并树

图 9.10 的哈夫曼树是一棵真正的 3 叉树,即树中只有度为 3 或 0 的节点。假若只有 8 个初始归并段,例如,在前面例子中少了一个长度为 30 的归并段。如果在设计归并方案时,缺额的归并段留在最后,即除了最后一次作 2-路归并外,其他各次归并仍都是 3-路归并,容易看出此归并方案的外存读/写次数为 386。显然,这不是最佳方案。正确的做法是,当初始归并段的数目不足时,需附加长度为零的 "虚段",按照哈夫曼树构成的原则,权为零的叶子应离树根最远,因此,这个只有 8 个初始归并段的归并树应如图 9.11 所示。

那么,如何判定附加虚段的数目?当 3 叉树中只有度为 3 和 0 的节点时,必有 $n_3 = (n_0 - 1)/2$,其中,n_3 是度为 3 的节点数,n_0 是度为 0 的节点数。由于 n_3 必为整数,则 $(n_0 - 1) \bmod 2 = 0$。这就是说,对 3-路归并而言,只有当初始归并段的个数为偶数时,才需加 1 个虚段。

在一般情况下,对 k-路归并而言,容易推算得到,若 $(m-1) \bmod (k-1) = 0$,则不需要加虚段,否则需附加 $k - (m-1) \bmod (k-1) - 1$ 个虚段。换句话说,第一次归并为 $(m-1) \bmod (k-1) + 1$ 路归并。

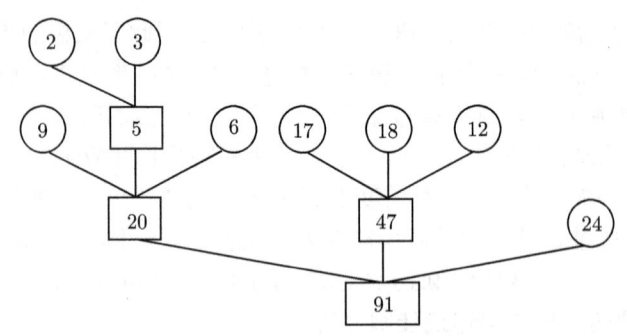

```
        2   3
      
    9   5   6    17  18  12

        20         47         24

                    91
```

图 9.11　8 个归并段的最佳归并树

若按最佳归并树的归并方案进行磁盘归并排序, 需在内存建立一张载有归并段的长度和它在磁盘上的物理位置的索引表。

习　题　9

一、填空题

1. 大多数排序算法都有两个基本的操作：_____ 和 _____。

2. 在对一组记录 (54, 38, 96, 23, 15, 72, 60, 45, 83) 进行直接插入排序时, 当把第 7 个记录 60 插入到有序表时, 为寻找插入位置至少需比较_____ 次。(可约定为, 从后向前比较)。

3. 在插入和选择排序中, 若初始数据基本正序, 则选用_____; 若初始数据基本反序, 则选用_____。

4. 在堆排序和快速排序中, 若初始记录接近正序或反序, 则选用_____; 若初始记录基本无序, 则最好选用_____。

5. 对于 n 个记录的集合进行冒泡排序, 在最坏的情况下所需要的时间是_____。若对其进行快速排序, 在最坏的情况下所需要的时间是_____。

6. 对于 n 个记录的集合进行归并排序, 所需要的平均时间是_____, 所需要的附加空间是_____。

7. 对于 n 个记录的表进行 2-路归并排序, 整个归并排序需进行_____ 趟 (遍), 共计移动_____ 次记录。(即移动到新表中的总次数共 $\log_2 n$ 趟, 每趟都要移动 n 个元素)。

8. 设要将序列 (Q, H, C, Y, P, A, M, S, R, D, F, X) 中的关键码按字母的升序重新排列, 则冒泡排序一趟扫描的结果是_____; 初始步长为 4 的希尔 (Shell) 排序一趟的结果是_____; 2-路归并排序一趟扫描的结果是_____; 快速排序一趟扫描的结果是_____; 堆排序初始建堆的结果是_____。

9. 在堆排序、快速排序和归并排序中, 若只从存储空间考虑, 则应首先选取_____ 方法, 其次选取_____ 方法, 最后选取_____ 方法; 若从排序结果的稳定性考虑, 则应_____; 若只从平均情况下最快考虑, 则应选取_____; 若从最坏情况下最快并且要节省内存考虑, 则应选取_____。

二、选择题

1. 将 5 个不同的数据进行排序, 至多需要比较 (　) 次。

　　A. 8;　　　　　　　B. 9;　　　　　　　C. 10;　　　　　　　D. 25。

2. 排序方法中, 从未排序序列中依次取出元素与已排序序列 (初始时为空) 中的元素进行比较, 将其放入已排序序列的正确位置上的方法, 称为 (　)。

　　A. 希尔排序;　　　B. 冒泡排序;　　　C. 插入排序;　　　D. 选择排序。

习题 9

3. 排序方法中, 从未排序序列中挑选元素, 并将其依次插入已排序序列 (初始时为空) 的一端的方法, 称为 ( )。
   A. 希尔排序; B. 归并排序; C. 插入排序; D. 选择排序。
4. 对 n 个不同的排序码进行冒泡排序, 在下列 ( ) 情况下比较的次数最多。
   A. 从小到大排列好的; B. 从大到小排列好的; C. 元素无序; D. 元素基本有序。
5. 对 n 个不同的排序码进行冒泡排序, 在元素无序的情况下比较的次数为 ( )。
   A. $n+1$; B. n; C. $n-1$; D. $n(n-1)/2$。
6. 快速排序在 ( ) 情况下最易发挥其长处。
   A. 被排序的数据中含有多个相同排序码; B. 被排序的数据已基本有序;
   C. 被排序的数据完全无序; D. 被排序的数据中的最大值和最小值相差悬殊。
7. 对有 n 个记录的表作快速排序, 在最坏情况下, 算法的时间复杂度是 ( )。
   A. $O(n)$; B. $O(n^2)$; C. $O(n\log_2 n)$; D. $O(n^3)$。
8. 若一组记录的排序码为 (46, 79, 56, 38, 40, 84), 则利用快速排序的方法, 以第一个记录为基准得到的一次划分结果为 ( )。
   A. 38, 40, 46, 56, 79, 84; B. 40, 38, 46, 79, 56, 84;
   C. 40, 38, 46, 56, 79, 84; D. 40, 38, 46, 84, 56, 79。
9. 在最好情况下, 下列排序算法中, ( ) 排序算法所需比较关键字次数最少。
   A. 希尔; B. 归并; C. 快速; D. 直接插入。
10. 置换选择排序的功能是 ( )。
    A. 选出最大的元素; B. 产生初始归并段;
    C. 产生有序文件; D. 置换某个记录。
11. 将 5 个不同的数据进行排序, 至少需要比较 ( ) 次。
    A. 4; B. 5; C. 6; D. 7。
12. 下列关键字序列中, ( ) 是堆。
    A. 16, 72, 31, 23, 94, 53; B. 94, 23, 31, 72, 16, 53;
    C. 16, 53, 23, 94, 31, 72; D. 16, 23, 53, 31, 94, 72。
13. 堆是一种 ( ) 排序。
    A. 插入; B. 选择; C. 交换; D. 归并。
14. 堆的形状是一棵 ( )。
    A. 二叉排序树; B. 满二叉树; C. 完全二叉树; D. 平衡二叉树。
15. 若一组记录的排序码为 (46, 79, 56, 38, 40, 84), 则利用堆排序的方法建立的初始堆为 ( )。
    A. 79, 46, 56, 38, 40, 84; B. 84, 79, 56, 38, 40, 46;
    C. 84, 79, 56, 46, 40, 38; D. 84, 56, 79, 40, 46, 38。
16. 下述几种排序方法中, 平均查找长度 (ASL) 最小的是 ( )。
    A. 插入排序; B. 快速排序; C. 归并排序; D. 选择排序。
17. 下述几种排序方法中, 要求内存最大的是 ( )。
    A. 插入排序; B. 快速排序; C. 归并排序; D. 选择排序。
18. 目前以比较为基础的内部排序方法中, 其比较次数与待排序的记录的初始排列状态无关的是 ( )。
    A. 插入排序; B. 二分插入排序; C. 快速排序; D. 冒泡排序。
19. 数据表中有 10000 个元素, 如果仅要求求出其中最大的 10 个元素, 则采用 ( ) 算法最节省时间。
    A. 冒泡排序; B. 快速排序; C. 简单选择排序; D. 堆排序。
20. 下列排序算法中, ( ) 不能保证每趟排序至少能将一个元素放到其最终的位置上。
    A. 希尔排序; B. 快速排序; C. 冒泡排序; D. 堆排序

三、简答题
1. 已知序列基本有序，问对此序列最快的排序方法是多少，此时平均时间复杂度是多少？
2. 设有 1000 个无序的元素，希望用最快的速度挑选出其中前 10 个最大的元素，最好采用哪种排序方法？

四、求解题
以关键字序列 (256, 301, 751, 129, 937, 863, 742, 694, 076, 438) 为例，分别写出执行以下算法的各趟排序结束时，关键字序列的状态，并说明这些排序方法中，哪些易于在链表 (包括各种单、双、循环链表) 上实现？
① 直接插入排序；　② 希尔排序；　③ 冒泡排序；　④ 快速排序；
⑤ 直接选择排序；　⑥ 堆排序；　⑦ 归并排序；　⑧ 基数排序。

五、算法设计题
1. 试以单链表为存储结构，实现简单选择排序算法。
2. 有 n 个记录存储在带头节点的双向链表中，现用双向冒泡排序法对其按上升序进行排列，请写出这种排序的算法。
3. 设有顺序放置的 n 个桶，每个桶中装有一粒砾石，每粒砾石的颜色是红、白、蓝之一。要求重新安排这些砾石，使得所有红色砾石在前，所有白色砾石居中，所有蓝色砾石居后，重新安排时对每粒砾石的颜色只能看一次，并且只允许交换操作来调整砾石的位置。

参 考 文 献

李冬梅, 田紫微. 数据结构习题解析与实验指导 [M]. 2 版. 北京: 人民邮电出版社，2022.
李冬梅, 严蔚敏, 吴伟民. 数据结构 (C 语言版)[M]. 3 版. 北京: 人民邮电出版社，2024.
王红梅, 胡明, 王涛. 数据结构 (C++ 语言版)[M]. 2 版. 北京: 清华大学出版社，2011 年.
严蔚敏, 吴伟民, 米宁. 数据结构题集 (C 语言版)[M]. 北京: 清华大学出版社，1999.
周云静. 数据结构习题集 (C 语言版)[M]. 北京: 冶金工业出版社，2003.

习题参考答案